CW01632628

A

EDUCAȚIE CU BLÂNDEȚE

19

DEBORAH MACNAMARA

Cum cresc copiii?

JOACĂ, ODIHNĂ, DEZVOLTARE

(Ce şi-ar dori copiii să ştim despre ei)

Carte bazată pe metoda dezvoltării relaţionale a lui Gordon Neufeld

Cuvânt înainte de
GORDON NEUFELD

Traducere de
IOANA GRECU

UNIVERS

Coordonator colecție Ioana Chicet-Macoveiciuc
Redactare Ona Frantz
Corectură Silvia Mirea
Ilustrație copertă Roxana Soare
Tehnoredactare Constantin Niță

Descrierea CIP a Bibliotecii Naționale a României
MACNAMARA, DEBORAH
Cum cresc copiii? : joacă, odihnă, dezvoltare : ce şi-ar dori copiii să ştim despre ei : carte bazată pe metoda dezvoltării relaționale a lui Gordon Neufeld / Deborah MacNamara ; cuv. înainte de Gordon Neufeld ; trad. de Ioana Grecu. - Bucureşti : Univers, 2022
ISBN 978-973-34-1413-1

I. Neufeld, Gordon (pref.)
II. Grecu, Ioana (trad.)

159.9

DEBORAH MACNAMARA
REST, PLAY, GROW: Making Sense of Preschoolers (Or Anyone Who Acts Like One)

www.editurauniversa.ro

ISBN 978-973-34-1413-1

Pentru Chris, Hannah şi Madeline,
pentru că ne odihnim, ne jucăm şi ne dezvoltăm împreună.

„Vă rugăm nu chinuiţi, chihăiţi, plictisiţi, necăjiţi, atacaţi, hărţuiţi, agresaţi, persecutaţi, supăraţi, intimidaţi, iritaţi, neliniştiţi, râcâiţi, asaltaţi, şicanaţi, enervaţi sau torturaţi copiii mici."

(Adaptare din regulamentul Grădinii Zoologice
din San Diego privind interacţiunea cu animalele)

Cuprins

Cuvânt-înainte

O întâlnire cu dr. MacNamara e greu de uitat. Dr. MacNamara este un izvor de energie, inteligență și umor. Abordează aproape orice situație vijelios, deși este cea mai calmă vijelie pe care ți-o poți imagina. Fără îndoială, te tulbură, deși pare adesea întruchiparea seninătăți. Mereu am considerat că aceasta este o mare realizare - una de pe urma căreia sunt convins că și copiii ei au enorm de câștigat.

Relația noastră a început ca una dintre elev și profesor. Deborah deprindea cu ușurință teoria dezvoltării și înțelegea rapid implicațiile unui stil de parenting bazat pe atașament. De cum a înțeles puterea acestor concepte, a insistat că ele trebuie să le fie împărtășite tuturor și sunt încântat că a decis să-și asume acest rol.

Este impresionantă măiestria de care a dat dovadă Deborah în deprinderea teoriei atașamentului și a dezvoltării. Dar ce m-a impresionat cel mai mult în primele clipe ale relației noastre a fost cât de bine stăpânea aplicarea teoriei. Părea să aibă un talent nativ de a pune teoria în practică. Fără a pierde din vedere imaginea de ansamblu, reușea să transpună materialul în cele mai concrete aplicații. În timp ce eu încă mai analizam o idee, ea deja îi găsise o mulțime de utilizări. Cu toate acestea, nu s-a pierdut în detalii şi nici nu s-a abătut de la drumul principal.

Într-o oarecare măsură, rolurile noastre s-au inversat faţă de vremurile de demult. Se întâmplă tot mai des ca ea să preia conducerea. Caută lucrări ştiinţifice pentru a găsi materiale relevante şi studii de ultimă oră şi-mi aduce la cunoştinţă atunci când găseşte materiale pe care crede că ar trebui să le citesc. Deborah este la curent cu ştiinţa dezvoltării şi înţelege responsabilitatea pe care o are de a căuta adevărul ştiinţific. O minte critică şi o înclinaţie către ştiinţă sunt instrumente esenţiale atunci când încerci să înţelegi fenomene complexe precum ataşamentul şi imaturitatea.

Totodată, apreciez şi munca lui Deborah ca teoretician. Eu am pus bazele abordării acestei teorii a dezvoltării bazate pe ataşament, dar ea a dat dovadă de o creativitate genială în dezvoltarea acestui material, ducând teoria la nivelul următor şi deschizând nişte uşi pentru mine.

Creşterea copiilor de vârstă preşcolară nu este o sarcină uşoară. Cum faci să conservi ataşamentul, să creezi sentimentul de siguranţă, să-ţi menţii poziţia alfa în îngrijirea copiilor, să oferi un sentiment de linişte, dar în acelaşi timp să ştii când să tragi linie şi să inviţi la plâns, toate dintr-o singură mişcare? Mulţi părinţi devotaţi, chiar şi cei familiarizaţi cu aceste concepte, greşesc şi cad într-o extremă sau alta. Unii părinţi devin prea indulgenţi şi scapă frâiele conducerii, dând naştere copilului alfa anxios, care trebuie să deţină controlul. Aceşti părinţi ştiu să ofere sprijinul emoţional, dar nu pot oferi limitele care sunt absolut necesare pentru a permite dezvoltarea sănătoasă. Ceilalţi părinţi ştiu să preia conducerea, asumându-şi rolul de agenţi ai adaptării, dar întâmpină dificultăţi în a-şi arăta dragostea atunci când se simt frustraţi.

Deborah a găsit o rezolvare, iar asta este, după părerea mea, calitatea care o califică, dându-i dreptul de a scrie despre copiii mici. Atunci când vine vorba de a-i învăța pe alții, nu este suficient să stăpânești teoria. Este nevoie ca această cunoaștere să fie încorporată într-un dans care permite naturii să-și pună amprenta asupra copiilor noștri.

Două teme străbat această carte. Prima este importanța relației – a genului potrivit de relație – care le permite copiilor să-și atingă potențialul maxim ca ființe umane. Nu trebuie să uităm niciodată că relația copiilor cu părinții sau cu profesorii reprezintă contextul natural pentru creșterea copiilor. Atunci când apar probleme în această relație, precum împotrivirea la apropiere fizică sau situația în care copiii preiau conducerea, nimic nu va funcționa cum trebuie. În trecut, cultura proteja relațiile prin ritualuri și tradiții. Din păcate, nu se mai întâmplă asta, de aceea a și apărut nevoia conștientizării factorului relațional. Rezultă că vârsta preșcolară este una critică în dezvoltarea capacității de a lega relații. Nimic nu poate fi mai important decât acest factor în ceea ce privește dezvoltarea. Atașamentul nu trebuie pierdut din vedere niciodată.

A doua temă este imaturitatea. Ai zice că e evident faptul că preșcolarii sunt imaturi. Din contră, imaturitatea este unul dintre cele mai neglijate și mai neînțelese concepte ale zilelor noastre. Ceea ce a descoperit Piaget – că imaturitatea transformă preșcolarul într-o creatură fundamental diferită – nu a ajuns niciodată în conștiința noastră, cel puțin nu suficient de adânc, încât să ne schimbe atitudinea. Dacă am fi înțeles cu adevărat imaturitatea, nu am fi considerat-o un defect ce trebuie corectat. Dacă am fi înțeles cu adevărat imaturitatea, nu am fi pedepsit copiii că sunt imaturi. Rezultă că există un motiv foarte bine întemeiat pentru care există imaturitatea: ea face parte din tiparul dezvoltării.

Problema fundamentală a oamenilor este că nu toţi se maturizează pe măsură ce îmbătrânesc. Acest blocaj începe adesea în copilărie. Categoric, preşcolarii au dreptul să fie imaturi într-o oarecare măsură; problema apare atunci când continuăm să ne purtăm ca nişte preşcolari chiar şi când nu mai avem vârsta preşcolară. Cu cât înţelegem mai bine imaturitatea preşcolarilor - ce lipseşte şi de ce -, cu atât mai mult putem aprecia condiţiile care conduc la o maturizare reală, cu atât mai puţin ne vom împiedica de preşcolarii noştri şi cu atât mai mult vom putea îmbrăţişa relaţia cu propria noastră imaturitate. Pentru că imaturitatea există, indiferent de vârstă.

Poate părea oarecum ironic, dar eu cred că părinţii de azi îşi asumă prea mult responsabilitatea privind creşterea copiilor. Uităm că maturizarea s-a petrecut cu mult timp înainte de apariţia cărţilor, a profesorilor, cu mult înainte să bănuim că ea a avut loc, cu mult timp înainte de vremea şcolilor şi a terapiei. Vestea bună e că părinţii care înţeleg cu adevărat mesajul acestei cărţi vor începe să aprecieze procesul de dezvoltare într-un fel care le va uşura povara. Nu e nevoie să forţăm lucrurile, aşa cum ne-am chinuit să facem cei mai mulţi dintre noi. Dacă ştim ce-i trebuie naturii pentru a-şi urma cursul şi dacă reuşim să întrunim aceste condiţii, ne permitem să ne relaxăm într-o oarecare măsură şi apoi să ne bucurăm de roadele care apar spontan.

Am fost extrem de încântat când Deborah m-a anunţat - acum câţiva ani - că intenţionează să scrie o carte despre cum să-i înţelegem pe preşcolari. La momentul respectiv, ea avea două fete mici, care i-au oferit o comoară de exemple şi anecdote. Dar cum să găsească locul și timpul pentru a face asta? Datorită talentului ei oratoric, ajunsese să fie foarte solicitată pentru a vorbi la conferințe și la workshopuri de dezvoltare personală. Devotamentul ei ca părinte însemna că nu e dispusă să facă compromisuri la acest capitol. Această carte este un tribut adus nu doar talentului ei, ci și convingerii sale ferme că informațiile referitoare la relații și dezvoltare trebuie să ajungă la cei care sunt responsabili cu creșterea copiilor noștri. În încercarea de a face loc pentru scrierea cărții, renunțase deja la postul cu normă întreagă de profesor universitar. De asemenea, redusese și orele pe care le lucra la cabinetul ei particular. Fără această determinare de neclintit și fără sacrificiile pe care a fost dispusă să le facă, această carte nu s-ar fi concretizat vreodată. Deborah este foarte potrivită să spună această poveste, însoțind cititorul de la teorie la practică. Nimeni nu ar fi fost mai potrivit să facă asta.

DR. GORDON NEUFELD

INTRODUCERE

De ce e important să înțelegem

Pentru a înțelege copiii, trebuie să-i observăm la joacă, să-i studiem în diferite stări de spirit; nu putem proiecta asupra lor propriile noastre prejudecăți, speranțe şi frici, nici nu-i putem modela pentru a corespunde propriilor noastre dorințe. Dacă îi judecăm constant pe copii din perspectiva propriilor noastre preferințe şi aversiuni, riscăm să ridicăm bariere şi obstacole în relația cu ei şi în relația lor cu lumea.

JIDDU KRISHNAMURTI[1]

În urmă cu câţiva ani, am fost invitată să vorbesc unui grup de proaspeţi părinţi despre ataşamentul copiilor mici. Sala centrului comunitar era plină cu mame care-și alăptau bebeluşii, îi legănau ca să-i adoarmă sau le schimbau scutecele. Scoicile, cărucioarele și genţile pentru bebeluşi din care ieşeau pleduri erau îngrămădite unele peste altele. Meredith, coordonatoarea grupului de sprijin care se întâlnea săptămânal, i-a invitat pe părinţi să se aşeze pe nişte scaune aranjate în cerc. A început prin a le ura bun venit și a-i întreba cum se descurcă. Câţiva părinţi au răspuns că ies din casă, câţiva au zis că mai reuşesc să facă şi câte un duş, iar alţii au răspuns că alăptarea merge tot mai bine. O mamă care părea obosită nu s-a abținut și a zis: „Fetița mea plânge de fiecare dată când o las din brațe. O alăptez până adoarme, dar, de îndată ce o așez în pătuț, se trezește. Sunt de-a dreptul epuizată". Lumea a dat din cap în semn că înțelege și a oftat când Meredith a răspuns: „Da, e greu. Vreți doar puțină odihnă, iar ei par să aibă mereu nevoie de voi". Au urmat încă niște aprobări tacite în pauza pe care Meredith a făcut-o înainte de a continua: „Cred că și bebelușilor le este greu. Se adaptează de la viața în pântece, unde vă simțeau căldura, vă auzeau bătăile inimii, la faptul că nu vor mai putea niciodată să vă țină atât de aproape". Preț de o clipă, toți din sală au amuțit, iar eu mi-am amintit cum m-am simțit când am devenit mamă pentru prima dată. Am început să simt visceral neliniștea respectivei mame, entuziasmul și epuizarea ei.

Apoi Meredith mi-a urat bun venit la întâlnirea grupului de părinți și m-a prezentat spunând că m-a invitat să vorbesc despre atașament. A subliniat pentru cei prezenți importanța relațiilor dintre oameni și a zis că acest proces de atașament începuse deja să se petreacă între ei și bebelușii lor. Mă avertizase că voi avea la dispoziție 15 minute pentru a-mi transmite mesajul, din cauza intervalului scurt în care pot fi atenți. Am privit fețele obosite și distrase ale mamelor în timp ce vorbeam despre cum arată un atașament bun și cum ajută el la dezvoltare. Mamele erau foarte atente, încercând să rețină cât mai mult în timp ce se concentrau pe nevoile bebelușilor lor.

M-am oprit după 15 minute și am solicitat eventuale întrebări. O mamă cu un bebeluș cuibărit la piept s-a uitat la mine și m-a întrebat: „Cum să fac să-l disciplinez?" Mă luase prin surprindere – ce făcuse bebelușul ca să fie necesar să-l disciplineze? Probabil că păream mirată, deoarece respectiva mămică a adăugat repede: „Vreau să zic, cum să-l disciplinez când mai crește". Adevărul este că întrebarea ei nu se deosebea de toate întrebările pe care mi le pusesem eu când tocmai devenisem mamă sau de cele pe care le primesc în mod normal de la părinți. De obicei, toate întrebările încep cam la fel: „Ce ar trebui să fac atunci când copilul ___?" „Ce ar trebui să fac atunci când copilul nu mă ascultă?", „Ce ar trebui să fac atunci când nu vrea să doarmă?", „Ce ar trebui să fac atunci când își lovește fratele sau sora?" Totuși, în acea încăpere plină de bebeluși, întrebarea ei m-a neliniștit. Era o altă întrebare, mai importantă, pe care îmi doream să mi-o adreseze. Voiam ca ea să mă întrebe despre secretul dezvoltării și despre eliberarea potențialului uman. Îmi doream să-i împărtășesc minunea pe care o reprezintă evoluția și rolul pe care-l juca ea, ca mamă. La întrebarea ei privind disciplina se putea răspunde numai prin prisma modului în care prosperă și înfloresc copiii mici. Voiam să fac un pas în spate, să nu mă mai concentrez la ce aveam de făcut în acel moment și să mă gândesc la ce ar fi putut face ea pentru a-i crea copilului condițiile unei dezvoltări sănătoase. Am vrut să mă concentrez asupra maturității ca răspuns suprem la imaturitate și asupra faptului că a crește copii necesită răbdare, timp și îngrijiri bune.

Mesajul pe care doresc să-l transmit nu este unul pe care-l aud de obicei noii părinți. Doream să le destăinui faptul că secretul creșterii unui copil nu este să deții toate răspunsurile. Secretul este *să fii* tu răspunsul copilului. Doream să le spun că nu înveți din cărți cum să fii părinte, deși cărțile pot fi de folos atunci când încerci să înțelegi copiii. Doream să spun că nu înveți să fii părinte de la părinții tăi, chiar dacă cei mai minunați părinți pot reprezenta un bun model. Doream să le repet că a fi părinte nu ține cont de sex, vârstă, sau etnie.

Doream să le reamintesc că sentimentele de responsabilitate, vină, panică și grijă provin din instinctele și emoțiile care îi transformă în părinții de care au nevoie copiii lor. Doream să le transmit că ceea ce-i trebuie oricărui copil este un loc unde să se odihnească, pentru a putea să se joace și să se dezvolte. Pentru a face asta, părinții nu trebuie să fie perfecți, nici să știe în orice moment ce trebuie să facă. Trebuie să-și dorească să fie cea mai bună opțiune pentru copiii lor și să depună eforturi pentru a crea cele mai bune condiții care să le asigure dezvoltarea.

Cum devii cea mai bună opțiune pentru copilul tău

Copiii mici sunt printre cele mai iubite persoane, dar sunt totodată și printre cele mai neînțelese. Personalitățile lor unice pot constitui adevărate provocări pentru adulți, prin modul în care sfidează constant logica și înțelegerea. Comportamentul lor poate fi necuviincios, necooperant și sfidător într-un moment, pentru a se schimba brusc, înseninând atmosfera cu râsul lor molipsitor și cu veselia lor. Dată fiind firea imprevizibilă a copiilor mici, este de înțeles de ce părinții își doresc atât de mult să descopere tehnici și instrumente care să-i ajute să facă față comportamentului lor imatur. Problema este că instrucțiunile nu-i vor ajuta pe părinți să înțeleagă copiii.

Pentru a deveni cea mai bună opțiune pentru copilul tău, este nevoie să-l înțelegi pornind de la interior către exterior. Este nevoie de perspicacitate, nu de abilități. Ceea ce vedem atunci când ne privim copiii contează mai mult decât ceea ce facem. Este mai important să avem în vedere imaginea de ansamblu în ceea ce privește dezvoltarea copiilor, nu să ne pierdem în detaliile vieții cotidiene. Pe scurt, contează perspectiva. Dacă vedem un copil mic suferind, poate ne grăbim să-l alinăm, dar dacă vedem un copil care încearcă să manipuleze, s-ar putea să ne retragem. Dacă vedem un comportament sfidător la un copil mic, s-ar putea să-l pedepsim, dar dacă înțelegem că se împotrivește instinctiv, putem găsi o cale de a rezolva impasul. Dacă vedem un copil mic prea emotiv, poate încercăm să-l calmăm, dar dacă înțelegem că emoțiile puternice trebuie exprimate, îl vom ajuta să găsească o cale de a le exprima. Dacă vedem un copil mic care nu se poate concentra și considerăm că are o problemă neurologică, poate îl ducem la tratament, dar dacă îl considerăm imatur, poate îi acordăm timp să crească.

Atunci când descifrăm copiii – când începem să înțelegem că acțiunile lor sunt motivate de nivelul lor de dezvoltare –, nu mai interpretăm atât de personal agresivitatea lor, împotrivirea lor nu mai pare la fel de provocatoare, iar atenția noastră se îndreaptă către crearea condițiilor care favorizează dezvoltarea. E greu să progresezi în chestiuni legate de comportament atunci când nu înțelegi ce-l provoacă, sau atunci când emoțiile îți încețoșează perspectiva. Charlie, tată a doi copii mici, declara: „Eu eram printre cei mai relaxați oameni. Puteai să-mi întrebi toți prietenii și ți-ar fi zis că sunt cea mai nepretențioasă persoană dintre ei toți. Acum, că am copii, încep să cred că am probleme cu gestionarea furiei".

Tot așa, Samantha, mama a doi băieți mici, a scris: „De când mi-am dat seama că, de fapt, copiii mei nu încearcă să-mi toace nervii, am început să mă bucur din nou de ei". Concluzia este că reacțiile noastre în fața copiilor mici se bazează pe ceea ce vedem, iar ceea ce vedem ne spune cum să reacționăm. Cel mai important, modul în care reacționăm le spune copiilor la ce tip de îngrijire să se aștepte din partea noastră.

Copiii mici reprezintă cea mai frumoasă formă a imaturității și aruncă o lumină asupra rădăcinilor brute din care ne dezvoltăm. Deși poate că ne uităm îngroziți la acțiunile lor imature, s-ar putea, de asemenea, să fim cuprinși de mirare și admirație văzând cum se reînnoiește ciclul vieții. Secretul pentru deblocarea modelelor antice ale dezvoltării umane nu stă în *ceea ce le facem* copiilor noștri, ci în *cine suntem* pentru ei. În interiorul copiilor noștri se găsește promisiunea unui viitor matur, pe care noi îl ajutăm să iasă la suprafață – și acesta este motivul pentru care este important să-i înțelegem.

Abordarea Neufeld

Odihnă, joacă, dezvoltare este o carte ancorată în acea abordare inteligentă, bazată pe atașament și dezvoltare, pentru a înțelege copiii care a fost creată de Gordon Neufeld. Neufeld este un psiholog recunoscut și respectat la nivel internațional, specializat în psihologia dezvoltării, a cărui muncă a constat în crearea unui model teoretic coerent și cuprinzător al dezvoltării umane. Neufeld a pus la un loc piesele puzzle-ului pe care-l constituie psihologia dezvoltării, în urma a peste 40 de ani de cercetare și practică. Modelul său teoretic este inspirat din discipline multiple, inclusiv neurologie, psihologia dezvoltării, știința atașamentului, psihologie profundă și tradiții culturale. Ni se pune la dispoziție o hartă pentru înțelegerea modului în care se maturizează oamenii de la naștere până la atingerea vârstei adulte, precum și a eșecului de a atinge maturitatea psihologică. Strategiile pentru interacțiunea cu copiii nu provin din dezvoltare naturală sau din relații interumane, dar nici nu sunt certate cu ele. În centrul abordării lui Neufeld se găsește principalul plan de dezvoltare pentru a înțelege condițiile necesare pentru atingerea potențialului uman. Scopul este de a le reda adulților controlul, ajutându-i să-l înțeleagă pe copil de la interior spre exterior. Cu alte cuvinte, cea mai bună opțiune a copilului este un părinte care-și cunoaște la perfecție copilul.

Colaborarea mea cu Gordon Neufeld a început în urmă cu mai mult de zece ani, ca urmare a multiplelor mele îndeletniciri: cercetător, profesor, consilier și, cel mai important, părinte. După zeci de ani în care am studiat dezvoltarea umană, le-am predat studenților și am consiliat clienții, i-am descoperit munca la o prezentare despre adolescență. În cursul primei ore am fost captivată de modul în care reușise să-mi descifreze adolescența și să explice comportamentul multora dintre elevii cărora le eram profesoară sau pe care-i consiliam. Munca lui a transformat modul în care înțelegeam dezvoltarea umană, mai ales vulnerabilitatea, atașamentul și maturizarea. Mi-am dat seama că orizontul meu se îngustase prea mult, deoarece atenția îmi era îndreptată doar asupra comportamentului, fără să iau în calcul dezvoltarea. În lucrul cu persoane diagnosticate cu diverse tulburări, nu țineam cont de nevoia de a înțelege vulnerabilitatea umană. Le ofeream tratamente și sfaturi pentru probleme a căror origine ar fi trebuit să o înțeleg. Fără a prinde de veste, mă pierdusem în rezultate oferite de studii și în practici lipsite de perspicacitate, neavând posibilitatea de a rezolva puzzle-ul. În timp ce-l ascultam pe Gordon Neufeld am reușit să mă redresez și să mă îndrept spre zona perspicacității.

La scurtă vreme după acest episod, m-am scufundat în cel mai sârguincios studiu al maturizării, atașamentului și vulnerabilității, la Institutul Neufeld. Doi ani mai târziu, stăteam față în față cu Gordon în curtea casei sale, într-o minunată seară de primăvară: era un interviu pentru obținerea unui stagiu postdoctoral cu el. Înaintea întâlnirii, îl întrebasem dacă trebuie să pregătesc ceva, iar el îmi răspunsese: „Nu, tot ce-ți trebuie se află deja înăuntrul tău. Trebuie doar să vii". Întrebările pe care mi le-a adresat în acea seară au fost înșelător de simple, dar încercau să determine care e motivul pentru care îmi doresc să studiez cu el. I-am zis că teoria pe care o construise mă făcuse să mă concentrez asupra condiției umane; în calitate de consilier, mă ajutase să fiu mai eficace în încercarea de a ajunge la originea problemelor și în formarea relațiilor cu elevii mei, și transformase felul în care-mi creșteam copiii. I-am zis că simt că e datoria mea să mă asigur că munca sa nu se va pierde vreodată și că doresc să-i ajut pe părinți și pe profesioniștii din domeniu să înțeleagă copiii. Evident că i-a plăcut răspunsul meu, dat fiind faptul că sunt în continuare aici, după mai bine de zece ani, scriind despre tot ce am învățat.

Conținutul teoretic și imaginile incluse în *Odihnă, joacă, dezvoltare* sunt folosite cu permisiunea lui Gordon Neufeld și se bazează pe materialele create de el. Aceste materiale cuprind peste 14 cursuri oferite prin intermediul Institutului Neufeld, însumând peste o sută de ore de instruire. Sunt recunoscătoare pentru generozitatea cu care mi-a permis să le împrumut și să-l urmez în munca sa inovatoare, ca teoretician și profesor. Pentru mai multe informații despre Institutul Neufeld și despre cursuri, citește capitolul de la sfârșitul cărții.

Cu toate că *Odihnă, joacă, dezvoltare* are la bază teoria lui Neufeld, cartea este scrisă prin prisma experiențelor mele ca părinte și profesionist. Este cartea pe care-mi doresc să o fi avut atunci când copiii mei erau mai mici și cartea pe care-mi doresc să le-o ofer când vor deveni părinți. Se bazează pe povești despre copii mici care mi-au fost povestite de părinții lor, de profesori, personal specializat în îngrijirea copiilor, colectivul Institutului Neufeld, profesioniști în domeniul sănătății și pe propriile mele experiențe ca mamă. Abordarea mea ca cercetător și scriitor a fost mereu una calitativă, care presupune descrierea vie a câte unui fenomen cu o mulțime de exemple care sporesc cunoștințele și nivelul de înțelegere. Ofer prezentul material despre copii mici din această perspectivă pentru a-l face relevant pentru adulți, pentru a favoriza o mai bună cunoaștere și pentru a-i ajuta să înțeleagă copilul pe care-l au în față. Toate datele de identificare au fost modificate, prin urmare orice asemănare cu persoane reale este doar o coincidență. Singura excepție o constituie povestirea lui Gail din capitolul 3. Gail a fost o membră îndrăgită a echipei de la Institutul Neufeld, care adora să predea lecții despre joacă și despre copiii mici.

Ce înseamnă Odihnă, joacă, dezvoltare?

Sintagma „Odihnă, joacă, dezvoltare" reprezintă o hartă a traseului dezvoltării ce deschide calea către înțelegerea modului în care copiii își pot atinge întregul potențial uman. Acest potențial nu are legătură cu realizările academice, cu statutul social sau buna purtare, cu talentul sau aptitudinile. Traseul dezvoltării călăuzește copiii spre maturizare, spre a fi cetățeni responsabili, care percep lumea înconjurătoare din perspective multiple. Este un traseu care ajută copiii să devină indivizi de sine stătători, independenți, care își asumă responsabilitatea pentru viața lor și pentru deciziile pe care le iau. Este un traseu pe parcursul căruia se descoperă potențialul copiilor, care sunt priviți ca ființe adaptabile, dotați cu capacitatea de a învinge obstacolele, de a nu renunța atunci când se confruntă cu dificultăți și de a deveni flexibili. Este un traseu care ghidează copiii spre descoperirea potențialului lor ca ființe sociale, care își împărtășesc gândurile și sentimentele într-o manieră responsabilă, care învață să-și controleze reacțiile impulsive, răbdarea și atenția și care se gândesc la impactul pe care-l au asupra celorlalți. Este un traseu care ghidează acțiunile părinților, profesorilor, îngrijitorilor, bunicilor, mătușilor și unchilor – ale oricărui adult care are un rol semnificativ în viața copiilor –, astfel încât copiii să se poată dezvolta ca persoane complete. El indică modul în care adulții trebuie să MUNCEASCĂ pentru ca micuții lor să se poată ODIHNI, să se poată JUCA și ca ulterior să se poată DEZVOLTA.

Odihnă, joacă, dezvoltare dorește să ofere profunzime și amploare înțelegerii copiilor mici, arătând în același timp modul în care adulții creează condițiile propice dezvoltării sănătoase. Deși fiecare capitol abordează subiecte diferite, împreună aduc în lumina reflectoarelor copiii mici și dezvăluie modul în care creșterea este răspunsul decisiv la imaturitatea de fond. *Odihnă, joacă, dezvoltare* discută despre modul în care joaca este esențială în dezvoltarea copiilor, despre cum oferă atașamentul contextul propice pentru odihna și creșterea copilului, în care emoțiile sunt motorul care alimentează creșterea, și despre cum trebuie abordate probleme precum lacrimile, crizele de afect, anxietatea, separarea, împotrivirea, sfidarea și, desigur, disciplina. Ultimul capitol abordează modul în care se dezvoltă părinții ca urmare a faptului că au crescut copii. Sper că va atenua grijile pe care ți le făceai cu privire la faptul că trebuie să fii complet matur înainte de a deveni părinte.

Această carte nu oferă sfaturi, tehnici, mantre, instrucțiuni sau îndrumări, cu toate că oferă strategii care-i ajută pe părinţi să-şi găsească propria lor cale pornind de la o bună cunoaştere a sinelui. Cartea îi întăreşte părintelui capacitatea intuitivă şi simţul realităţii şi îi aduce alinare la gândul că nu este singura persoană uimită de propriul său copil mic. Oferă claritate acolo unde este confuzie, oferă perspectivă acolo unde este frustrare şi oferă răbdare la gândul că *există* un plan de dezvoltare natural prin care un copil mic ajunge să se maturizeze. Această carte este un îndemn la a îngriji copiii acceptându-i aşa cum sunt – egocentrici, impulsivi, nechibzuiţi, încântători, curioşi, veseli. Această carte este un îndemn la acceptarea faptului că imaturitatea nu este o greşeală, ci începutul umil de la care pornim cu toţii. *Odihnă, joacă, dezvoltare* îndeamnă la folosirea cunoştinţelor pentru a înţelege copiii, la a avea încredere în ceea ce observi şi la a-ţi găsi în interior credinţa că vei şti să-i îngrijeşti. Deşi este un ghid care-i ajută pe părinţi să devină cea mai bună opţiune a copiilor lor, această carte reprezintă totodată şi ceea ce îşi doresc copiii mici să înţeleagă despre ei părinţii lor.

1

Cum contribuie adulții la maturizarea copiilor

Înțelegerea este celălalt nume al iubirii.
Dacă nu înțelegi, nu poți iubi.

– THÍCH NHẤT HẠNH[1]

Cel mai bun loc în care poţi urmări spectacolul copilăriei timpurii este locul de joacă. Copiii mici sunt plini de viaţă: picioarele nu le stau locului, mâinile li se agită, trunchiurile li se contorsionează pe tobogane. Micii oameni de ştiinţă zburdă liberi explorând băltoace şi studiind viermi. Hainele lor sunt oglinda energiei lor interioare: culori şi imprimeuri vibrante prind viaţă pe trupurile aflate în continuă mişcare. Unii vorbesc o limbă diferită, a cuvintelor uitate şi a consoanelor mâncate, de la „să megem a oboan" la „viau mâcaie". N-ai cum să nu zâmbeşti când vezi un copil mic mişcându-şi trupul instabil în încercarea de-a învăţa despre gravitate. Într-o zi însorită, locul de joacă e plin de zumzete, emanând energie în zonele învecinate. Sunt gustări din belşug, iar ciorile lacome stau la pândă pe acoperişuri, aşteptând să se ivească ocazia de-a se înfrupta. Adulţii discută despre copii care fac mofturi la mâncare şi despre copii care au tulburări de somn, despre menţinerea echilibrului între serviciu şi casă și despre cele mai bune strategii în cazul unei crize de afect. Dorința adulților de a-și înțelege copiii și de a se conecta cu persoane mature e aproape palpabilă.

Brusc, aerul este străpuns de țipătul strident al unui copil care protestează vehement față de intenția părintelui de a pleca: „Nuuuuu... Nu vreaaauuu să pleeeeec!" Iar adulții dau din cap plini de înțelegere, în timp ce se bucură pe furiș că nu este copilul lor cel care face o criză de afect. Un copil o zbughește, indiferent la solicitările părinților, iar altul declară sfidător: „Fac eu singur!" Doi băieți se luptă pe o găletușă zicând: „E a mea". Și: „O vreau eu!" Brusc, se aude un glas disperat: „Am nevoie la caca!" Iar aparținătorul intră repede în acțiune.

Un părinte obosit sare în ajutorul copilașului care tocmai a căzut și plânge, plin de frustrare.

Aici, în această lume îngrădită, plină de echipamente de joacă roșii, galbene și albastre, se regăsește tabloul dezvoltării în toată splendoarea lui, cu tot miracolul și cu toate provocările ridicate de creșterea copiilor. În aceste trupșoare stau ascunse potențialul dezvoltării și promisiunea unui viitor matur. Sunt mici persoane nechibzuite, impulsive, curioase și preocupate de sine. Copiii mici nu gândesc asemenea nouă, nu vorbesc ca noi, nici nu se poartă ca noi, dar trebuie să avem grijă de ei.

Miracolul dezvoltării

Când eram copil, nu conteneam să mă minunez când vedeam boabele de fasole încolțind pe șervețele umede așezate în borcănașe. Legendarele vrejuri de fasole se întindeau spre lumină, eliberându-se din închisoarea bobului de fasole. Cum era posibil ca o sămânță să conțină planurile pentru propria-i dezvoltare și cum putea țâșni cu atâta avânt, dând naștere unei noi forme de viață?

Bunicul mă plimba adesea prin grădina lui de legume, astâmpărându-mi curiozitatea și fascinația pentru natură. Fiind un grădinar iscusit, îl amuza nerăbdarea mea când trebuia să aștept ca plantele să crească. Mă învăța cum să îngrijesc solul, îmi vorbea despre nevoile specifice pentru îngrijirea fiecărei plante și îmi zicea să fiu mereu atentă. În timp ce el împărțea cu mine bogățiile grădinii sale, eu simțeam o recunoștință mută pentru afecțiunea sa profundă. Știu că ar fi fost foarte încântat să-i privească pe copiii mei cum dezgroapă cartofi de parcă ar fi o comoară ascunsă.

Azi, mirarea și fascinația mea se îndreaptă către modul în care cresc și se dezvoltă copiii mici. Transformările care au loc în primii ani de viață sunt magice. Copiii își încep viața ieșind din culcușul lor umed fără a avea dezvoltate capacitatea de a vedea, de a vorbi sau de a se mișca. Cu timpul, ei învață să meargă și să vorbească, încep să interacționeze cu oameni și obiecte. Ca niște mici oameni de știință, explorează și iau mostre din mediul înconjurător, privind orice lucru banal ca pe o nouă descoperire. Au un spirit fără pereche și un apetit nesecat pentru cunoaștere. Dorința lor de a înțelege lumea nu e însoțită de îngrijorare în fața lucrurilor pe care nu le cunosc. Devotați potențialului lor de dezvoltare, copiii cresc sub ochii noștri, în timp ce noi suntem ocupați să le consemnăm creșterea în înălțime trasând linii pe tocul ușii.

Lucrul pe care-l prețuiesc cel mai mult la copiii mici este modul în care lipsa maturității influențează modul în care ei percep lumea. Ei funcționează cu informații incomplete și nu au capacitatea de a vedea imaginea de ansamblu. Am observat un preșcolar care a arătat spre cătușele unui polițist și a întrebat: „Ăla este suportul tău pentru paharul de cafea?“ Alt copil dorea să afle de ce preferă polițiștii să deschidă ușile mașinilor spărgându-le geamurile cu bastonul de cauciuc, în loc „să folosească mânerul ușii, ca toată lumea“. Copiii mici se află în plin proces de a înțelege lumea, pas cu pas, iar întrebările lor dezvăluie părțile pe care tocmai le-au descoperit. Un băiat în vârstă de 4 ani i-a spus mamei sale: „Șunca vine de la porci, fiindcă și șunca și porcul sunt roz“. Era foarte sigur că „atunci când porcii îmbătrânesc, merg întruna până când le cade șunca“. Copiii mici văd o lume care nu este constrânsă de logica adulților.

Prin eforturi de natură științifică, încercăm să-i înțelegem pe copiii mici, de la înțelegerea creierului și a modul în care se dezvoltă emoțional până la încurajarea copiilor să deprindă autocontrolul. Aceste descoperiri sunt remarcabile, dar eu sunt fascinată de ceea ce știința nu poate explica. Cum putem cuantifica încântarea unui copil, frustrarea sau mirarea cu care acesta își descoperă lumea? Îmi observam copiii când erau vrăjiți de particulele de praf care sclipeau în lumina soarelui după ce deschideam jaluzelele. Chiar și în clipele în care mă gândeam la curățenia casei, mă miram cum pot ei să transforme praful în ceva atât de încântător. În timp ce noi suntem călăuzele copiilor într-un tărâm necunoscut, la rândul lor ei ne traduc nouă lumea. Cu ochi proaspeți, dezvăluie lucruri cu care noi ne obișnuiserăm sau pe care nu le observaserăm. De la fascinația cu care descoperă o gărgăriță, la gustul delicios al înghețatei, lucrurile simple se transformă în ceva mult mai atrăgător. Copiii mici trăiesc clipa, iar dacă îi urmăm, ne pot duce și pe noi acolo.

Copiii mici sunt ființe remarcabile și pline de curiozitate, iar problema modului în care-i creștem poate fi pe cât de intimidantă, pe atât de fascinantă. Vreme de câteva milenii ne-am crescut copiii conform tradiţiilor culturale şi în conformitate cu contextul în care ne aflam. Familiile şi comunităţile le-au dat rădăcini copiilor, oferindu-le răspunsuri la întrebări-cheie: Cine sunt eu? De unde vin? Unde mi-e locul? Atunci când ne asumăm responsabilitatea pentru creşterea copiilor, ne confruntăm cu nevoia de a decide care este modul în care se dezvoltă ei din capul locului. Care sunt condiţiile necesare pentru a sprijini o dezvoltare sănătoasă?

Părinţii au la dispoziţie o mulţime de sfaturi când vine vorba de *nevoile fizice* ale copiilor mici. Avem grijă de sănătatea lor, de regimul lor alimentar şi de condiţia lor fizică, în timp ce membrele lor cresc şi se lungesc pe nesimţite. Le măsurăm înălţimea, greutatea, temperatura şi mişcarea pentru a determina dacă se încadrează în grafic. Atunci când sunt bolnavi, avem grijă de ei, cu convingerea că organismul lor are mecanisme de apărare care să-i ajute să se vindece. Se pare că avem încredere intuitiv în potenţialul de dezvoltare care a ghidat creşterea fizică timp de mai multe secole, ştiind că rolul nostru este să le oferim copiilor condiţiile optime pentru a prospera.

Dar copiii se dezvoltă şi din punct de vedere *psihologic*, în direcţia unei personalităţi şi a unei funcţionări separate, şi acest proces fiind ghidat de un potenţial interior înnăscut. Ca şi în cazul dezvoltării fizice, creşterea nu este posibilă dacă nu sunt oferite condiţiile potrivite. Informaţiile şi sfaturile privind bunăstarea emoţională şi socială a copiilor sunt uşor de găsit, dar aceste materiale sunt adesea copleşitoare şi stârnesc confuzie. Sfaturile variază în funcţie de expertul căruia i te adresezi, cu citate şi alte fragmente scoase din contextul ştiinţei dezvoltării. Cunoştinţele instinctive ale părinţilor şi intuiţia lor au fost diminuate concomitent cu creşterea încrederii că alții ne pot oferi instrucțiuni referitor la cum să ne creștem copiii.

Cărțile care ne spun cum să creștem copii sănătoși din punct de vedere psihologic complică și mai rău situația, din cauză că intră în competiție unele cu altele și oferă perspective contradictorii. Paradigma predominantă behavioristă/de învățare apare într-un contrast puternic cu modelul propus de psihologia dezvoltării/relațională. Cea mai mare parte a tehnicilor de creștere a copiilor din ziua de azi au la bază perspective comportamentale asupra naturii umane, sprijinite de profesioniștii instruiți în această abordare. În centrul behaviorismului stă credința că este *inutil* să înțelegi emoțiile sau intențiile pentru a putea înțelege sau a schimba comportamentul cuiva.[2] Psihologul B.F. Skinner, unul dintre principalii promotori ai abordării behavioriste, considera că emoțiile sunt personale și inaccesibile. El se concentra pe comportamentul care putea fi controlat și măsurat. Emoțiile erau percepute ca variabile enervante, ca produse secundare ale comportamentului, dar niciodată ca principală cauză a lui.[3]

Într-o abordare behavioristă/de învățare, comportamentul copiilor este modelat, iar maturitatea este ceva ce se învață. Presupunerea nerostită este că micuțul învață să fie matur, iar părinții controlează procesul, în loc să-i ghideze dezvoltarea spre maturitate prin crearea condițiilor necesare dezvoltării. Părintele behaviorismului, John B. Watson, zicea: „Dă-mi o duzină de copii sănătoși, bine crescuți și propria mea lume, aleasă de mine, în care să-i cresc, și garantez că îl pot alege pe oricare dintre ei la întâmplare să-l instruiesc să devină orice doresc eu – medic, avocat, artist, comerciant, conducător sau, da, chiar și cerșetor și hoț, indiferent de talentul, înclinațiile, tendințele, abilitățile, vocația lui și de rasa strămoșilor săi".[4] Moștenirea lăsată de aceste cuvinte a dus la proliferarea practicilor de creștere a copiilor care se bazează pe tehnici de modelare, precum încurajări pozitive sau negative, recompense, consecințe și constrângeri, pentru a corecta semnele de imaturitate. Principalul obiectiv este de a rezolva comportamentul imatur al copiilor, iar tehnicile de parenting sunt folosite pentru a modifica răspunsurile învățate. Această abordare ignoră de cele mai multe ori emoțiile, despre care se crede că vor ajunge să se regleze de la sine, de îndată ce sunt reparate comportamentul și modul de a gândi.

Din fericire, abordarea behavioristă a fost pusă sub semnul întrebării și se confruntă cu tot mai multe provocări în prezent, când a crescut numărul dovezilor neurologice privind rolul esențial pe care-l joacă atașamentul uman și emoțiile în dezvoltarea sănătoasă a copiilor.[5] Cei mai de seamă neurologi consideră că în creierul uman vine preinstalat un sistem motivațional format din impulsuri, instincte și emoții care sunt native, nu învățate.[6] Când vine vorba de creșterea copiilor, scopul este de a structura emoțiile, instinctele și impulsurile într-un nivel de intenționalitate, dând astfel naștere comportamentului civilizat. Forțele înnăscute care erau cândva ignorate de abordarea behavioristă au ajuns acum în lumina reflectoarelor și sunt considerate esențiale în modelarea creierului și a potențialului uman.

În abordarea propusă de psihologia dezvoltării/relațională, părinții se aseamănă grădinarilor în încercarea de a înțelege care sunt condițiile în care copiii lor se pot dezvolta cel mai bine. Atenția lor este îndreptată către cultivarea unor relații puternice adult-copil, care constituie fundația necesară pentru atingerea întregului potențial uman. Părinții își folosesc relația pentru a proteja și a conserva buna funcționare emoțională a copilului. Adepţii psihologiei dezvoltării nu încearcă să le impună copiilor să se maturizeze, ci depun eforturi pentru a oferi condiţiile de care au nevoie copiii pentru a se dezvolta firesc. Există un plan natural de dezvoltare, care generează creşterea, iar părinţii sunt principalii furnizori atunci când vorbim de crearea condiţiilor pentru punerea lui în aplicare. Ca şi în cazul dezvoltării fizice, copiii se nasc cu procese de dezvoltare interne care, dacă sunt sprijinite, îi propulsează spre maturizare psihologică şi emoţională. Maturizarea este spontană, dar nu inevitabilă. Copiii sunt precum seminţele: au nevoie de temperatura, hrana şi adăpostul potrivit pentru a se dezvolta.

Mai presus de orice, copiii au nevoie de cel puţin un adult care să le satisfacă foamea de contact şi apropiere. Urie Bronfenbenner, fondatorul Head Start Program, a spus că „Fiecare copil are nevoie de cel puţin un adult care să fie nebun după el".[7] Pântecele în care se formează personalitatea este unul relaţional. Mai mult de 60 de ani de studii în domeniul ataşamentului, atât psihologice, cât şi neurologice, au convenit asupra importanţei pe care o are relaţia părinte-copil asupra dezvoltării şi a creşterii.[8] Aşa cum zicea John Bowlby în faţa Organizaţiei Mondiale a Sănătăţii, la Geneva, „Considerăm a fi esenţial pentru sănătatea mentală ca sugarii şi copiii mici să aibă parte de o relaţie calmă, intimă şi neîntreruptă cu mamele lor (sau cu substitutul permanent al mamei), în cadrul căreia amândoi să găsească satisfacţie şi bucurie".[9]

Atunci când le sunt satisfăcute nevoile de relaţionare, copiii se vor simţi eliberaţi de cea mai mare foame a lor şi odihniţi – liberi să-şi vadă de joacă. Tocmai prin intermediul jocului se dezvoltă ei şi devin maeştrii bucătari, inginerii, tâmplarii, profesorii sau astronauţii de mâine. Aflaţi la locurile de joacă ale relaţionării pe care le creăm special pentru ei, copiii vor putea să-şi descopere adevărata formă, liberi de consecințele pe care le-ar putea aduce permanența. Grădinile noastre sunt locul în care trebuie să se simtă liberi să exprime ce simt, fără teama repercusiunilor pe care le-ar putea avea asupra relației cu noi, şi sunt locul unde se formează încet persoana în care se transformă copiii, fără presiuni și fără nevoia de a face performanță. O grădină a creşterii poate fi cultivată numai atunci când le oferim cu generozitate copiilor relații satisfăcătoare, în care ei să prindă rădăcini. Fără rădăcini, nu te poți dezvolta. Dacă ne ocupăm de nevoia de relaționare a copiilor şi ne asigurăm că inimile lor sunt blânde, natura se va ocupa de restul. Trebuie să lucrăm nu la a ne crește copiii, ci la a cultiva grădinile relaționale în care ei să înflorească.

Dezvoltarea umană este un lucru minunat şi remarcabil. Prin intermediul copiilor mici, avem privilegiul de a observa modul în care noi, oamenii, ne dezvoltăm şi ajungem ființe distincte şi schimbările care au loc pe parcurs. Vestea bună este că natura foloseşte un şablon pentru dezvoltarea copiilor, nu numai din punct de vedere fizic, ci şi psihologic. Atunci când creăm condițiile necesare dezvoltării lor, jucăm rolul moaşei pentru potențialul dezvoltării ascuns în ei. Marea provocare vine atunci când rolul nostru de îngrijitori trebuie să se concentreze asupra antecedentelor ce favorizează creşterea, la fel cum bunicul meu se ocupa de antecedente atunci când îngrijea solul şi înțelegea ce nevoi are fiecare plantă pentru a prospera. Natura nu a fost rău intenționată când ne-a dat nişte ființe atât de impulsive, nechibzuite şi egocentrice – în toată nebunia există de fapt metodă, un plan ce trebuie pus în practică. Ne-am pierdut răbdarea atunci când vine vorba de dezvoltarea psihologică. Am devenit sculptori, în loc să fim maeştrii-grădinari de care au nevoie copiii noştri. Iar asta nu se întâmplă din cauză că nu ne-ar păsa de copiii noştri, ci din cauză că nu înţelegem modul în care se obţine maturizarea.

Cele trei procese de maturizare*

Ce înseamnă să creşti copiii pentru a-şi atinge potenţialul uman şi cum ne dăm seama că am reuşit? În mare măsură, cam toţi părinţii îşi doresc pentru copiii lor cam aceleaşi caracteristici. Întrebaţi ce este important pentru ei, 93% dintre părinţi doresc ca cei mici să devină independenţi şi să-şi asume responsabilitatea pentru viaţa lor. Alte valori preţuite sunt hărnicia, ajutarea semenilor, creativitatea, empatia, toleranţa şi perseverenţa.[10] Părinţii au un scop final către care tind, dar nu prea ştiu cum poate fi atinsă maturizarea, dat fiind începutul necivilizat al drumului pe care pornesc copiii lor. Care sunt procesele interioare de creştere care duc la transformarea copiilor în indivizi responsabili din punct de vedere social şi emoţional?

Pe baza a zeci de ani de studii, teorie şi practică în domeniul dezvoltării, distilate până la esenţă, Gordon Neufeld a pus cap la cap informaţiile pentru a formula o teorie coerentă a maturizării oamenilor. Dezvoltarea este controlată de trei procese interioare distincte, care sunt spontane în dezvoltare, dar nu inevitabile: (1) Procesul emergent dă naştere capacităţii de a funcţiona ca *persoană separată* şi de a dezvolta un puternic simţ al controlului. (2) Procesul adaptiv îi oferă unei persoane capacitatea de *a se adapta* la situaţiile cu care se confruntă în

* Din Gordon Neufeld, „Synthesis of the Unfolding of Human Potential", *Neufeld Intensive I: Making Sense of Kids*, curs (Institutul Neufeld, Vancouver, BC, 2013).

viață și de a depăși pericolele. (3) Procesul integrativ ajută copiii să se dezvolte în *ființe sociale* care au capacitatea de a se implica în relații fără a-și compromite integritatea și identitatea personală. Prezența sau absența proceselor emergente, adaptive și integrative sunt parametrii sau „semnele vitale" pe care le putem folosi pentru a evalua traiectoria dezvoltării copiilor și gradul lor general de maturizare. Potențialul nostru uman este de a deveni *ființe distincte, adaptive și sociale*, dar acesta poate fi atins numai atunci când adulții joacă un rol de susținere în cultivarea condițiilor necesare dezvoltării.[11]

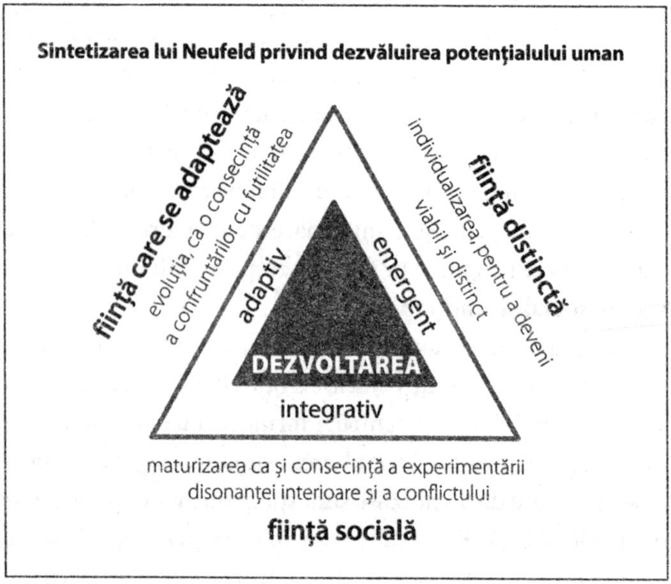

FIGURA 1.1 Preluată din cursul *Neufeld Intensive I: Making Sense of Kids*

Primul scop al dezvoltării sănătoase este viabilitatea ca *ființă distinctă* și implică tranziția treptată de la dependență la independență, ca adult autonom, printr-un *proces emergent.*

Procesul emergent propulsează copiii către individualitate și către explorarea lumii lor. Joaca este sfera naturală în care încep copiii să-și exprime sinele, locul în care ia naștere și se dezvoltă personalitatea, dar asta se întâmplă doar atunci când copiii au relații liniștite cu adulții care îi îngrijesc.

Procesul emergent aduce multe beneficii, inclusiv capacitatea copilului de a funcționa atunci când este separat de atașamentul cuiva, precum și de a-și crea propriile-i interese și obiective. Copiii emergenți au o minunată vitalitate debordantă și rareori se plictisesc. Viața le stârnește interesul, simt mirare și o curiozitate ce duce la experimentare, imaginație și vise cu ochii deschiși. Tocmai prin acest proces emergent iau naștere prietenii imaginari.

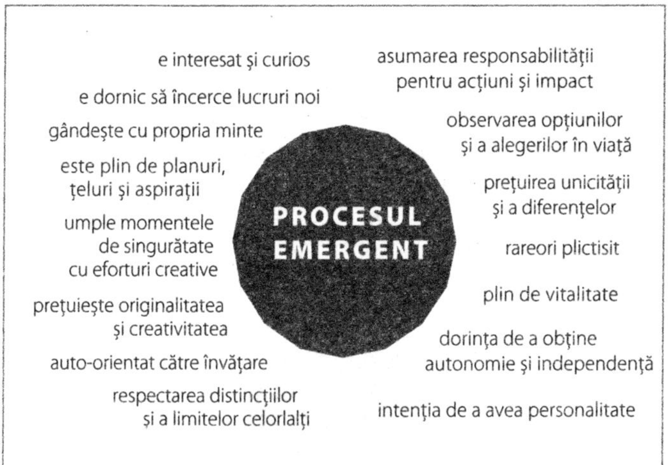

FIGURA 1.2 Preluată din cursul *Neufeld Intensive I: Making Sense of Kids*

Copiii emergenți sunt, de asemenea, cunoscuți pentru spiritul lor aventuros, care îi transformă în elevi entuziaști, care se străduiesc să înțeleagă lumea. Ei se transformă activ și își asumă responsabilitatea pentru povestea vieții lor, în loc să devină personaj în povestea altcuiva. Există o dorință atât de puternică de a fi o ființă unică, încât plagierea, copierea sau imitarea sunt respinse ca afronturi aduse integrității personalității. Laitmotivul unui copil emergent este „Eu fac" sau „Fac eu singur". Despre confruntarea cu rezistența naturală și cu împotrivirea care apar pentru a face loc individualității am scris în capitolul 9.

Al doilea proces de maturizare care stă la baza potențialului uman este *procesul adaptiv*. Datorită lui devenim flexibili și plini de resurse și tot el influențează modul în care ne revenim în urma neplăcerilor. Nu poți învăța copiii să devină adaptivi, iar acest proces nu are loc fără cumularea condițiilor potrivite. Procesul adaptiv ajută la echiparea copiilor cu flexibilitate pentru a gestiona cele ce i se aștern în cale și a prospera în ciuda obstacolelor. El le oferă copiilor posibilitatea de a învăța din greșeli, de a obține beneficii atunci când sunt corectați, de a se angaja în procese de încercare și eroare. Procesul adaptiv stă la baza capacității noastre de a ne

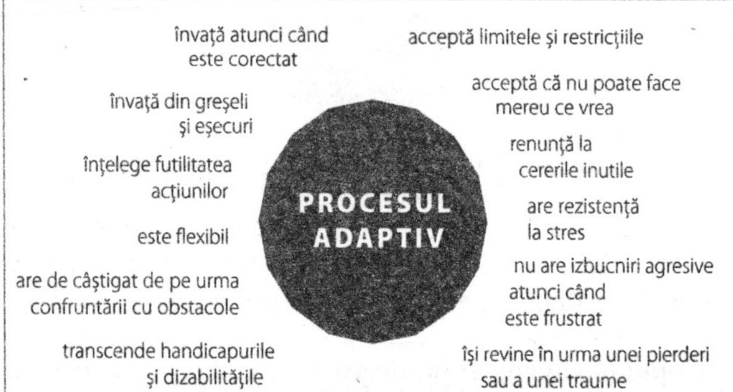

FIGURA 1.3 Preluată din cursul *Neufeld Intensive I: Making Sense of Kids*

transforma atunci când ne confruntăm cu lucruri pe care nu le putem schimba în lumea noastră.

Procesul adaptiv reprezintă, de asemenea, calea către gestionarea crizelor de afect și a agresivității copiilor mici (mai multe detalii în capitolul 7). Ei se supără, de obicei, atunci când le sunt dejucate planurile, dezlănțuind frustrare și tentative de a negocia un rezultat mai favorabil. Copiii mici nu sunt născuți cu un set preinstalat de limite și restricții care să-i pregătească pentru viața de zi cu zi. Uneori, ei se uită la noi uimiți, de parcă ar întreba „De ce nu am voie încă o prăjitură? Ce loc mai e și ăsta?!"

Copiii mici sunt mânați de dorința de a avea, de a fi primii și de a obține ce doresc, din cauza naturii lor egocentrice. Procesul adaptiv îi ajută să renunțe la planurile lor și să înțeleagă că pot supraviețui și atunci când lucrurile nu se întâmplă așa cum vor ei. Unul dintre cele mai rapide moduri de a crea un copil care crede că „i se cuvine" sau unui „răsfățat" este de a-l sustrage de la procesul adaptiv și de a preveni apariția sentimentelor de supărare atunci când copiii se confruntă cu lucruri pe care nu le pot schimba. Personajul Veruca Salt din *Charlie și fabrica de ciocolată** este exemplul unui asemenea copil. Ea le dă părinților ordin după ordin, spunând mereu „Vreau, vreau chiar acum, tati!" Părinții trăiesc terorizați de izbucnirile ei și se preocupă constant de satisfacerea cerințelor ei. De fapt, rolul părinților este de a ajuta copiii să se pregătească să trăiască într-o lume care le va aduce și supărări și dezamăgiri. Principalul rol al părinților atunci când sprijină un copil să se dezvolte ca ființă adaptivă este discutat în detaliu în capitolul 7.

Al treilea proces de maturizare care duce la dezvoltarea copiilor este integrarea. Acest proces este responsabil pentru

---

* *Charlie și Fabrica de Ciocolată*, de Roald Dahl, Editura Arthur, 2012.

transformarea copiilor în ființe sociale care sunt mature și responsabile. Pentru procesul integrativ sunt necesare dezvoltarea creierului și maturizarea emoțională. Pornind de la activitatea lui Jean Piaget, Sheldon White a inventat expresia „schimbarea de la cinci la șapte", semnalând o schimbare semnificativă în dezvoltarea cognitivă a copiilor mici. În acest punct, copiii pot aprecia contextul și pot lua în considerare mai mult de o perspectivă o dată.[12] Această schimbare marchează sfârșitul natural al mentalității de preșcolar și debutul erei argumentelor și a responsabilității.[13] Pe măsură ce are loc această schimbare, copiii devin mult mai temperați atunci când își exprimă gândurile și sentimentele. Vor începe să dea semne că își controlează impulsurile atunci când se confruntă cu emoții puternice. În loc să izbucnească furioși, e posibil să zică „Te cam urăsc acum" sau „Vreau să te lovesc", dar nu o vor face. Vor da dovadă de răbdare, în ciuda frustrării pe care le-o provoacă așteptarea. Vor fi capabili să împartă cu alții dintr-un respect sincer, nu fiindcă li se spune să facă asta. Vor putea să

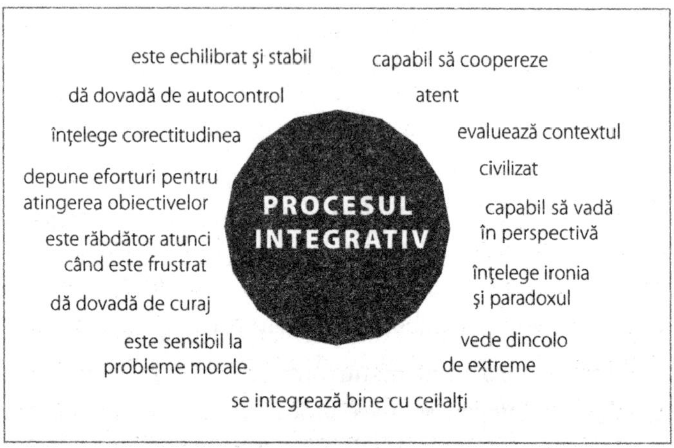

FIGURA 1.4 Preluată din cursul *Neufeld Intensive I: Making Sense of Kids*

persiste în atingerea obiectivelor fără să abandoneze frustrați. Încet-încet, ia naștere o persoană civilizată, așa-numita „personalitate a preșcolarului“, iar abordarea imatură a relațiilor începe să se diminueze – subiect abordat în capitolul 2.

În privința dezvoltării, una dintre cele mai importante soluții oferite de procesul integrativ o constituie capacitatea de a fi o entitate de sine stătătoare atunci când ești înconjurat de atât de multe alte persoane. Atunci când ai capacitatea de a-ți susține punctul de vedere când iei în calcul și experiențele altor persoane, ai parte de o perspectivă mai amplă. Copiii mici pot opera doar dintr-o singură perspectivă, care este cel mai adesea exprimată prin „E al meu“. O persoană matură ar trebui să poată contrazice pe cineva păstrând în același timp o notă de solidaritate: „Ți-am ascultat punctul de vedere. Acum vrei să-l auzi și tu pe al meu?“ Integrarea ar trebui, de asemenea, să dea naștere unei entități distincte, care nu cedează în fața presiunilor din partea semenilor în direcția uniformizării, clonării sau fuzionării. Este exemplul lui Katie, o fetiță în vârstă de șapte ani, care i-a zis prietenei cu care se juca: „Nu vreau să fiu iepurașul tău de companie. Nu-mi plac iepurii. Prefer să fiu mama-hamster“.

În cele din urmă, destinul nostru ca ființe sociale este să fim integrate în comunitățile noastre și să obținem un nivel de înțelegere morală care trece dincolo de „eu“ și care este atent și la nevoile întregii comunități. Dacă ne dorim copii care să participe ca cetățeni globali și să devină administratori ai planetei, ei trebuie să devină ființe sociale mature. Potențialul nostru ca ființe sociale este dezvăluit prin intermediul relațiilor sănătoase părinte-copil.

Există un răspuns organic la imaturitatea copiilor mici. Există un proces de dezvoltare natural, iar părinții joacă un rol critic. Atunci când sunt asigurate condițiile necesare creșterii, procesele interioare emergent, adaptiv și integrativ vor lansa copilul pe o traiectorie către formarea identității. Eșecul de a atinge maturitatea este și el parte a condiției umane, dar tocmai de aceea adulții trebuie să reprezinte cea mai bună opțiune a copiilor. Identitatea nu poate fi predată sau impusă; ea trebuie educată, cultivată, conservată și protejată.

Cum conservăm spiritului copilăriei

Într-o seară, când țineam o prezentare în fața unui grup de părinți, am auzit o mamă care citea titlul cărții scrise de Gordon Neufeld și Gabor Maté, *Cum să ne păstrăm copiii aproape**.[14] Apoi s-a întors către prietena ei și i-a zis alarmată: „Să ne păstrăm copiii aproape? Serios? Unde-i cartea în care ne învață cum să scăpăm de ei?!" Această întâmplare surprinde cât de grăbiți suntem să ne vedem copiii mari și maturi. Se pare că ne-am pierdut răbdarea în fața imaturității și credem despre copii că ar putea fi recoltați mai repede. În momente de disperare și frustrare, este posibil să ajungem să le pretindem copiilor: „Maturizează-te odată!" Dar, vai, nu putem grăbi procesul, nu putem comanda, pretinde, da bice, împinge, trage, mitui, amenința, recompensa, linguși și nu le putem da copiilor o pastilă ca să se maturizeze.

Când vine vorba de copii mici, toată lumea este de acord că se dorește maturizarea, dar există multe opinii diferite când vine vorba de *modul în care o obții*. Creștem copiii sau încercăm să le controlăm dezvoltarea? Dacă suntem prea grăbiți, vom face presiuni. Dacă suntem de părere că ar trebui să

---

* Gordon Neufeld, Gabor Maté, *Cum să ne păstrăm copiii aproape*, Editura Multi Media Est Publishing, 2017.

le lăsăm copiilor timp și spațiu pentru a crește, vom crea condițiile necesare dezvoltării firești. Nu le putem face pe ambele. O bună dezvoltare necesită răbdare și încredere. Problema cu presiunea și controlul este că ele pot ajunge să interfereze cu capacitatea de a le oferi copiilor lucrurile de care au nevoie cu adevărat. Presiunea și controlul pot crea un mediu stresant, în care copiii simt că este ceva în neregulă cu felul lor de a fi. Atunci când punem presiune asupra copiilor mici să devină independenți prea repede, îi putem face să se agațe de noi, dintr-un sentiment de nesiguranță. În încercarea noastră de a-i face să se maturizeze precoce, putem ajunge să diminuăm, să înlănțuim și să zdrobim spiritul copilăriei. Și totuși, continuăm să facem presiuni, în ciuda zecilor de ani de studiu al dezvoltării, care au demonstrat că principiile care guvernează dezvoltarea nu se schimbă.

Una dintre cele mai mari provocări cu care se confruntă părinții din zilele noastre este conservarea spiritului copilăriei. Cuvântul *spirit* își are originea în cuvântul latinesc care înseamnă „suflu" sau „vigoare". Spiritul este fundamentul pe care se sprijină vitalitatea copiilor și tendința lor de a crește, de a se dezvolta și de a deveni. Atunci când suntem preocupați exclusiv de forma matură pe care o iau copiii noștri, fără a le conserva spiritul, rezultatele sunt de scurtă durată și superficiale. Există o diferență între copiii care *se comportă* cu maturitate și copiii cărora li s-a acordat răgazul de *a deveni* maturi. Am ajuns să fim neatenți, confuzi și ademeniți în a crede că un comportament matur este sinonim cu maturizarea. Credem că putem controla dezvoltarea, în loc să fim atenți la modul în care influențăm condițiile care duc la apariția ei.

Putem învăța copiii să facă multe lucruri la vârste mici, dar nu ar trebui să confundăm acest lucru cu maturizarea.

Pediatrul T. Berry Brazelton a scris: „Puiul de om are o capacitate uimitoare de a se conforma. El poate fi învățat să meargă la nouă luni, să recite cifre la 2 ani, să citească la 3 ani și poate fi învățat chiar să facă față presiunilor din spatele acestor așteptări. Dar copiii din cultura noastră au nevoie de cineva care să întrebe cu voce tare «Cu ce preț?»"[15] Există etape de creștere și există forțe care ghidează creșterea. O sământă de măr nu seamănă cu copacul care poartă fructele. Când sunt crescuți în goană, prețul plătit de copii este însăși dezvoltarea lor.

Ne dorim să avem copii care devin ființe sociale și emoționale responsabile, dar societatea noastră a ajuns să fie preocupată de performanța actului de a crește copii, în loc să fie atentă la originea actului de creștere. De exemplu, copiii mici pot fi determinați să spună „scuze" sau „mulțumesc", dar asta nu garantează faptul că simt remușcare sau recunoștință. Ei sunt în stare să simtă nesinceritatea acestor acțiuni, iar atunci se plâng și își pretind unul altuia: „Zi cu convingere!" Atunci când sunt forțați să spună „scuze" sau „mulțumesc", cuvintele se detașează de emoțiile care ar trebui să-i ghideze. Graba de a obține un comportament matur va zădărnici capacitatea lor de a înțelege emoțiile care-i fac umani. Nu putem pretinde o dezvoltare morală sănătoasă dacă ne bazăm pe aparențe. Copiii afectuoși și plini de compasiune sunt crescuți în sânul familiei prin alimentarea rădăcinilor emoționale care îi susțin. Nașterea unei ființe sociale începe prin a te înțelege pe tine însuți. Capacitatea de a te înțelege cu alții, de a arăta afecțiune și de a-ți asuma răspunderea pentru propriile tale acțiuni sunt rezultatul unei dezvoltări sănătoase. Copiii pot fi programați să pară civilizați, dar e doar o fațadă, lipsește profunzimea.

Totodată, spiritul este și mai erodat de prezumția nerostită că „mai devreme e mai bine".[16] Acest specific cultural al epocii noastre alimentează așteptările pentru un comportament bun și pentru performanță în primii ani de viață. David Elkind, specialist în psihologia dezvoltării și autor al cărții *Miseducation: Preschoolers at Risk*, spune că în anii '70 părinții își grăbeau copiii, în anii '80 își doreau supercopii, iar în anii '90 doreau să le ofere copiilor lor un avantaj competitiv asupra celorlalți copii.[17] Suntem la începutul secolului 21, și copilăria timpurie este în continuare amenințată, fiind reproiectată pentru creșterea accelerată.

Parțial, problema este generată de faptul că mulți părinți și-au pierdut încrederea, sunt dezorientați și au deviat de la perspectiva dezvoltării asupra naturii umane. Ce s-a întâmplat cu credința noastră înnăscută în faptul că toți copiii cresc cu timp, răbdare și grijă? Schimbările rapide petrecute în ultimul secol în plan social, economic și tehnologic au demontat înțelepciunea culturală referitoare la copii și la modul în care se dezvoltă aceștia. Tendința către viteză și performanță continuă să se infiltreze și să pună presiune pe copilăria timpurie. Tradiții seculare privind creșterea copiilor sunt acum fragmentate și lipsite de ancore culturale. Nu ne mai este clar care este viitorul pentru care îi pregătim pe copii.[18] Majoritatea părinților din zilele noastre sunt imigranți digitali care cresc prima generație de nativi digitali autentici ai Epocii Informației.[19]

În ultimii o sută de ani, am asistat la trecerea de la societatea agricolă la cea industrială și apoi la cea informațională, ceea ce înseamnă că suntem tot mai puțin guvernați de ritmurile naturale care au susținut viața atâtea secole la rând.[20] Ajunși în epoca digitală, nu ne mai trăim viețile în conformitate cu ciclul lunii, al soarelui, al anotimpurilor. Ritmurile lumii naturale sunt acum dislocate de cerința unei sincronizări continue și globale. Steve Jobs este citat spunând: „nu mi-a plăcut niciodată să pun butoane de pornit-oprit pe dispozitivele Apple".[21] Deși noile noastre instrumente și dispozitive promit să ne furnizeze servicii fără întrerupere, performanță crescută și conectivitate, ele funcționează împotriva principiilor dezvoltării și a futilității care guvernează viața oamenilor. Noile noastre instrumente și tehnologii ne îndepărtează de zumzetul constant al ritmului natural al vieții. Putem face o mulțime de lucruri mai repede, dar creșterea copiilor n-ar trebui să se numere printre ele.

Întrebarea pe care trebuie să ne-o adresăm este care ar fi rolul nostru în creșterea copiilor? Părinții joacă un rol esențial în viața copiilor, un rol critic pentru crearea condițiilor necesare dezvoltării și pentru protejarea spiritului copilăriei. Trebuie să începem prin a adresa întrebările corecte care să ne ghideze, cele referitoare la modul în care copiii prosperă, înfloresc și își obțin identitatea. Răspunsul la imaturitate este maturizarea, care se petrece atunci când adulții devin răspunsul la nevoile relaționale și emoționale ale copiilor. Părinții joacă rolul moașei pentru promisiunea potențialului uman ce rezidă în fiecare copil. Pentru a face asta, trebuie să conștientizăm rolul nostru în planul naturii, ca să putem placa și acționa ca tampon împotriva frământărilor societății în mijlocul transformării tehnologice globale. Suntem norocoși să avem știința dezvoltării care să ne ghideze, să ne ajute în validarea intuiției părintești, să susțină tradițiile culturale referitoare la creșterea copiilor și să furnizeze informații atunci când nu știm ce să facem. Maeștrii grădinari folosesc știința și intuiția pentru a afla ce este necesar unei bune dezvoltări și au încredere că potențialul ia naștere din cultivarea unor rădăcini adânci, care să joace rol de ancoră întreaga viață.

2

Personalitatea preşcolarului Jumătate frumuseţe, jumătate bestie

Aş putea să vă invidiez
Căci voi habar n-aveţi de aceste probleme:
Cea mai fericită viaţă e cea trăită-n ignoranţă,
Înainte de a învăţa să te întristezi şi să te bucuri iar

Sofocle[1]

Copiii mici nu pot face mai multe lucruri în acelaşi timp, nu se gândesc de două ori şi nici nu zic lucruri de felul „O parte din mine ar vrea să-ţi dea cu trenuleţul în cap, pe când cealaltă parte crede că ar fi mai bine să folosesc cuvinte". Ei nu-şi *contemplă* sentimentele. Ei şi le *întruchipează* şi sunt înclinaţi să atace sau să reacţioneze impulsiv. Copiii mici nu sunt deloc previzibili. Ei trec de la o emoţie la alta, de la un gând sau un comportament la altul, mânaţi ca de puterea unui uragan. Ei simt lumea într-o manieră singulară – fiecare gând sau sentiment pe rând – şi prin urmare, totul are proporţii colosale pentru ei. Vor fi plini de energie sau vlăguiţi, veseli sau trişti, le va fi cald sau frig, bine sau rău şi aşa mai departe, dar niciodată undeva la mijloc. Copiii mici sunt proverbiali pentru lipsa lor de ponderaţie, de corectitudine, de rezonabilitate, de amabilitate, de grijă sau de atenție. Ei știu să se poarte mult mai bine decât o fac, iar bunele lor intenții par a avea viață scurtă.

Copiilor mici le lipsește capacitatea de a se gândi la ceva din mai multe perspective, deoarece creierul lor este încă în curs de dezvoltare. Pot fi ori Frumoasa, ori Bestia, ceea ce nu-i deranjează, din cauză că nu simt conflict interior, iar conștiința încă nu li s-a dezvoltat. Copiii mici au o capacitate neîntrecută de a sfida logica și de a-și lăsa mască îngrijitorii. Următoarea conversație avută cu părintele unui preșcolar reprezintă un bun exemplu.

MAMA: „Fiul meu, în vârstă de trei ani, tocmai a făcut o criză de afect. A țipat din toți rărunchii, a plâns, a aruncat, a bătut din picior și ne-a respins. Și-a speriat sora mai mică – și pe noi. Nu mai văzuserăm așa ceva niciodată! Am încercat să-l consolăm, dar nimic n-a funcționat. Soțul meu i-a adus păturica și de cum i-a dat-o, el a început să se cuibărească în ea și să cânte și era fericit! Soțul meu și cu mine suntem îngrijorați. Crezi că are o problemă de sănătate mintală? Ce se întâmplă cu el?“

DEBORAH: „Reacțiile fiului tău sunt tipice cuiva cu personalitate de preșcolar, ceea ce e normal, dat fiind faptul că are trei ani. El poate gestiona doar o singură emoție sau un singur gând la un moment dat; prin urmare, atunci când i-ai dat pătura, sentimentul de frustrare a fost eclipsat de sentimentul de bucurie. Nu are nicio problemă de sănătate mintală. Fiul tău este doar imatur. De fapt, dacă dorești să studiezi emoțiile umane, copiii mici sunt cei mai buni subiecți, deoarece experimentează emoțiile într-o formă cât se poate de pură, nealterată de vreo altă experiență.“

MAMA: „Şi atunci, ce ar trebui să fac? Cum îl fac să treacă peste asta?"

DEBORAH: „Iubire, răbdare, timp, o bună îngrijire din partea ta şi a soţului tău. Chiar şi atunci când vă confruntaţi cu exprimări cu încărcătură emoţională atât de puternică, trebuie să vă conservaţi relaţia şi să-l ajutaţi să-şi exprime şi să-şi numească sentimentele de fiecare dată când aveţi ocazia. În cele din urmă, loviturile şi bătutul din picior se vor transforma în cuvinte de frustrare, şi ar fi firesc ca în jurul vârstei de 5-7 ani să arate semne de liniştire, autocontrol şi atenţie, dacă lucrurile se desfăşoară cum ar trebui."

MAMA: (suspină) „Serios? Trebuie să aşteptăm atât de mult? De ce nu ne-a spus nimeni asta? Ce-i voi spune soţului meu?"

DEBORAH: „Îi vei spune că şi fiica voastră în vârstă de un an „suferă" de acelaşi lucru, şi că nimic nu se compară cu forţa unui copil imatur când vine vorba de a testa nivelul maturizării părinţilor."

Creierul preşcolarului

Personalitatea preşcolarului ia naştere din imaturitatea creierului şi este caracterizată printr-un comportament obsesiv, duios, impulsiv, anxios, încântător, nechibzuit, generos, instabil, agresiv, rezistent, obsesiv şi oricum altcumva, numai previzibil nu.[2] Copiii mici sunt bombardaţi de gânduri, sentimente, impulsuri şi preferinţe, dar nu le pot gestiona unitar pentru a-şi face o imagine de ansamblu. „Tulburarea" preşcolarilor nu este voită, ci ţine de dezvoltare. Rolul adulţilor este de a crea condiţiile care-i vor permite creierului să se maturizeze natural şi să nu se lupte cu simptomele personalităţii preşcolarilor.

Progresele făcute de neurologie continuă să deseneze harta care ilustrează modul în care se petrece dezvoltarea în cazul copiilor mici şi cât de imaturi sunt ei cu adevărat.[3] La naştere, creierul este cel mai uniform organ, ceea ce înseamnă că celulelor sale le lipsesc funcţiile specifice şi că au disponibilitate pentru a fi modelate de mediu, iar dezvoltarea se bazează pe contact şi pe apropiere faţă de cei cu care se realizează ataşamentul în perioada de creştere.[4] Primii trei ani de viaţă sunt caracterizaţi printr-o activitate neuronală intensă.[5] Daniel Siegel, psihiatru, consideră că circuitele neuronale se dezvoltă rapid, permiţându-le neuronilor să comunice între ei cu o viteză, eficienţă şi sofisticare crescute. Interacţiunea cu oamenii şi experienţele vor crea, activa sau întări circuitele neuronale. Creierul este un sistem viu şi cea mai sofisticată structură de pe Pământ, atât dintre cele naturale, cât şi dintre cele artificiale. Creierul are proprietatea înnăscută de a se remodela şi de a se adapta în conformitate cu mediul înconjurător.[6]

Creierul copiilor mici are nevoie, în medie, de cinci până la şapte ani de dezvoltare sănătoasă pentru o integrare completă, mai exact, pentru ca părţile creierului să poată comunica una cu cealaltă. Integrarea creierului este un eveniment global, care conectează straturile multiple de circuite neuronale, atât pe verticală, începând de la baza creierului şi urcând, precum şi bilateral, emisfera stângă şi dreaptă ajungând să se conecteze odată cu trecerea timpului.[7] Integrarea emisferelor dreaptă şi stângă în lobul prefrontal este esenţială pentru dezvoltarea funcţiilor executive, dar durează mai mult decât în alte părţi ale creierului.[8] Funcţiile executive includ discernământul, gândirea flexibilă, planificarea, organizarea şi autocontrolul. Ele stau la baza perspicacităţii, a imaginaţiei, a creativităţii, a capacităţii de a rezolva probleme, a comunicării, a empatiei, a moralităţii şi a înţelepciunii. Câtă vreme lobul prefrontal nu este integrat suficient, copiii mici vor continua să fie impulsivi şi agitaţi.[9] Dezvoltarea creierului continuă şi în adolescenţă, dar schimbările semnificative au loc între 5 şi 7 ani.[10]

La baza personalităţii preşcolarului stă un creier imatur, care nu poate înţelege toate intrările senzoriale şi semnalele pe care le primeşte. Emisfera stângă se dezvoltă separat de emisfera dreaptă înainte de a fi capabile să comunice eficient una cu cealaltă. În consecinţă, copiii mici nu se pot ocupa decât de un singur set de semnale la un moment dat. Creierul amână intenţionat semnalele concurente pentru a-i permite copilului să-l înţeleagă pe deplin pe fiecare în parte.

Atunci când sunt preocupaţi de un anumit subiect, copiii mici uită complet de restul lumii. Aceasta este capacitatea unică a creierului de a respinge stimulii concurenţi pentru a se ocupa de un alt stimul. Odată, la plajă, am văzut un copil fascinat de o scoică. Creierul lui se străduia să ignore ceilalţi stimuli pentru a se putea concentra asupra formei, mărimii, texturii şi sunetului scoicii. Copilul a fost mirat şi surprins în momentul în care l-a stropit un val, de parcă s-ar fi furişat pe la spatele lui. Lipsa lui de atenţie la mediul înconjurător nu era o greşeală, sau un semn că ar avea probleme de atenţie, ci o proiectare strategică şi bine gândită. Asemenea ochelarilor de cal, creierul lui ignora stimulii externi, astfel încât să funcţioneze, să observe şi să înveţe despre scoică, între atâţia factori perturbatori.

Atunci când copiii reuşesc să distingă suficient semnalele între ele, creierul va integra semnalele în lobul prefrontal, cu ajutor de la corpus callosum.[11] Cu alte cuvinte, „ochelarii de cal" sunt scoşi şi este dezvăluită lumea în două dimensiuni, deoarece aparatul cognitiv este pregătit acum să înţeleagă semnalele contradictorii.

FIGURA 2.1 Adaptare din cursul *Neufeld Intensive 1: Making Sense of Kids*

Atunci când emisfera dreaptă și cea stângă sunt dezvoltate suficient, lobul prefrontal se transformă într-un creuzet în care se amestecă sentimentele contradictorii, gândurile și impulsurile. De obicei, asta se întâmplă în intervalul de vârstă cuprins între 5 și 7 ani. Copilul va începe să perceapă disonanța interioară și se va naște conștiința. De exemplu, atunci când copilul are de gând să azvârle un obiect deoarece se simte frustrat, este posibil să apară un impuls conflictual sau competitiv, care să-i zică „Nu arunca, deoarece e posibil să rănești pe cineva". În loc ca ziua lui să fie „bună" sau „rea", este posibil să spună că a fost și bună, și rea. Este posibil să povestească despre cum a vrut să ia ceva ce nu-i aparținea, dar că s-a oprit fiindcă știa că e greșit. Odată cu schimbarea de la 5 la 7 ani, copiii capătă abilitatea de a lua în considerare concomitent două aspecte ale aceluiași fenomen și de a coordona două gânduri diferite.[12]

Amestecarea sentimentelor și a gândurilor în lobul prefrontal este decisivă pentru stoparea gesturilor necontrolate, aducând stăpânire de sine. Emoțiile și impulsurile puternice își găsesc leacul în competiția cu alte emoții și impulsuri puternice – sunt concepute astfel încât, atunci când sunt aduse laolaltă, au un efect paralizant. Conflictul interior care este creat de sentimentele și gândurile contradictorii aduce energia emoțională într-un punct mort. De exemplu, răspunsul la *frică* este *dorința*, ceea ce duce la apariția *curajului*. Răspunsul la *frustrare* este *afecțiunea*, ceea ce duce la apariția *răbdării*. Atunci când sentimentele și gândurile au spațiu suficient și

Șase virtuți ale temperamentului matur

impulsul de a reacționa & **atenția** la impactul pe care-l are = AUTOCONTROL
frustrare & **afecțiune** = RĂBDARE
teama de dragon & **preocuparea** pentru comoară = CURAJ
îngrijorarea pentru sine & **grija** pentru semeni = RESPECT
impulsul de a se răzbuna & **sentimente** de afecțiune = IERTARE
limitări & **preocuparea** de a rezolva = SACRIFICIU

FIGURA 2.2 Preluare din cursul *Neufeld Intensive I: Making Sense of Kids*

sunt încurajate să intre în conflict, va rezulta o luptă între forțe egale. Scopul este de a țese emoțiile și gândurile laolaltă, ceea ce duce la apariția unui temperament mai matur.

Atunci când lobul prefrontal se maturizează integrând emisferele, copiii mici se transformă ca indivizi, iar zilele lor de preșcolari se apropie de sfârșit. Importanța schimbării de la 5 la 7 ani ca punct de cotitură în dezvoltare nu poate fi subliniată suficient. Ea este răspunsul decisiv la personalitatea preșcolarilor și izvorul integrării personale și sociale.

Prin integrarea personală, copiii mici vor putea să facă demersurile pentru atingerea obiectivului, să gândească înainte de a vorbi, să se controleze când simt frustrare. Vor părea mai raționali și mai rezonabili, cu o gândire logică complexă. Acum se poate forma o narațiune coerentă și li se poate oferi copiilor o reprezentare consistentă a sinelui.[13] Un sine mai coerent le va permite copiilor să fie împreună cu alții fără a se pierde din vedere pe sine. Copiii vor face un salt în dezvoltare, în urma căruia vor apărea conștiința sinelui, controlul și atenția concentrată.[14] Impulsivitatea ar trebui să dispară și să facă loc unei ființe mai moderate, mai puțin impulsive. Părinții ar trebui să se bucure la vederea semnelor de autocontrol ale copiilor – una dintre cele mai importante borne ale dezvoltării în timpul copilăriei timpurii.

În ceea ce privește integrarea socială, capacitatea de a controla impulsurile îi va ajuta pe copiii mici să se adapteze la cadrul social care pretinde să aștepți să-ți vină rândul, să ai perspectivă și să manifești atenție. Copiii mici vor putea să interacționeze cu alții și să identifice indiciile interacțiunilor sociale. Din perspectivă istorică, schimbarea de la 5 la 7 ani a fost folosită în majoritatea sistemelor educaționale pentru a determina când sunt copiii pregătiți să înceapă școala.[15]

Mai mult, studiile privind cutumele culturale globale arată că la această vârstă copiilor li se dau mai multe responsabilități în gospodărie.[16]

Dezvoltarea creierului este spontană, dar nu inevitabilă. Dezvoltarea sănătoasă se bazează pe disponibilitatea figurilor de atașament și pe modul în care aceste figuri devin îngrijitori ai sistemului emoțional al copiilor.[17] Maturizarea creierului oferă o soluție organică pentru personalitatea preșcolarilor, dar nu poate fi forțată, exersată sau accelerată. Copiii se dezvoltă atunci când adulții creează grădini relaționale în care ei să se poată juca și prospera.

Copiii sensibili sau copiii „orhidee" și integrarea creierului

Aproximativ unul din cinci copii iese în evidență ca fiind mai afectat sau mai agitat de mediul înconjurător decât semenii săi.[18] Par să se lase copleșiți mai ușor, se îngrijorează, sunt mai emotivi, mai sensibili și mai arțăgoși când răspund și au un temperament mai pasional. Copiii sensibili au fost numiți „copii-orhidee", prin comparație cu copiii care se dezvoltă fără efort asemenea păpădiilor.

Copiii sensibili dau dovadă de o receptivitate crescută și de o capacitate mărită de a-și înțelege mediul înconjurător prin intermediul simțurilor. De parcă ar avea antene radio reglate pe receptivitate maximă, pentru a fi siguri că nu ratează niciun semnal. Deși tipul și nivelul de receptivitate diferă de la copil la copil, copiii sensibili vor da dovadă de răspunsuri senzoriale mai accentuate în zone vizuale, auditive, tactile, gustative, ale mirosului, chinestezice/proprioceptoare (legate de tensiunea fizică sau de condițiile chimice din organism) și zonele emoționale/perceptuale. Combinațiile sunt infinite şi fiecare copil va da dovadă încontinuu de receptivitate cu fiecare simţ.

Copiii sensibili ar putea să se plângă că etichetele hainelor le produc mâncărimi, că sunetele sunt prea tari, că mirosurile sunt prea intense sau că unele mâncăruri au gust rău. Poate fi dificil să le captezi atenţia deoarece sunt bombardaţi de informaţii senzoriale şi se simt copleşiţi. De asemenea, se pare că posedă o inteligenţă nativă, în comparaţie cu alţi copii, datorită receptivităţii lor crescute pentru informaţie şi stimulare. Este posibil ca adulţii să îi perceapă ca fiind foarte dramatici sau receptivi, dar ei nu fac decât să reflecte fidel lumea imensă care există în interiorul lor. Mama unui băiat sensibil în vârstă de 5 ani a fost surprinsă de reacţia sa la schimbarea locului de desfăşurare a lecţiei de muzică şi ne-a povestit:

> „Lui Jacob îi plăcea atât de mult de profesoara lui de muzică, încât în momentul în care a trebuit să schimbe locul în care îşi ţinea lecţiile, am plecat şi noi din clasa luminoasă aflată în apropierea casei noastre şi ne-am dus în subsolul întunecos al academiei de muzică. La prima lecţie, Jacob nu se astâmpăra şi ieşea mereu pe uşă. În timpul celei de-a doua lecţii, a devenit atât de agitat, încât ţopăia în toate părţile, până a aterizat pe profesoară. O zi mai târziu, când era calm, l-am întrebat dacă îi displăcea ceva la noul spaţiu. «Bâzâie luminile», mi-a zis el. «Nu aud nimic din cauza luminilor».“

Copiii-orhidee sunt mai sensibili la practicile de îngrijire a copiilor – ori se ofilesc, ori prosperă, în funcţie de mediu.[19] Atunci când sunt crescuţi în medii stresante, sunt mai afectaţi decât copiii-păpădie, semenii lor mai relaxaţi. Probabilitatea ca ei să sufere de vreo boală mintală, de a deveni dependenţi sau delincvenţi este mai mare, ca urmare a acestor condiţii.[20]

Cu toate acestea, atunci când copiii sensibili sunt crescuţi în condiţii ideale, în prezenţa unor adulţi atenţi, comportamentul lor îl poate surclasa pe cel al perechii lor, păpădie: „Un copil-orhidee devine o floare de o delicateţe şi o frumuseţe aparte".[21] Mediul lor *relaţional* este cel care aduce în cazul lor diferenţa în dezvoltare.

Receptivitatea crescută a copiilor sensibili la mediul care îi înconjoară poate duce la prelungirea intervalului de integrare a creierului cu până la doi ani. În locul schimbării de la 5 la 7 ani, este posibil să aibă nevoie de încă doi ani pentru a se maturiza, în funcţie de mediu şi de nivelurile lor de sensibilitate. Timpul suplimentar este folosit pentru a crea şi integra circuitele neuronale, pentru a suporta nivelul lor crescut de receptivitate senzorială.[22] Scopul este să li se ofere copiilor-orhidee posibilitatea de a se odihni când se află în îngrijirea adulţilor şi spaţiu suficient pentru joacă şi să li se apere vulnerabilitatea emoţională în momentul confruntării cu diverse situaţii dificile.

Una dintre cele mai frecvente greşeli făcute în relaţia cu copiii sensibili este să li se dea şi mai multe informaţii senzoriale din cauza inteligenţei lor native. Mai mult nu înseamnă mai bine, şi poate declanşa un sistem de apărare care să blocheze informaţia senzorială. Copiii sensibili au nevoie de timp şi spaţiu, de mult loc în care să se joace şi să proceseze toată stimularea pe care o resimt.

Copii mici în acţiune: câte un singur gând sau sentiment o dată

Deşi creierul este încă în curs de dezvoltare la copiii mici, faptul că înţelegem acest lucru nu ne împiedică să avem anumite aşteptări în ceea ce priveşte comportamentul, aşteptări care nu corespund cu capacitatea copiilor. Natura lor duală își face mereu apariția, jucând pe rând rolul Frumoasei și al Bestiei și oferindu-ne sugestii referitor la modul în care ar trebui să-i îngrijim. Următoarele șase teme iau naștere din cauza lipsei de integrare personală și socială a copiilor mici.

1. Copiii mici „completează golurile" atunci când își descoperă lumea

Copiii mici *nu au capacitatea de a aprecia contextul ori de a avea în vedere mai mult de un element atunci când rezolvă o problemă*. Ei văd doar o latură a lumii o dată, fiind orbi la multe dintre indicațiile și informațiile contextuale pe care adulții le consideră ceva de la sine înțeles. Ei nu pot observa contextul din cauză că nu pot fi atenți la toate perspectivele în același timp. De exemplu, o gravidă a mers la ecografie împreună cu fiul ei în vârstă de 3 ani și jumătate, ca acesta „să-și vadă" fratele pentru prima dată. În timp ce-și vedea pe ecran fratele mișcându-se, băiatul a început să plângă cu sughițuri. În timp ce mama lui îl consola spunându-i „E în regulă, bebelușul se simte bine, nu-ți face griji", băiatul a țipat „Nu, mami! De ce ai mâncat bebelușul?!" Se întâmplă adesea ca părinții și copiii mici să nu aibă aceeași perspectivă asupra lumii, ceea ce poate duce la multe neînțelegeri.

Copiii mici nu se opresc să se gândească la toate detaliile înainte de a trece la acțiune. Este cunoscut faptul că au obiceiul de a umple golurile atunci când sunt nevoiți s-o facă. De exemplu, atunci când o mamă și-a întrebat copilul de 5 ani, Alex, cum se nasc copiii, după ce avusese oră de educație sexuală la grădiniță, nu mică i-a fost mirarea când a auzit că „tati pune o găină în mami, care face ouă". Copiii mici nu sunt deranjați de propria lor ignoranță, deoarece nu pot detecta golurile din firul gândirii lor. Un tată i-a zis fiului său în vârstă de 3 ani: „Nu-ți mai roade unghiile, c-o să-ți intre-n gură toți gândacii murdari și-ai să te îmbolnăvești". Copilul a răspuns „E-n regulă, tati, scuip gândacii când îmi molfăi degetele". Copiii mici interpretează totul ad litteram și direct atunci când traduc lumea din jurul lor, ceea ce este adesea revigorant și amuzant. Un copil i-a spus mamei sale: „Mai demult, credeam că vacile Jersey poartă jerseuri* de hochei. Îți dai seama ce m-am mirat când am aflat că nu-i așa".

2. Copiii mici vorbesc fără ocolișuri și știu să se poarte mai bine decât o fac

Copiii mici sunt *netemperați în exprimare și acțiune, lipsiți de autocontrol.* Ei nu se opresc pentru a se gândi înainte de a acționa; ei fac, pur și simplu, mânați de instinct și de emoții. Corectitudinea politică sau socială nu există în mentalitatea lor și își exprimă liberi ideile. Unui copil de grădiniță, educatoarea i-a cerut să deseneze cea mai mare realizare a lui. Apoi i-a cerut să explice, iar copilul a zis: „Aici sunt eu, care am supraviețuit nașterii mele. Aici e «baginul» mamei mele și ăsta e capul meu care iese". Copiii mici sunt cunoscuți pentru dezvăluirea detaliilor privind familiile lor, precum „Bunico, ai picioare scurte" sau „Trebuie să dorm după-amiaza ca mami să nu înnebunească". Chiar și atunci când au invitați, copiii mici nu ezită să strige „Șterge-mă la fund!" sau să le spună musafirilor „Nu-mi place cadoul de la tine". Sinceritatea copiilor mici este pe cât de înduioșătoare, pe atât de stânjenitoare. După ce a văzut ce i-a pregătit pentru

* Joc de cuvinte – „jersey" este atât numele unei rase de vaci, cât și al unui articol vestimentar. (n.trad.)

cină, un copil şi-a întrebat mama: „De ce ne găteşti doar mâncare care ştii că n-o să ne placă?"

Provocarea constă în a apăra onestitatea copiilor mici şi a nu avea reacţii exagerate sau a-i face să simtă ruşine pentru că au fost sinceri. Dacă dorim să ne invităm copiii să înţeleagă lumea, trebuie să protejăm tendinţa lor de a relata despre ea. În cazul dezvoltării ideale, copiii mici vor ajunge să se gândească de două ori înainte de a deschide gura să vorbească. Până la acest moment al dezvoltării, au nevoie de spaţiu pentru a înţelege lumea aşa cum li se dezvăluie, deşi îi putem încuraja să facă asta în intimitate, când sunt doar cu noi.

Copiii mici nu se pricep să păstreze secrete. Acest lucru decurge din incapacitatea lor de a se ocupa de mai multe lucruri o dată. În ciuda bunelor intenţii de a păstra ceva secret, ei „uită" pe moment, din cauza entuziasmului debordant. De asemenea, copiii mici nu au capacitatea de a spune o minciună adevărată, deoarece nu pot fi în acelaşi timp şi sinceri, şi nesinceri. Fără a avea vreun gând ascuns sau un conflict interior, ei cred cu sinceritate ceea ce spun. Mama unei fete de 3 ani povesteşte: „Am întrebat-o pe Eva dacă ştie cum a ajuns amprenta unui deget pe negresele proaspăt coapte de mine. Mi-a răspuns cu o figură inocentă «Nu ştiu», în ciuda faptului că eram doar noi două acasă. Am aşteptat cinci minute şi apoi am întrebat-o: «Ce gust avea negresa?» Eva s-a uitat la mine şi a zis: «Vai, mami, a fost delicioasă»!" E ironic faptul că minciuna reprezintă un pas către maturizare, dar este nevoie de rafinament pentru a putea să distragi atenţia cuiva de la ceva ce nu vrei să observe. Aşa ceva necesită abilitatea de a gândi de două ori, de a avea perspectivă şi de a lua în calcul contextul.

Copiii mici nu se pot abţine şi reacţionează impulsiv, bazându-se pe instinctele şi sentimentele lor. Ei promit că nu vor mai lovi niciodată, dar repetă gestul câteva minute mai târziu. Copiii mici percep impulsurile şi acţiunile ca pe ceva ce nu e controlat de ei, ori ca pe ceva separat de ei. Ei pot fi la fel de miraţi în momentul în care braţele lor vor să lovească ori dinţii lor vor să muşte. Matthias, un băiat în vârstă de 4 ani, şi-a întrebat mama: „Cum e posibil ca braţele mele să lovească pe cineva pe care-l iubesc?" Ei ajung adesea la altercaţii cu alţi copii mici, cu izbucniri urâte când e vorba de teritoriul şi de lucrurile pe care le posedă. Adesea, frustrarea lor ia naştere din propria lor formă de exprimare, intenţiile bune fiind eclipsate de emoţiile puternice. Copiii mici nu se gândesc. Ei reacţionează, sunt înclinaţi să atace şi sunt impulsivi – aşa arată copiii mici în acţiune. Capacitatea de a avea câte un singur gând sau sentiment o dată stă la baza izbucnirilor de frustrare sau agresivitate.

Copiii mici nu simt conflicte interioare, ceea ce contribuie nu doar la manifestări ale frustrării, ci şi la amplificarea distracţiei. Dacă o mică stropeală a fost amuzantă, atunci o stropeală şi mai mare este probabil „şi mai amuzantă". Bucuria veritabilă este motivul pentru care îmbrăţişările copiilor mici au proprietăţi tămăduitoare, iar chicotelile lor sunt atât de contagioase. Oricine reuşeşte să-i cucerească inima copilului mic este adorat cu sinceritate, deoarece încântarea lui nu conţine gânduri ascunse sau afaceri neterminate. Inimile lor nu poartă ranchiună, nu au aşteptări neîmplinite şi nici resentimente. Iubirea lor este pură în exprimare. O mamă a zis: „Spre sfârşitul vieţii sale, străbunicul era destul de necăjit din cauza problemelor de sănătate şi a drumurilor la spital. Printre ultimele lui bucurii era să-şi petreacă timpul cu cei mai mici dintre strănepoţi. Felul lor inocent de a fi era medicamentul de care avea el nevoie. Îmbrăţişările lor aveau o influenţă magică asupra lui şi îi îmbunătăţeau parametrii vitali". La copiii mici, trăirea fericirii este nestingherită de potenţialul pierderii. Ignoranţa chiar poate fi fericire.

3. Nu există cale de mijloc şi totul e extrem de important

Copiii sunt *predispuşi la reacţii disproporţionate sau de tip pendul şi trec de la o experienţă sau o emoţie la alta.* Nu există moderaţie sau cale de mijloc, iar corectitudinea este definită prin obţinerea a ceea ce-şi doresc. E posibil să fie cooperanţi într-un moment, ca în clipa următoare să se schimbe radical, să se proptească pe călcâie şi să opună rezistenţă. Perspectiva lor asupra lumii este ori neagră, ori albă, lipsită în mod evident de griuri. Copiii mici nu doar că trec pur şi simplu de la o emoţie la alta, dar îşi trag şi părinţii după ei. Într-un studiu privind satisfacţia vieţii de părinte, părinţii copiilor mici aveau variaţii mai mari ale stărilor emoţionale de la bucurie la frustrare decât persoanele fără copii.[23]

Din moment ce copiii mici pot experimenta doar o singură emoţie o dată, un sentiment poate lua locul altuia, creând confuzie în rândul persoanelor care-i îngrijesc. De exemplu, am văzut un băiat de 4 ani care era supărat pe mama lui că-i spusese că trebuie să plece de la plajă. Atunci când mama lui a încercat să-l consoleze, el a lovit-o. Ea s-a retras, spunându-i „Nu, Felix, nu lovi". Când a observat furia din ochii mamei sale şi a văzut-o retrăgându-se, teama a luat rapid locul frustrării. A ţipat speriat: „Mama, mama, mama!" Mama, văzând chinul lui Felix, a revenit rapid alături de el. Odată reconectaţi, panica lui a fost înlocuită de frustrarea reziduală de a fi nevoit să plece de la plajă. Şi-a lovit iar mama, iar ea s-a retras zicând: „Nu, Felix! Ţi-am zis să nu loveşti. Nu te voi ajuta dacă mă mai loveşti!" De îndată ce ameninţarea separării a început iar să planeze asupra lui, a reapărut şi panica lui Felix, care şi-a chemat mama ţipând. Pe când mama se apropia şi-l lua în braţe, eu mi-am ţinut răsuflarea, aşteptând să se producă inevitabilul. Pe măsură ce teama i se evapora, băiatul a scos iar pumnii la înaintare şi şi-a lovit din nou mama. I-am privit blocaţi în caruselul emoţiilor, ca nişte hamsteri în rotiţa lor. Felix avea nevoie de ajutor pentru a-şi transforma frustrarea în lacrimi de tristeţe, lucruri despre care vom discuta în capitolul 7.

4. Numai un lucru este luat în vizor la un moment dat, asemenea unui cal cu ochelari

Copiii mici sunt *incapabili de a opera din două puncte de referinţă concomitent*, motiv pentru care în lumea lor prind viaţă magia şi imaginaţia. Absenţa logicii din spatele modului în care Moş Crăciun le poate duce daruri tuturor, a modului în care Zâna Măseluţă ia dinţii lăsând în locul lor bani sau a modului în care Iepuraşul de Paşti face ouă de ciocolată nu-i deranjează pe copiii mici. Ei nu pot vedea imaginea de ansamblu, nici golurile din firul logic al poveştilor magice. Inabilitatea copiilor mici de a coordona două gânduri dă naştere inocenţei şi naivităţii cu care cred orice li se spune. Perioada magică se apropie de sfârşit în momentul în care dezvoltă abilitatea de a vedea două laturi ale aceleiaşi poveşti. Ţin minte cât de uimită am fost într-un an când m-am uitat la Moş Crăciun şi mi-am dat seama că el era de asemenea bunicul meu. M-a frapat vederea dublă, pe care nu o mai experimentasem până la acel moment. Chiar dacă au protestat și au negat adevărul observației mele, adulții nu au reușit să mă convingă să mă răzgândesc. Chiar dacă în seara aceea l-am pierdut pe Moș Crăciun, iar până la 7 ani dispăruse cam toată magia, câștigasem perspectiva, abilitatea de a evalua contextul și capacitatea de a-mi înțelege lumea într-o manieră mult mai complexă.

Copiii mici au dificultăți în a se orienta către mai mult de o persoană în același timp. Într-o clipă își declară dragostea pe care i-o poartă tatălui lor, pentru ca în clipa următoare să se răzgândească și să zică „Nu-mi mai place de tine, o vreau pe mami". Părinții se pot simți respinși, dar de obicei acest lucru n-are de-a face cu părintele, ci mai mult cu lipsa abilităților copiilor mici de a fi atenți la mai mult de o persoană concomitent. Luarea copilului de la creșă sau de la grădiniță în timp ce vorbești cu educatoarea îi poate provoca micuțului un comportament prostesc sau plin de frustrare. În acele clipe, copilul nu mai știe către care adult să se orienteze.

Lipsa abilității copiilor mici de a opera concomitent folosind două puncte de referință se traduce prin faptul că, atunci când sunt ocupați cu un lucru, sunt de obicei neatenți la cei din jurul său – de exemplu, atunci când sunt chemați la cină în timp ce se joacă. Până la schimbarea de la 5 la 7 ani (7-9 ani pentru copiii sensibili), sistemul lor de atenție este în continuare în curs de dezvoltare și este posibil să pară că nu ascultă când li se vorbește, să facă greșeli din neatenție, să-și piardă interesul pentru anumite sarcini, să le fie distrasă atenția cu ușurință, să se chinuie când trebuie să organizeze activități, să piardă obiecte și să pară uituci.

Imaturitatea sistemului de atenție al copiilor mici și incapacitatea lor de a se ocupa de mai mult de un lucru concomitent reprezintă un criteriu important în diagnosticarea deficitului de atenție. Nativ, copiii mici par neatenți, impulsivi și hiperactivi, întrunind multe dintre criteriile de diagnosticare folosite pentru depistarea deficitului de atenție. Numărul copiilor diagnosticați cu deficit de atenție/hiperactivitate (ADHD) a explodat cu 500% din anul 1980 până în anul 2000,[24] devenind astfel boala psihică cel mai frecvent diagnosticată în rândul copiilor.[25] În Canada, prescrierea de Ritalin, un stimulent uzual pentru tratarea ADHD, a crescut cu 55% pentru copiii cu vârstă mai mică de 17 ani în decursul a numai patru ani.[26] Ghidul conceput de American Academy of Pediatrics (Academia Americană de Pediatrie) pentru diagnosticarea ADHD permite să fie avuți în vedere pentru diagnosticare copiii de până la 4 ani,[27] în ciuda faptului că vârsta specifică la care are loc integrarea creierului este cuprinsă în intervalul 5-7 ani, sau 7-9 ani în cazul copiilor sensibili. Prin urmare, există un risc crescut ca problemele de atenție să fie diagnosticate la copii care au sisteme de atenție imature, nicidecum creiere „defecte".[28]

Diagnosticarea greșită a copiilor mici ca având deficit de atenție în loc de imaturitate este reală, așa cum reiese din mai multe studii ai căror subiecți sunt copii de grădiniță din Canada și Statele Unite. 60% dintre copiii de grădiniță care prezentau riscul cel mai mare de a fi diagnosticați cu ADHD aveau în comun faptul că se numărau printre cei mai mici de vârstă din clasele lor.[29]

5. Doar joacă, fără muncă

Copiii mici sunt *incapabili să înțeleagă noțiunea de muncă sau să manifeste un comportament orientat către atingerea obiectivului, care necesită sacrificii.* Acest lucru tinde să-i îngrijoreze pe mulţi dintre părinţi, care privesc perseverenţa şi sacrificiul ca fiind cheia succesului în viaţă, de la sporturi şi hobby-uri la şcoală şi serviciu. Aceştia sunt exasperaţi de lipsa vederii de ansamblu manifestată de copiii mici și de ceea ce ei înșiși percep ca lipsă de motivare, de tendinţa copiilor de a renunţa cu uşurinţă atunci când ceva devine prea dificil. Conceptul de muncă le este necunoscut copiilor mici, deoarece, fără sentimente confuze și gânduri, ei nu au capacitatea de a-și amâna satisfacţia. Pentru a putea munci, trebuie să renunţi la satisfacţie și să depășești frustrarea ce e posibil să apară.

Tatăl unui copil de 4 ani ne-a împărtășit următoarea poveste:

> „Mi-am dus fiul la golf. S-a distrat până în momentul în care a devenit frustrat din cauză că mingea nu se ducea unde dorea el. I-am zis să aibă răbdare, dar doar s-a enervat, și-a trântit crosa și a zis că renunţă. I-am zis să persevereze și să exerseze, dar a început să zbiere și să ţipe. Cum ar trebui să mă port când reacţionează așa? E leneș? Nu muncește pentru nimic și renunţă pur și simplu când devine prea greu. Nu-mi doresc să-l văd așa.“

Atunci când și-a dat seama că fiul său nu este capabil să persevereze sau să muncească pentru atingerea obiectivului, tatăl și-a mai scăzut așteptările pe care le avea de la el.

Cel mai bun mod de a ajuta copiii mici să persevereze în rezolvarea unei sarcini este prin joacă – opusul muncii. O abordare care impune efortul la vârste prea mici va avea reacţii adverse și poate da naștere la frustrare și împotrivire.

6. Totul se rezumă la „mine“ sau la „tine“, dar niciodată la „noi“

Copiii mici *se ocupă doar de o persoană pe rând, iar de obicei e vorba de propria lor persoană.* Atenţia lor va fi îndreptată ori asupra lor înşişi, ori asupra altei persoane, făcându-i să pară fie extrem de egocentrici, fie urmăritori pasionaţi ai unor alte persoane. Având loc în mintea lor pentru o singură persoană, nu pot gestiona solidarizarea fără a pierde faptul de a fi o entitate distinctă. Copiii mici nu trec de la „mine“ la „noi“, ci trec de la „mine“ la „tine“.

Copiii mici încep să aibă o percepţie clară a sinelui începând de la vârsta de 2 ani, dar înainte de asta nu văd lumea ca fiind separată de ei.[30] Unul dintre obiectivele copilăriei timpurii este de a cultiva sinele aflat în curs de dezvoltare și de a-l consolida. Copiii vor avea nevoie de spaţiu, de timp și de sprijin pentru a înţelege cine sunt, în loc să fie acaparaţi de nevoile și de dorinţele altora. Integritatea preșcolarului și individualitatea sunt premisele participării ca membru al comunităţii atunci când vor ajunge la maturitate.

Copiii mici par uneori „nepăsători“ atunci când se poartă în conformitate cu propriile lor nevoi. Nu se gândesc la nimic atunci când îi zic cuiva „Ia-mă în braţe“, în ciuda faptului că respectiva persoană are mâinile pline cu cumpărături sau ţine deja în braţe alt copil. De asemenea, pot da dovadă de îngrijorare profundă la adresa altora, renunţând la lucrurile lor, doar pentru a cere mai târziu: „Le vreau înapoi!“ Accentul permanent pus în copilăria timpurie pe a se înţelege cu alţii şi a avea în vedere nevoile altora eclipsează obiectivul mai important al dezvoltării. Mai întâi, copiii mici au nevoie să înţeleagă cine sunt. Integrarea personală și cultivarea sinelui au prioritate în faţa integrării sociale și a interdependenţei.

Strategii pentru abordarea imaturității

Firea copiilor mici este jumătate Frumusețe, jumătate Bestie, făcându-i pe părinți să tânjească după dezvoltarea autocontrolului, a răbdării și a respectului. Deși dezvoltarea creierului nu poate fi accelerată, prezint aici câteva strategii pentru abordarea imaturității, care vor sprijini dezvoltarea și vor câștiga timp până când maturitatea va oferi răspunsul decisiv la comportamentul impulsiv, nerespectuos și egocentric.

1. Supravegherea este antidotul imaturității

Adulții pot compensa imaturitatea copiilor mici asumându-și responsabilitatea de a-i feri de necazuri prin anticiparea problemelor înainte ca ele să apară. Asumarea unei atitudini care îngrijește și nu a unei atitudini care pedepsește este cheia gestionării imaturității. Copiii mici nu reacționează bine când sunt nesupravegheați la întâlnirile cu alți copii, când trebuie să-și împartă jucăria preferată cu altcineva sau când trebuie să descifreze singuri regulile din parc. Ei au nevoie de supravegherea unui adult și de indicații atunci când interacționează unul cu altul. Cu cât îi înțeleg mai bine pe copiii mici, cu atât mai bine vor putea părinții să anticipeze și să prevină momentele în care copiii ar putea da de necaz.

Când apar necazuri, primul lucru pe care trebuie să-l întrebăm este dacă nu cumva copilul a fost pus într-o situație care l-a solicitat prea mult din punctul de vedere al dezvoltării și dacă așteptările la adresa comportamentului lui erau realiste. Atunci când părinții reflectează la incidente, copiii li se pot dezvălui în feluri noi, așa cum povestește și următoarea mămică: „Am dus copilul la un loc de joacă în interior, dar după ce petrecuse o oră acolo a început să facă o criză de afect. Analizând în retrospectivă, cred că a fost prea solicitant pentru el. Ar fi fost mai bine să stăm doar o jumătate de oră".

2. Folosește structura și rutina pentru a modela comportamentul

Structura și rutina pot compensa lipsa aptitudinilor organizaționale și sociale ale copilului mic. Atunci când copiii mici se obișnuiesc cu o anumită rutină, nu mai sunt necesare explicațiile complexe și nici nu mai rămâne loc de improvizații. Structura și rutina oferă un ghid pentru comportament și așteptări, ceea ce ajută copilul mic să pară mai matur decât este în realitate. Dat fiind faptul că la vârste mici copiilor le lipsește perspectiva și că funcționează cu un sistem de informații incomplet, structura și rutina vor ajuta la compensarea golurilor din cunoștințele lor. Rutina poate fi parte a evenimentelor zilnice, precum trezirea, mesele și ora de culcare. Rutina poate ajuta la ușurarea situațiilor, deoarece astfel copilul știe la ce să se aștepte zilnic la aceeași oră, și îi oferă totodată sentimentul de siguranță. Așa cum povestea îngrijitorul unui copil: „De obicei, servim prânzul în bucătăria mea, dar ca să variez un pic, odată am scos copiii la picnic în curtea din spate. Când am revenit în casă, s-au așezat toți la masa din bucătărie, așteptând să le dau prânzul. Era ca și cum nu puteau continua programul zilnic fără a parcurge toate etapele obișnuite".

3. Oferă scenarii pentru acțiunile imaturilor

În multe cazuri, copiii mici nu pot identifica toate semnalele sociale și nu pot înțelege cu adevărat ce se așteaptă de la ei. Atunci când creează scenarii pentru copiii mici, adulții le pun la dispoziţie intenţionat semnalele, indicaţiile sau instrucţiunile unei anumite situaţii în care s-ar putea simţi bulversaţi sau ar fi necesar să pară mai „maturi". De exemplu, un părinte poate face un scenariu pentru interacţiunea copilului atunci când salută pe cineva: „O îmbrăţişare este o idee bună, dar nu pupi pe gură". Îi poţi povesti copilului în avans: „La grădiniţă va trebui să te aşezi într-un cerc şi să ridici mâna înainte de a vorbi". Când pot anticipa şi se pot gândi la ce înseamnă situaţiile noi pentru copiii mici, adulţii au posibilitatea de a le oferi indicaţii mai bune în avans, pentru ca micuţii să aibă un comportament adecvat. În cazul în care copiii nu sunt ataşaţi de adultul care le oferă indicaţiile, este mai puţin probabil ca ei să-i urmeze instrucţiunile. Numai relaţiile puternice pot activa dorinţa copiilor mici de a urma instrucţiuni.

4. Menţine poziţia alfa şi evită să înlocuieşti emoţiilor copilului

Atunci când emoţiile copiilor mici erup sau când aceştia se poartă imatur, adulţii trebuie să intervină pentru a gestiona situaţia, din poziţia de îngrijitori ai respectivilor copii. E valabil atât la locul de joacă, cât şi acasă, în cazul unui conflict între fraţi. În aceste situaţii este important să vă menţineţi relaţia intactă şi să nu înlocuiţi o emoţie a copiilor mici cu altă emoţie. De exemplu, atunci când copiii mici sunt frustraţi şi izbucnesc, adulţii i-ar putea speria, dacă ţipă sau îi ameninţă pentru a-i determina să se oprească. Frustrarea copiilor ar putea fi înlocuită cu teamă, ceea ce le-ar putea alimenta suferinţa emoţională. Mai mult, părinţii care înlocuiesc emoţia iniţială a copiilor nu mai au ocazia de a-i ajuta să înţeleagă care a fost factorul declanşator al supărării.

În cea mai mare parte, comportamentul problematic al copiilor este generat de frustrare sau panică, iar pentru a-i învăța pe copii să înlocuiască loviturile, șuturile, îmbrâncelile și țipetele cu cuvinte, avem nevoie de ocazii în care să conectăm impulsurile cu „intuirea" cuvintelor. Putem face asta conștientizând și luând în seamă sentimentele copiilor atunci când dăm un nume impulsurilor lor. Dacă speriem copiii pentru a-i face să se supună, cel mai probabil stricăm tot ceea ce au înțeles ei până în acel moment din emoția pe care au resimțit-o. Emoțiile înlocuite pot răbufni asupra altor copii, asupra unor animale de companie sau jucării. Capitolul 6 abordează emoțiile copiilor, iar capitolul 7 se concentrează în mod special pe frustrare și agresivitate.

5. Sprijină conflictul și disonanța

Modul în care va ajunge creierul copiilor mici să integreze sentimentele și gândurile contradictorii poate fi modelat de adulți cu exprimări de tipul „O parte din mine simte asta, iar altă parte vrea să facă altceva" sau „Pe de altă parte..." sau „Am sentimente contradictorii despre asta". Atunci când adulții transmit mesajul că este în regulă să exprimi conflictul interior și disonanțele, copiii vor începe să primească mesajul că merită să ia în calcul mai multe perspective și sentimente înainte de a lua o decizie.

Asaltul gândurilor și sentimentelor contradictorii

Părinții întreabă frecvent când se pot aștepta să vadă semne ale integrării gândurilor și sentimentelor și cum arată aceste semne. Deși temporizarea diferă de la un copil la altul, există câteva semne frecvente care pot apărea încă de la vârsta de

4 ani și care sporesc în frecvență pe măsură ce copiii se apropie de împlinirea vârstei de 5 ani, în cazul unei dezvoltări ideale.

Gândirea este unul dintre primele semne că lobul prefrontal al copiilor mici se transformă într-un creuzet pentru gândurile și sentimentele contradictorii. Am întrebat un tată dacă a văzut vreun semn de contemplare la fiica sa în vârstă de 4 ani și jumătate, Maeve, iar el mi-a zis: „Ce coincidență, tocmai deunăzi, când ospătărița a întrebat-o pe Maeve dacă a terminat de mâncat, Maeve s-a uitat în sus la ea, a făcut o pauză și a răspuns «poate». Și privirea i s-a mutat într-o parte, de parcă ar fi căutat un răspuns în minte. Apoi și-a întors iar privirea către ospătăriță și a zis «Da, burtica mea zice că a terminat»". Semne ale gândirii pot apărea subtil ca acesta – o pauză înainte de a acționa ori un moment de tăcere înainte de a vorbi. Reflecția spontană poate începe să se manifeste în jurul vârstei de 4 ani, apărând și dispărând rapid. Adulții pot începe să-i pregătească pe copiii ajunși la această vârstă întrebându-i ce părere au, dar copiii nu trebuie forțați, manipulați sau transformați într-un proiect. Părinții se pot doar consola cu gândul că întrezăresc semnele maturității.

Pe măsură ce lobul prefrontal se transformă într-un creuzet, vor începe să apară gânduri contradictorii înaintea sentimentelor amestecate. Emoțiile sunt semnale intense, iar din această cauză sunt mai dificil de amestecat. Pe măsură ce gândurile încep să se amestece, copiii mici ar putea începe să facă afirmații precum „O parte din mine vrea să meargă în parc, dar altă parte din mine vrea să rămână acasă". Aceste formulări contradictorii indică faptul că în mintea copiilor pot încăpea două gânduri contradictorii în același timp. Este posibil să înceapă să dea semne că îi amuză anumite glume abstracte sau jocuri de cuvinte.

Părintele unui copil de grădiniță a relatat următoarea poveste, care demonstrează cum decurge amestecul sentimentelor:

MAMA (la volan, duce copiii la școală): „Ce-ai să le spui copiilor despre *dream catcher*-ul pe care l-ai realizat pentru «Arată și povestește»?"

TABITHA: „N-am să-l arăt."

MAMA: „Dar acasă erai atât de entuziasmată că urma să le povestești copiilor despre *dream catcher*-ul tău! Ți-e teamă? O parte din tine este entuziasmată să-l arate, iar altă parte este speriată?"

TABITHA: „Mamă, nicio parte din mine nu vrea să le arate copiilor *dream catcher*-ul meu."

Deși dezamăgită că teama și dorința nu se puteau amesteca, mama era încântată să audă că Tabitha are mai multe părți. Teama și dorința se numără printre sentimentele cel mai greu de amestecat, din cauza intensității lor. Atunci când teama și dorința pot fi resimțite în același timp, rezultă curajul, ceea ce duce la capacitatea de a progresa pentru a-ți împlini dorința. Curajul nu înseamnă absența fricii, ci mai degrabă echilibrarea fricii prin dorință.

Pe măsură ce încep să se amestece sentimentele și impulsurile contradictorii, copiii mici pot începe să tremure și să se înfioreze spontan, să scrâșnească din dinți sau să aibă alte manifestări fizice prin care să exprime conflictul. O parte din ei ar putea dori să se îndepărteze, pe când cealaltă parte avansează. Tensiunea lor interioară este palpabilă. Mama unei fete de 5 ani și jumătate a descris această tensiune pe care a observat-o la fiica ei: „Zilele trecute, Amanda era frustrată și a vrut să arunce cu un trenuleț în fratele ei. Am fost uimită să observ că nu l-a aruncat, ci l-a ţinut bine şi a început să-şi agite mâinile deasupra capului, înainte şi înapoi, în dreapta şi-n stânga. Era de parcă o mână dorea să arunce trenuleţul, dar cealaltă mână nu dorea. Uneori este capabilă să se oprească singură. A început să se schimbe".

Sentimentele contradictorii care încep să se amestece se pot vădi în exprimări de tipul „Acum te urăsc pe jumătate!" sau „Acum te iubesc pe jumătate!" sau „Vreau să te lovesc, dar n-am s-o fac". Mama unui copil de 4 ani şi jumătate povestea:

„Săptămâna trecută eram la un loc de joacă, iar Zach era înconjurat de copilaşi. Unul dintre ei l-a împins. Eu am pornit în goană spre ei, dar Zach nu a reacţionat, doar s-a uitat la micuţ. Seara, la culcare, am purtat o conversaţie".

MAMA: „Am observat că azi, la locul de joacă, te-a împins un copil mic. Nu l-ai împins şi tu. Cum te-ai simţit?"

ZACH: „Când m-a împins, am simţit doar că-mi pasă de el."

MAMA: „Că-ţi pasă de el? Îţi venea să-l împingi?"

ZACH: „Nu, fără împingeri. Dar îmi venea să-l îmbrăţişez."

MAMA: „Să-l îmbrăţişezi? De unde şi până unde?"

ZACH: „Vai, mamă! Îi era tare greu mititelului. Avea nevoie de o îmbrăţişare."

MAMA: „De ce nu l-ai îmbrăţişat?"

ZACH: „M-am gândit că, dacă m-aş duce să-l îmbrăţişez, m-ar îmbrânci iar."

Reflectând la comportamentul lui Zach, mama a adăugat: „Nu cred că mi-aş fi dat seama cât de importantă e conversaţia noastră dacă nu i-aş fi înţeles sentimentele contradictorii. De asemenea, la început n-am reuşit să înţeleg de ce înmărmurise – de ce nu se mişca? Dar cred că rămăsese blocat între «îmbrăţişează-l» şi «nu-l îmbrăţişa». E un pas mic, dar mi se pare unul incredibil de important".

Pe măsură ce sistemul cognitiv și cel emoțional al copiilor devin tot mai integrate, oscilațiile din comportamentul lor vor începe să se diminueze. Vor ajunge să vadă două laturi ale situației și vor deveni mai civilizați atunci când interacționează cu alții. Deși este posibil ca părinții să se bucure de efectul de moderație produs, adevărul este că micuții nu vor mai putea fi niciodată atât de puri sau singuri cu gândurile și sentimentele lor. După cum povestea mama unei fete în vârstă de 5 ani și jumătate:

> „Când au început să-i apară sentimentele și gândurile contradictorii, Anna era chinuită de ele. Încerca să adoarmă într-o seară și se plângea că nu-i drept, că surorii ei parcă-i este mai ușor. Anna m-a privit furioasă și a zis: «Nu pot să adorm. Capul meu vrea să se gândească întruna. Cum îl fac să tacă?». Am reușit să-mi înfrânez entuziasmul și i-am zis că pur și simplu începe să aibă creier de fetiță mare și că de aceea este mai ocupat. Anna mi-a zis foarte supărată: «Nu vreau creier de fetiță mare. Vreau doar să dorm, ca soră-mea»".

În dorința noastră de a ne bucura de forma mai civilizată a copiilor mici, putem să omitem lucruri care se pierd. Vor dispărea puritatea și inocența specifice perioadei în care copiii au un singur gând sau sentiment o dată. Viețile lor nu vor mai părea descătușate, nestăpânite și nesofisticate. De ce s-ar bucura copiii să afle că vor avea o conștiință care le va vorbi regulat și care va da naștere unor gânduri și sentimente contradictorii? Atunci când cortexul prefrontal evoluează, transformându-se într-un creuzet, soluția organică pentru imaturitate apare spontan, dar lumea interioară a copiilor nu va mai fi niciodată așa de liniștită sau tăcută. Cu toate acestea, există și câștiguri importante atunci când vine vorba de integrare, aşa cum relatează acest părinte: „Mi-am dat seama că fiul meu nu mai avea creier de preşcolar când a venit la mine cu pumnul strâns şi mi-a zis mândru «Uite, tati, să vezi ce-am realizat! Aveam pumnul îndreptat spre capul Sarei ca s-o lovesc, dar n-am lovit-o». Privirea sa mândră era uimitoare, de parcă ar fi spus «Nu-mi vine să cred că-mi pot controla corpul atunci când sunt frustrat!»" Din relatarea tatălui se desprindea cu claritate demnitatea trăită de copil când îşi conştientizează potenţialul uman ca fiinţă moderată şi cu autocontrol.

3

Conservarea jocului
Cum protejăm copilăria în era digitală

Interiorul nostru este cel care ne definește, care ne permite să visăm și să ne mirăm sau să empatizăm cu alții. Acesta este esențialul. Acesta este lucrul care contează cel mai mult în lumea noastră.

FRED ROGERS[1]

În copilărie, Gail visa să aibă o „foarfecă magică" care să-i transforme desenele în obiecte adevărate. Tatăl ei a observat că la ea în cameră „era mereu plin de bucățele de hârtie tăiate ". O mulțime de decupaje au apărut după ce Gail și sora ei au văzut filmul *Oklahoma!* Foarfeca lui Gail a dat naștere unor cowboy și unei ferme cu cai și țarcuri. Gail și sora ei s-au adâncit într-o lume fantastică inventată de ele. Substanța aventurilor lor este greu de repovestit, dar pentru Gail este cât se poate de clară semnificația jocului ei. După mai bine de 60 de ani, crearea acestor desene explică parțial cine a devenit Gail și care a fost munca ei de o viață.

Imaginile au jucat un rol special în viața lui Gail și în vocația ei artistică. Erau vitale pentru bunăstarea ei psihică și se exprima intuitiv prin intermediul lor. Dintotdeauna învățase vizual și o plictiseau textul și poveștile de la școală. Avea sentimentul că imaginile din desene și picturi erau captive și tânjeau să fie eliberate și înțelese. Își vedea lumea ca pe o matrice de imagini, iar ea era cea care le separa una de alta și le dădea viață. Desenele, decupajele, cusutul, lipitul, sculptatul sau modelatul umpleau fiecare imagine cu un înțeles mai adânc.

Ca adult, Gail și-a urmat pasiunea studiind ceramica la universitate. Și-a dedicat aproape întreaga viață artei, lucrând la Emily Carr Institute of Art and Design (în prezent, Emily Carr University) până s-a pensionat. A fost omagiată public pentru „o viață în care și-a adus contribuția la comunitatea ceramicii și în special la educația în domeniul ceramicii".[2] Deși nu s-a concretizat niciodată, „foarfeca magică" a lui Gail a ajutat la dezvăluirea unei pasiuni pentru imagini care a dăinuit o viață de om. Această unealtă simplă, împreună cu un spațiu și o libertate de jos suficiente, i-a permis lui Gail să-și descopere artistul interior.

Nu putem decât să ne întrebăm cine ar fi devenit Gail dacă ar fi fost crescută în zilele noastre – într-un moment în care educația, activitățile structurate, dispozitivele digitale și interacțiunea cu semenii sunt tot mai apreciate în detrimentul „orelor inutile" de joacă interminabilă. Așa cum afirmă David Elkind, psiholog și promotor al jocului, „Declinul jocului liber, autoinițiat al copiilor este rezultatul unei veritabile furtuni de inovații tehnologice, schimbări sociale rapide și globalizare economică".[3] Tipul de joc de care au nevoie copiii mici este amenințat cu extincția în lumea digitală. Aceasta ar trebui să fie una dintre cele mai mari îngrijorări ale noastre și ar trebui să depășească preocuparea pentru comportamentul sau disciplina preşcolarilor. Copiii mici nu pot prospera sau înflori într-o lume lipsită de joc. Însăşi esenţa identităţii lor viitoare este definită astfel.

Jocul este pe cale de dispariţie pentru cei care au cea mai mare nevoie de el

Jocul ar trebui să fie adăugat pe lista lucrurilor aflate pe cale de dispariţie, în ciuda faptului că ultimii 75 de ani de psihologie a dezvoltării au demonstrat că el are un rol critic în dezvoltarea sănătoasă a copiilor mici. Experţii în psihologia dezvoltării continuă să tragă semnale de alarmă privind pierderea jocului, vocile lor străduindu-se să întreacă presiunile părinţilor, pe cele educaţionale, guvernamentale şi culturale, care trag în sens opus.[5] Jocul retrogradează tot mai mult, fiind mutat în timpul liber al copilului, în loc să ocupe în continuare locul central în perioada copilăriei timpurii. În ciuda acordului tacit referitor la importanţa jocului, mulţi părinţi decid să nu „rişte" să aplice această lecţie pe propriii copii, de teama ca nu cumva aceştia să rămână în urmă.[6] Dar creşterea care are loc prin intermediul jocului nu este imediată şi nici supusă predării sau testării. De cele mai multe ori, progresul este invizibil, pe măsură ce personalitatea şi dezvoltarea îşi urmează cursul.

Tipul de joc de care au nevoie copiii mici este erodat, distrus şi redefinit de atacul constant al dispozitivelor digitale şi de învăţarea precoce.[7] Cadrele didactice de la creşe şi grădiniţe se confruntă cu presiuni constante din partea părinţilor care pretind ca micuţii lor să fie învăţaţi matematică, să citească şi să folosească dispozitivele tehnologice. Un educator a spus:

„Observ că familiile se străduiesc să umple timpul copiilor cu cât mai multe activități în timpul săptămânii, motivația lor fiind că astfel copiii lor obțin aptitudinile necesare pentru a se descurca mai bine la școală, câștigând astfel un avans. Eu cred cu tărie că acei copii care își trăiesc copilăria timpurie foarte ocupați nu înțeleg pauzele și simt nevoia să-și umple timpul cu zgomot alb, neavând astfel niciodată șansa de a se odihni cu adevărat".

Rolul jocului în copilăria timpurie este subevaluat, subestimat și neprotejat atunci când părinții și educatorii fac presiuni pentru obținerea rezultatelor. Jocul ajunge să fie sufocat de misiunea adulților de a grăbi dezvoltarea, în ciuda studiilor care demonstrează că creierul copiilor atinge și în ziua de azi aceleași performanțe cognitive ca în urmă cu o sută de ani.[8]

O altă provocare o reprezintă influența pe care o au dispozitivele digitale asupra jocului. Dată fiind disponibilitatea tot mai largă a ecranelor și a programelor educative, copiii mici au ocazia să se distreze mai bine ca oricând. Nevoia copiilor de a înțelege singuri ceva este înlocuită de accesul facil la informație, precum și la achizițiile academice timpurii, care împiedică descoperirile. În zilele noastre, copiii nu mai ajung să perceapă futilitatea sau eșecul într-o lume a jocurilor video în care există butoane de resetare, coduri pentru trișat și vieți infinite. Nu mai rămâne timp de plictiseală și nici pentru aventurile neașteptate care iau naștere în urma plictiselii, ceva ce generațiile anterioare încă își amintesc și, în retrospectivă, prețuiesc.

În ziua de azi, nu există sarcină mai importantă în creșterea copiilor mici decât crearea condițiilor propice pentru protejarea spațiului și timpului pentru joc. Asta se traduce prin a vâsli în contra curentului cultural care privește jocul ca pe ceva frivol și neproductiv, în loc să-l considere temelia pe care își dezvoltă copiii întregul potențial uman. Fără o bună înțelegere a mecanismului prin care jocul contribuie la dezvoltare, adulților le va fi greu să facă față presiunilor de a accelera lucrurile, care subminează ceea ce le e cu adevărat necesar copiilor pentru a se dezvolta.

Ce este jocul?

Jocul este actul de naștere al identității – este modul în care se naște identitatea din punct de vedere psihologic.[9] Jocul nu bagă informații în mintea copiilor, ci desenează ideile, intențiile, aspirațiile, preferințele și dorințele copiilor. El le permite copiilor să se exprime în ciuda lipsei lor de cuvinte sau de înțelegere. Prin intermediul jocului, copiii mici văd cum lumea lor interioară reverberează ca un ecou în lumea exterioară. Copiii mici învață cu ușurință, sunt dornici să înțeleagă lumea din jurul lor și să-și descopere locul în această lume. Ei au nevoie să depășească perioada copilăriei timpurii având un simț al sinelui care să fi luat naștere în ore și ore de joacă. Scoțând la iveală treptat interesele, dorințele și scopurile copilului, jocul întreține dezvoltarea unei ființe viabile, distincte. Prin joc, copiii nu mai depind de adulți, jocul deschide apetitul copiilor de a se aventura mai departe, de a face descoperiri ori de a-și înțelege propriile experiențe. Jocul este locul în care spiritul care stă la baza dezvoltării iese la suprafață și în care este exprimată vitalitatea. Pe scurt, jocul este un act de autocreare a identității.

Tipul de joc de care au nevoie copiii mici este caracterizat de libertate, bucurie și de avântul de a explora. Ei au nevoie de spaţii delimitate în care să se mişte în siguranţă, ale căror granițe să fie stabilite de adulţii care îi îngrijesc. Jocul este un act spontan care ia naştere într-un anumit context - nu-ţi poţi învăţa copilul să se joace şi nici nu-i poţi comanda să facă asta. Există trei caracteristici esenţiale pentru joc: (1) nu e muncă, (2) nu e de-adevăratelea şi (3) este expresiv şi explorează. Această definiție poate fi folosită pentru a evalua care sunt activităţile care favorizează cu adevărat condiţiile ideale pentru joc.

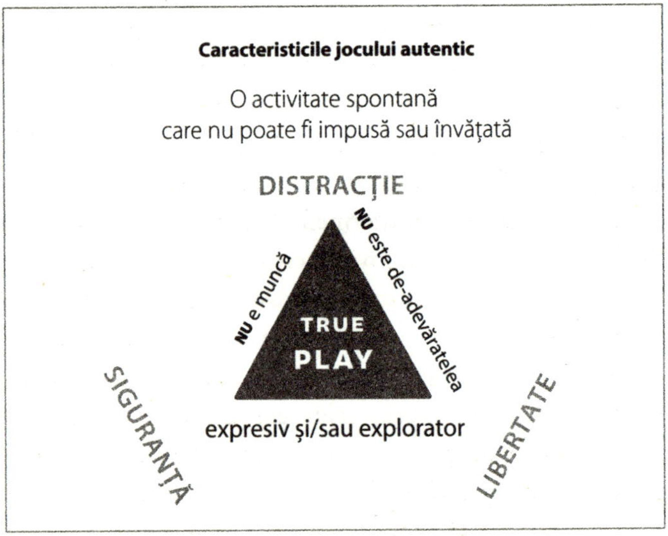

FIGURA 3.1 Adaptare din cursul *Neufeld Making Sense of Play*

1. Jocul nu e muncă

Copiii mici sunt făcuţi pentru joacă, nu pentru muncă. *Obiectivele, performanţa, programele* şi *aşteptările* sunt un limbaj al muncii, câtă vreme *libertatea, imaginaţia, distracţia* şi *descoperirile* sunt asociate cu jocul. Atunci când copiii mici se joacă, atenţia lor trebuie să fie orientată către activitate, nu către un anumit rezultat, pretins de un adult sau de un alt copil. Adulţii sunt capabili să transforme orice activitate în muncă atunci când schimbă factorul care captează atenţia copiilor. De exemplu, una e să cânţi la un instrument muzical doar de distracţie şi altceva să fie nevoie să studiezi pentru un recital. Atunci când copiii desenează, iar adulţii sugerează că arta trebuie să arate într-un anumit mod, sau că desenul urmează să fie oferit în dar, atenţia copiilor va fi distrasă către rezultat. Acelaşi lucru se întâmplă frecvent la masă atunci când atenţia părinţilor este îndreptată către a convinge copiii să înghită mâncarea, nu către a face din servirea mesei un moment plăcut şi distractiv.

Jocul este locul distracţiei. Prin contrast, atunci când cineva lucrează la ceva, „roadele muncii" sunt culese abia la *finalizarea* sarcinii. De exemplu, nepoţilor mei, Taylor şi Jamie, le plăcea mult să se joace cu bandă adezivă. Mama lor le punea la dispoziţie foarfeci şi o paletă largă de culori şi modele de bandă adezivă. Totodată, le impunea şi câteva reguli prin crea un spaţiu sigur, precum să nu se lipească unul pe altul, să nu lipească animalele sau lucrurile din casă. Ei se jucau bucuroşi ore întregi, creând poşete, portofele şi semne de carte. Creaseră chiar şi firma unui magazin numit „Bucurii din bandă adezivă". După vizitele rudelor sau ale prietenilor, creştea numărul comenzilor pentru portofele de camuflaj, poşete cu model de şuncă şi murături sau semne de carte cu buline. „Clienţii" lor le spuneau că ar trebui să-şi vândă creaţiile ca să câştige bani adevăraţi. Dar încântarea şi distracţia păleau treptat pe măsură ce Taylor şi Jamie începeau să resimtă presiunea de a onora comenzi şi de a se concentra asupra rezultatului.

Atunci când se joacă, copiii sunt concentrați, captivați și se distrează trăind intens activitatea. Dacă facem presiuni pentru obținerea de rezultate sau avem obiective și așteptări prestabilite, le transformăm joaca în muncă. Așa cum spunea Mark Twain, „Munca reprezintă orice activitate pe care corpul este obligat să o facă. Jocul reprezintă orice activitate pe care corpul nu este obligat să o facă".[10]

2. Jocul nu este de-adevăratelea

Jocul ar trebui să se petreacă în afara realității vieții cotidiene. Ar trebui să fie lipsit de consecințe și de riscuri, astfel încât copilul să se poată juca fără să se concentreze pe un anumit rezultat. Atunci când se joacă, copiii își folosesc lumea internă pentru a crea un decor, prin intermediul imaginației și al fanteziei. Așa cum scria o mamă: „Mă uit la fiica mea cum se transformă în bucătar, creator de modă, profesor și dansatoare, cum își schimbă forma chiar sub privirile mele". Jocul este locul în care are loc repetiția pentru viața adevărată - nu ar trebui niciodată să fie catalogat ca fiind corect sau greșit. Este locul în care copiii se pot căsători și se pot despărți de câte ori doresc, fără a rămâne săraci sau cu inima frântă. Este locul în care-și pot scoate la suprafață emoțiile, fără a simți repercusiunile. De exemplu, o mamă zicea: „Copiii mei țipau și urlau unul la altul, așa că am țipat la ei să înceteze și să-mi spună ce se petrece. Iar ei m-au privit surprinși și mi-au zis «Dar, mami, ne certam în joacă»". Atunci când un copil se joacă, jocul n-ar trebui să aibă nicio altă semnificație decât cea pe care i-o dă copilul.

3. Jocul este expresiv și explorator

Jocul nu este o experiență pasivă în cadrul căreia copiii sunt spectatori. În joc, copiii iau în mâini frâiele propriei lor vieți și devin agenți activi în descoperire și explorare. Când se joacă, copiii ar trebui să se exprime prin intermediul obiectelor, al persoanelor și al spațiilor, nu să se lase conduși de tiparele și de algoritmii altor persoane. Jocul implică o revărsare de energie dinspre copil – exact opusul plictiselii, în care nimic nu se mișcă în interior. Un copil ar trebui să se joace natural cu cifre, replici, sunete, cuvinte sau idei. Atunci când copiii primesc instrucțiuni, participă la activități structurate sau se lasă absorbiți de dispozitive digitale, nu mai rămâne loc pentru exprimare și explorare liberă. Așa cum explica o mamă:

> „Sunt încântată să-mi văd copiii cufundați în joc, deghizați în costume incredibil de creative și expresive. Cele mai reușite par a fi cele pentru care folosesc lucruri simple: eșarfe, bucăți de pânză și accesorii. De curând, fiul meu se juca de-a pirații în veranda noastră, transformată în corabie. Era singur, scotea tot felul de sunete și făcea gesturi specifice unei lupte de pirați «adevărate». Zgomotele loviturilor, ale heirupurilor și ale luptei erau atât de «reale», încât aproape că simțeam corabia/veranda cum se mișcă pe valurile mării!"

La joacă, copiii au nevoie să-și descopere propria poveste, nu să fie copleșiți de poveștile altora.

Spunem adesea despre copiii noștri că se joacă, chiar și atunci când li se impun obiective exterioare și consecințe legate de performanță, când de fapt ambele diminuează explorarea și exprimarea. Ca să creăm oportunități reale pentru jocul copiilor, trebuie să ne asigurăm că angajarea lor într-o activitate nu include și concentrarea atenției asupra rezultatelor, nu este inhibată de teama consecințelor din viața reală și nu îi transformă în beneficiari pasivi ai informațiilor și ai instrucțiunilor.

Care este scopul jocului?

G. Stanley Hall, un precursor al scrierilor despre adolescenți, spunea că „Oamenii îmbătrânesc pentru că încetează să se mai joace, nu invers".[11] Jocul este esențial pentru funcționarea sănătoasă a oamenilor, de-a lungul întregii lor vieți, dar este crucial pentru dezvoltare în primii ani de viață, deoarece este (1) locul în care identitatea este exprimată cu adevărat, (2) locul în care se petrec creșterea și dezvoltarea și (3) locul în care sunt conservate sănătatea psihică și starea generală de bine.

1. Jocul este locul în care identitatea este exprimată cu adevărat

La 4 ani, Nolan i-a spus mamei sale că-și dorește să fie șofer de taxi când va fi mare. Îi plăcea mult să cânte și să-și plimbe mașinuțele de jucărie în sus și-n jos pe scări, să le bage în cadă sau să le ducă în grădină. Mama lui Nolan s-a îngrozit și i-a zis: „Nu vrei să te faci șofer de taxi. Nu este o meserie bună și nu vei câștiga prea mulți bani".

DE CE AU NEVOIE COPIII SĂ SE JOACE

- pentru a face progrese în dezvoltare și pentru a-și atinge potențialul
- pentru a-și găsi și exprima adevărata identitate
- pentru a programa rețelele creierului care se ocupă de rezolvare a problemelor
- pentru a conserva sănătatea psihică și starea de bine
- pentru a-și găsi latura creativă și pentru a deveni responsabili
- pentru a exersa viața într-un spațiu liber, lipsit de consecințe

FIGURA 3.2 Adaptare din cursul *Neufeld Making Sense of Play*

Nolan a continuat să se joace cu maşinuţele sale, iar câteva săptămâni mai târziu i-a declarat mamei sale: „Vreau să mă fac muzician". Din nou, mama lui a fost îngrozită şi i-a zis că nici aceasta nu este o idee bună şi că va trebui să meargă la facultate. Ce-i scăpase din vedere mamei lui Nolan era faptul că, atunci când Nolan îşi imagina viitorul, personalitatea lui ieşea la iveală. Începuse să experimenteze, să-şi ia viaţa în propriile-i mâini şi s-o ghideze în direcţia aleasă de el. Răspunsul pe care l-a primit a fost că viziunea sa dezamăgea şi era inacceptabilă. Nolan avea nevoie de un mediu care să nu-l facă să simtă ruşine, în care să înveţe, să exprime şi să creeze. Avea nevoie să-i fie apreciat spiritul care-l mâna să-şi descopere identitatea, indiferent de forma pe care o lua acest spirit. La vârsta de 4 ani, avea nevoie ca adulţii din jurul lui să înţeleagă că experimentele sale asupra formei erau mai puţin importante decât faptul însuşi că începea să i se contureze personalitatea.

Povestea lui Nolan stă la baza unei teme triste, care se tot repetă atunci când vine vorba de copiii mici din zilele noastre. Suntem preocupaţi de forma pe care o iau copiii noştri – când vine vorba de învăţătură, de prieteni, de comportamentul şi conduita lor, de modul în care se ridică la înălţimea aşteptărilor adulţilor. Principala trăsătură de caracter pe care o reprezintă individualitatea se pierde şi este înlocuită cu obsesia de a vedea copilul ridicându-se la un anumit nivel al aşteptărilor şi al achiziţiilor. Jocul este locul în care copiii îşi exprimă adevărata identitate şi în care se evidenţiază ca fiinţe independente. Acesta este motivul pentru care, atunci când vine vorba de joc, accentul trebuie să cadă pe dorinţele copiilor, pe ce vor ei să facă, pe curiozitatea, intenţiile, iniţiativele, aspiraţiile, exprimarea şi semnificaţiile lor personale. Dacă adulţii emit pretenţii când vine vorba de joacă, dacă dau instrucțiuni sau se concentrează asupra comportamentului, ei *zdrobesc* sinele aflat în curs de dezvoltare. Pentru a conserva spiritul copilăriei prin joc, nu trebuie să ne punem copiii să se poarte într-un anumit fel pentru noi, pentru a ne satisface nouă nevoile și dorințele.

Imboldul de a-și descoperi identitatea este surprins corect în vorbele pe care i le-a adresat Aiden mamei lui. Ea i-a întrerupt jocul spunându-i: „Hai, dragule, trebuie să mergem la magazin". Aiden s-a întors cu mâinile în șold și a spus cu mândrie: „Nu-mi spune «dragule», nu sunt dragul tău – eu sunt Aiden!" Mă gândesc adesea că pentru a conserva spiritul copilăriei trebuie să-i oferim o laudă specială fiecărui copil în vârstă de 2-3 ani care spune „Eu fac" sau „Fac eu singur", fapt ce reflectă nașterea identității sale psihologice. Ne-ar ajuta să facem o pauză suficient de lungă pentru a înțelege că sintagma „Eu sunt" reprezintă un miracol al dezvoltării.

2. Jocul este locul în care se petrec creșterea și dezvoltarea

Jean Piaget, psiholog elvețian specializat în teoria dezvoltării, a întrebat cândva: „Formăm copii care sunt capabili să învețe doar lucruri deja cunoscute? Sau ar trebui să încercăm să dezvoltăm minți creative și inovative, capabile să facă descoperiri începând de la vârsta preșcolară și să continue pe tot parcursul vieții?"[12] Dacă aspirăm către învățare continuă, creativitate și inovație într-o economie globală bazată pe cunoștințe generale, atunci jocul este, cu siguranță, răspunsul. Copiii mici sănătoși sunt creativi, plin de întrebări și rezolvă probleme jucându-se. Așa cum povestea o bunică: „Nepotul meu are doi ani și mă întreabă mereu «De ce?». Dacă îi răspund, întreabă iar «De ce?»".

În timpul jocului, creierul copiilor este modelat de interacţiunea cu mediul înconjurător.[13] Psihiatrul american Stuart Brown, fondator al National Institute for Play, afirmă că complexitatea creierului are cel mai mult de câştigat de pe urma orelor petrecute la joacă – jocul este modul prin care natura sprijină dezvoltarea. În timp ce lucrează împreună, neuronii formează legături tot mai puternice, deoarece creierul funcţionează pe sistemul „foloseşte sau aruncă".[14] Zonele motrice, perceptive, cognitive, sociale şi emoţionale ale creierului se conectează atunci când copilul se joacă. Sunt construite sisteme complexe de reţele, ce devin fundaţia pentru rezolvarea problemelor care va fi folosită în şcoală sau la maturitate.[15]

Atunci când se joacă, copiii mici se angajează într-un proces de încercare şi eroare prin care formează noi relaţii între obiecte.[16] Gândirea critică, comunicarea, limbajul, exprimarea sinelui şi aptitudinile cognitive se dezvoltă toate prin intermediul jocului. Pe măsură ce ating sau explorează obiecte cu mâinile, copiii reuşesc să fundamenteze idei abstracte în lumea reală. Deficienţele din dezvoltarea cognitivă, a limbajului, emoţională sau fizică sunt mereu corelate cu jocul deficitar.[18]

Jocul este locul în care e cel mai probabil să fie exprimată creativitatea. De exemplu, un tată a zis: „Fiul meu dorea să se joace în acelaşi timp cu nişte maşini mari şi cu nişte trenuri mici, dar îl deranja diferenţa de dimensiune. Până la urmă, a zis că maşinile au fost create de uriaşi, iar cu trenul călătoreau piticii". Un alt părinte povesteşte: „Am intrat în camera fiicei mele şi am văzut că luase adeziv din sertarul meu şi lipise cu el bomboane de tavan. Mi-a zis că-şi făcuse un perete de dulciuri, ca să le aibă la îndemână atunci când îi dădeam voie să mănânce bomboane". O altă fată i-a zis tatălui ei: „Am muşcat din covrig ca să-l fac în forma literei T, de la tati, şi l-am pus sub perna ta". Un copil în vârstă de 5 ani care organiza o petrecere pentru hamsterul său a zis: „Vreau ca decorul să semene cu o cușcă, așa că vom organiza petrecerea sub o masă, pe care o vom acoperi cu pături".

Copiii sunt unele dintre cele mai creative și mai curioase persoane din lume. Atunci când copiii au propriile idei și întrebări, putem să-i învățăm multe lucruri. Dar nu putem să învățăm un copil să fie creativ și curios. Aceste caracteristici sunt cultivate prin joc, locul în care simțul controlului și al responsabilității se făurește într-un mediu lipsit de consecințe.

3. Jocul este locul în care sunt conservate sănătatea psihică și starea generală de bine

Jocul este terapeutic pentru copiii mici, deoarece le permite să exprime în siguranță emoții profunde. În jocurile de-a personajele și în lumile închipuite, nu ar trebui să existe repercusiuni pentru exprimarea frustrării, a fricii, a tristeții, a dezamăgirii sau a geloziei. În joc, creierul copiilor mici lucrează la eliberarea și înțelegerea încărcăturii emoționale. Jocul are ca scop echilibrarea sistemului lor emoțional, care este constant agitat pe parcursul zilei.

Totodată, jocul sprijină dezvoltarea emoțională, ajutând copiii să-și înțeleagă lumea interioară, făcând-o vizibilă. Joe Frost, profesor și militant pentru joc de mai bine de 50 de ani, afirmă că jocul le permite copiilor să transforme ceva ce nu înțeleg în ceva ce poate fi gestionat. Pe măsură ce copiii își interpretează emoțiile, imaginile și impulsurile încep să se întrevadă în zare, în ciuda lipsei cuvintelor sau a conștientizării efective.[19]

Neurologul estonian Jaak Panksepp afirma că ar trebui să protejăm sanctuarele jocului pentru copiii mici, ca locuri în care este promovată sănătatea emoțională și mentală.[20] El afirma că nevoia copiilor mici de a se juca este construită în centre emoționale ale creierului și că aceasta ar putea fi una dintre cele mai puţin utilizate resurse pentru gestionarea sentimentelor lor. De fapt, jocul conservă buna funcţionare emoţională la toate speciile de mamifere şi ajută la reducerea stresului şi a plictiselii, precum şi la cultivarea flexibilităţii.[21] Experţii în dezvoltarea copiilor au corelat lipsa jocului cu anxietatea, deficitul de atenţie şi depresia la copiii mici,[22] iar lipsa jocului în perioada preşcolară a fost corelată cu probleme emoţionale şi sociale la adulţi.[23]

În poveştile care se creează în jocul copiilor, părinţii observă adesea o mulţime de lucruri, de la experienţe banale la revelaţii şi conflicte interioare. O mamă povesteşte: „Eu şi soţul meu aveam o glumă a noastră, despre cum puteam anticipa în ce fel se va dezvolta jocul în funcţie de ce făcuse familia noastră. După ce ne-am întors de la grădina zoologică, subsolul casei noastre s-a transformat în grădină zoologică. După ce ne-am întors de la magazin, subsolul s-a transformat în magazin". Un alt părinte relata că fiica lui, atunci când a început grădiniţa, interpreta rolul educatoarei şi îşi alinia păpuşile, iar pe măsură ce jocul evolua, pe unele le certa, iar pe altele le asculta cu atenţie.

Atunci când copiii sunt agitaţi, temele cu care se luptă se pot reflecta în joaca lor. Părinţii copiilor alfa (a se vedea capitolul 5) observă adesea că jocul conţine conotaţii referitoare la dominaţie şi dependenţă, atât cât pot fi ele de vizibile la nişte copii în vârstă de 5 ani. O mamă era derutată de jocul obsesiv în care fiul ei se autoexcludea în mod repetat dintre membrii familiei. „Max îşi creează o insulă în mijlocul sufrageriei şi construieşte un fel de cort. Duce acolo tot ce-i este necesar pentru a trăi singur, precum mâncare de la bucătărie, perna şi pătura lui, jucăriile şi cărţile. Nu lasă pe nimeni să vină pe insula lui. Zici că se ascunde sau că fuge acolo." Atunci când a înţeles că izolarea lui Max era un gest provenit din disperare, părintele a putut să răspundă nevoilor sale emoționale ascunse. Deși jocul poate părea superficial, temele emoționale care stau la baza lui sunt cât se poate de serioase.

În joacă, sunt desenate imagini, sunt construite structuri, întregul joc este folosit pentru a permite emoțiilor să transpară de sub carapacea defensivă fără a implica o vulnerabilitate prea mare. La vârsta de 5 ani, Clayton se confrunta cu separarea de mama lui, care se afla sub tratament împotriva cancerului. Tatăl a observat că Clayton voia mereu să joace împreună cu el de-a câinii care se luptă între ei. A început să se joace cu el în fiecare seară și a constatat cu surprindere că jocul părea să-l ajute pe copil, ușurându-i povara frustrării, a anxietății și dificultățile de somn.

> „În fiecare seară ne jucăm un joc în care eu sunt tata-câine, iar el este cățelușul morocănos. El mârâie și mă atacă întruna timp de aproape trei sferturi de oră. Încearcă să și muște, dar nu mă rănește. Eu îl țintuiesc la podea, iar el se zbate să se elibereze. Repetăm totul până obosește. Îmi dau seama că a terminat când se face covrig în poala mea și scoate un schelălăit de cățeluș fericit. Îl țin până se liniștește și îi spun că tata-câine va avea grijă de el."

Tatăl părea stânjenit că acest joc simplu era soluția pe care o găsise pentru tulburarea fiului său, dar el descoperise intuitiv faptul că jocul este o supapă prin care copilul evacuează emoțiile ce-l preocupă.

Cum conservăm libertatea necesară jocului

Jocul este lucrul la care copiii mici ar trebui să se priceapă foarte bine, dar ei trebuie să aibă parte de toată libertatea de care este nevoie pentru ca jocul să se poată desfășura. Estimările actuale privind jocul indică un declin, o sufocare cauzată de activități concurente, în plus față de cele școlare. Sociologii Sandra Hofferth și John Sandberg au descoperit că în intervalul 1981-1997 a existat o reducere cu 25% a timpului pe care îl petrec copiii jucându-se.[24] Totodată, ei au identificat o reducere cu 55% a timpului petrecut făcând conversație acasă, o reducere cu 19% a timpului petrecut la televizor, o creștere cu 18% a timpului petrecut la școală, o creștere cu 145% a timpului petrecut cu temele pentru acasă și o creștere cu 168% a timpului petrecut la cumpărături cu părinții. Jocul intră în competiție împotriva activităților școlare, organizate și a celor orientate către consumerism, toate acestea fiind în creștere.

Pentru a putea să se joace cu adevărat, copiii trebuie să aibă anumite libertăți. Asta include și satisfacerea nevoilor de bază, pentru ca ei să aibă, de exemplu, libertatea de a se juca fără a fi chinuiți de durere, foame sau oboseală. Totodată, trebuie să fie liberi de instrucțiuni și de școală. Sunt mulți părinții care nu vor să pună presiuni academice asupra copilului, dar care își fac griji că, în caz contrar, copilul lor nu se va ridica la nivelul celorlalți copii. O mamă mi-a zis: „Când era fiica mea la grădiniță, mi-am dat seama că era codașă la citit. Îmi făceam griji că va rămâne în urmă, dar nu doream să mă impun în fața ei ca s-o determin să citească. Mă bucur mult că n-am făcut asta, deoarece, atunci când a ajuns în clasa a patra, mi-a zis că este printre puținii copii din clasa ei cărora încă le place să citească". Părinții nu sunt singurii care se simt presați să impună achiziții academice în primii ani de viață ai copiilor, ci și cadrele didactice din instituțiile de învățământ preșcolar, așa cum mi-a povestit un profesor:

> „Copiii au nevoie de timp să fie copii, dar în multe instituții se insistă exagerat de mult ca elevii să învețe cititul și

socotitul cât mai repede cu putință. Directorul de la școala mea se așteaptă ca elevii să-și însușească noțiuni academice la grădiniță, în ciuda faptului că simplul fapt de a sta acolo o zi întreagă este dificil pentru copii. Se adaugă stresul faptului că și părinții se așteaptă la același lucru."

Trebuie avută în vedere disponibilitatea copilului pentru proiecte școlare înainte ca acesta să fie expus instruirii și activităților academice.

Copiii mici au nevoie de libertatea de a nu participa la activități structurate în care forțe externe le dictează acțiunile și le afectează exprimarea. Pediatrul Kenneth Ginsburg consideră că activitățile extracurriculare sunt investiții care nu hrănesc relația copil-adult. Un program prea aglomerat duce la stres, anxietate și la o diminuare a creativității. Un stil de viață pe fugă nu favorizează condițiile necesare apariției jocului, de aceea părinții sunt obligați să ia în considerare găsirea unui echilibru în ceea ce privește activitățile structurate.

Conform unui raport produs de Campaign for a Commercial Free Childhood (Campania pentru o copilărie fără publicitate) și de Alliance for Childhood (Alianța pentru copilărie), în zilele noastre, copiii ajung să fie expuși la ecrane electronice încă de la cele mai fragede vârste.[26] Aproape 30% dintre copiii cu vârsta sub 1 an petrec aproximativ 90 de minute zilnic în fața ecranelor. Mai mult de 60% dintre copiii cu vârste cuprinse între 1 an și 2 ani petrec mai mult de 2 ore zilnic în fața ecranelor. În privința timpului petrecut în fața ecranelor de copiii cu vârste cuprinse între 2 și 5 ani, cele mai rezervate estimări anunță peste 2 ore zilnic, câtă vreme alte studii indică o expunere de până la 4,5 ore zilnic. Aceste cifre rămân neschimbate în ciuda recomandărilor American Academy of Pediatrics, care descurajează expunerea la ecrane a copiilor cu vârste mai mici de 2 ani şi limitează timpul pentru copiii cu vârste mai mari de 2 ani.[27] Îngrijorările privind efectele pe care le are timpul petrecut în fața ecranelor asupra dezvoltării timpurii a creierului şi asupra dezvoltării aptitudinilor sociale, emoționale şi cognitive stau la baza recomandării de a limita acest timp.

Timpul petrecut de copiii mici în fața ecranelor afectează nevoi de bază precum somnul şi sunt corelate cu obezitatea şi cu problemele de atenție, învățare şi socializare. Timpul petrecut în fața televizorului nu a scăzut în rândul copiilor mici, în ciuda faptului că a crescut timpul petrecut în fața altor ecrane şi dispozitive electronice.[28]

LIBERTATEA DE A TE JUCA

- suficientă libertate față de durere, foame şi oboseală
- suficientă libertate față de instruire şi şcolarizare
- suficientă libertate față de activități programate
- suficientă libertate față de ecrane şi divertisment
- suficientă libertate față de alți copii şi față de frați
- suficientă libertate față de problemele de ataşament

FIGURA 3.3 Adaptare din cursul *Neufeld Making Sense of Play*

Mai mult, atunci când stau în fața ecranului, copiii nu interacționează cu părinții sau cu alte persoane. Deficitul de contact cu natura discutat de Richard Louv în cartea sa *Last Child in the Woods* corelează în mod în special lipsa jocului în aer liber cu creşterea folosirii dispozitivelor digitale.[29] Într-un interval de 6 ani cuprins între 1997 şi 2003, timpul petrecut de copii jucându-se în aer liber a scăzut cu 50%.[30] În prezent se depun eforturi pentru a încuraja părinții nord-americani să-i determine pe copii să petreacă timp în aer liber și să interacționeze cu natura.[31]

Din studii rezultă că părinții care au crescut fiind expuși la dispozitive digitale sunt mai înclinați să-și lase copiii mici să se joace cu telefoanele lor mobile pentru ca ei să-și poată face treburile, pentru a-i ține calmi în public și pentru a-i culca.[32] Un profesor dintr-o unitate de învățământ preșcolar povestește: „La clasa de preșcolari la care predau, văd copii cu stări de frustrare, așa cum se întâmplă adesea la această vârstă. Părinții se grăbesc să-și scoată telefoanele mobile și să le dea copiilor. Mă întreb cât timp petrecut în fața ecranelor înseamnă asta și ce se întâmplă atunci când părintele nu reușește să rezolve supărarea copilului pe altă cale". Apariția dispozitivelor electronice pentru distrarea copiilor îi transformă pe copii în receptori pasivi, deoarece de obicei le lipsește oportunitatea explorării libere.[33] Pe scurt, timpul petrecut în fața ecranelor ar trebui abordat din perspectiva dezvoltării: copiii mici au nevoie de experiențe în viața reală, cu oameni adevărați, iar părinții sunt cele mai potrivite persoane pentru acest rol.

Tipul de joc de care are nevoie copilul mic este adesea cel pe care-l joacă de unul singur, fără părinți sau parteneri de joacă. Atunci când copiii se joacă împreună, cel mai adesea un copil conduce jocul, în timp ce restul devin receptori pasivi ai instrucțiunilor și ideilor. Copiii mici au nevoie de timp pentru a se scufunda în propria lor lume, cu scopul de a se exprima și de-a o explora. Părinții se gândesc adesea că trebuie să se implice în jocul copiilor lor, și cu toate că nu este un lucru dăunător, de obicei este ceva care hrănește nevoile de relaționare ale copilului. Este important de avut în vedere faptul că acei copii cu vârste mai mici de 3 ani au o capacitate minimă de a se juca singuri din cauza nevoii lor acute de relaţionare. Asemenea unui elastic care se poate întinde doar într-o anumită măsură, ei au nevoie să se întoarcă la sediul central al ataşamentului lor, pentru a-şi face plinul de conectare şi apropiere, înainte de a se aventura iar la joacă. Pe măsură ce devin tot mai profund ataşaţi şi se dezvoltă ca persoane distincte, copiii ar trebui să poată să se joace singuri pentru perioade de timp tot mai lungi.

Cea mai mare sursă de libertate de care au nevoie copiii este darul unei relaţii profunde cu părinţii sau cu îngrijitorii lor. În ierarhia nevoilor copiilor, ataşamentul este cea mai importantă şi cea mai necesară sursă de libertate pentru ca jocul adevărat să se poată desfăşura. Copiii trebuie să fie mulţumiţi de relaţiile lor pentru ca nevoia lor de conectare şi apropiere să fie satisfăcută. Ei au nevoie de suficientă dragoste pentru a se simţi mulţumiţi şi de suficientă atenţie pentru a se simţi importanţi. Cultivarea unor tipuri de relaţii care duc la odihnă este explorată mai amănunţit în capitolele 4 şi 5, dar este dezbătută pe tot parcursul cărţii *Odihnă, joacă, dezvoltare.*

Strategii pentru promovarea condiţiilor care duc la apariţia jocului

Dacă „Jocul spontan este un dans delicat al copilăriei, care întăreşte mintea şi trupul"[34], atunci cum facem să încurajăm copiii să-şi petreacă timpul jucându-se? Voi prezenta patru strategii de bază care ajută la amenajarea cadrului necesar pentru ca jocul adevărat să se poată desfăşura.

1. Răspunde nevoii copilului de conectare şi apropiere

Înainte de a începe jocul, copilul are nevoie de conectare şi de apropiere cu persoana de care este ataşat, pentru ca nevoile sale de relaţionare să fie satisfăcute. Este util să-ţi imaginezi că orice copil mic are un rezervor în care stochează ataşamentul, iar acest rezervor trebuie să fie plin ochi înainte ca jocul să poată începe. Rezervorul de ataşament al copiilor se poate goli rapid, mai ales la vârsta de 2-3 ani, în cazul copiilor mai sensibili. Atunci când le satisfac copiilor nevoia de ataşament, părinţii ar trebui să aştepte până când copiii îi îndepărtează, indicând faptul că şi-au umplut rezervorul. O mamă a explicat astfel:

> „După câteva zile în care am experimentat diverse metode, am aflat cum să-l ajut pe Oliver, fiul meu în vârstă de doi ani şi jumătate, să experimenteze jocul adevărat. Într-un moment în care era odihnit, hrănit şi primea multă atenţie din partea mea, l-am ţinut în braţe până a vrut să se desprindă de mine. Atunci l-am întrebat dacă doreşte să se joace şi l-am pus pe podea. Am descoperit că trebuie să rămân în aceeaşi cameră cu el, fiindcă a venit la mine de vreo două ori, şi că nici nu puteam să fac nimic interesant sau să-l privesc direct, deoarece i-aş fi distras atenţia. Când se sătura, venea de-a buşilea înapoi la mine ca să primească atenţie şi îmbrăţişări. Îi citeam o carte sau făceam altceva împreună, apoi se îndepărta iar de mine. M-a uimit cât de bine s-a putut juca singur atunci când m-am mulţumit să-i dau ce avea nevoie şi am aşteptat până se retrăgea el."

2. Creează goluri care trebuie umplute

Una dintre condiţiile care trebuie îndeplinite pentru ca jocul să poată avea loc este crearea unui spaţiu şi timp în care nu există activităţi concurente, iar contactul cu prietenii sau fraţii este limitat. Jocul explorator şi expresiv are loc cel mai adesea atunci când copiii sunt singuri, atunci când pot prelua conducerea şi se află în prim-plan. Copiii trebuie să aibă acces la resurse materiale pentru joc şi trebuie să aibă spaţiu pentru a explora și a se exprima. Poate fi ceva simplu, precum hârtie, cuburi, mașini sau o curte cu bețe și noroi. Trebuia ca adulții să facă loc pentru inițiativa, creativitatea și originalitatea copiilor și să le permită să-și conducă singuri propriul joc, ori de câte ori este posibil. Un tată povestea: „Citeam ziarul, în timp ce copiii mei se jucau în grădină. Soția mea le pusese la dispoziție un petic de pământ și le spusese că pot face orice doresc. Păreau fericiți, așa că mi-am văzut de citit. Când am ridicat privirea la ei, am văzut că rupseseră multe dintre florile soției mele din grădină și le înfipseseră în parcela lor de pământ". Tatăl s-a gândit o vreme cum are să-i explice soției sale că neglijența sa benignă este cu adevărat bună pentru dezvoltarea copiilor.

Mai mult, când vine vorba de joacă, ar trebui să aibă prioritate pasiunile copiilor, nu interesele adulților. O mamă povestea:

> „Soțul meu este pasionat de mountain biking și era nerăbdător s-o învețe pe fiica noastră să pedaleze. Când a primit o bicicletă nouă, a încercat s-o învețe să pedaleze, dar ea nu dorea decât să se joace cu furtunul și să spele bicicleta. În cele din urmă, i-a zis tatălui ei că vrea să dea o tură prin cartier mergând pe lângă bicicletă, și se oprea la fiecare zece pași ca să bea apă din sticlă, pe care apoi o așeza cu mult grijă înapoi în suport. Se distra de minune cu noua ei bicicletă, dar soțul meu era consternat văzând-o că nu vrea să pedaleze."

Când a fost ajutat să înțeleagă că apetitul pentru joacă al fiicei sale este mai important decât propriile lui dorințe, tatăl a reușit să renunțe la așteptările sale și să se bucure de distracția fiicei lui.

3. Creează o structură, ritualuri și rutină pentru a proteja jocul

Jocul nu reprezintă o urgență și prin urmare poate fi cu ușurință uitat în tumultul activităților cotidiene. Pentru a proteja și a conserva timpul și spațiul necesare jocului, folosește-te de rutină sau de ritualuri. De exemplu, părintele poate decide câte întâlniri cu prietenii organizează în cursul unei săptămâni. Părintele poate crea o rutină zilnică, prin care să echilibreze raportul dintre activitățile structurate și timpul de joacă, asigurându-se că nu se renunță la joc. Atunci când vine vorba de folosirea dispozitivelor digitale, ritualuri simple, care stabilesc când, unde, cum și de ce sunt folosite, pot ajuta la limitarea expunerii și pot preveni problemele. Este preferabil ca dispozitivele să nu ajungă în camerele copiilor mici și nu ar trebui nici oferite ca recompensă, nici retrase drept pedeapsă. Dacă nu sunt puse la vedere, copiii mici vor uita de ele.

4. Nu zădărnici jocul cu laude și recompense

Adulții care încearcă să încurajeze jocul cu laude și recompense riscă să-i zădărnicească desfășurarea. Atunci când le spun copiilor că sunt mândri de jocul lor sau de rezultatul obținut, părinții pot ajunge să le transforme jocul într-o cursă pentru obținerea atașamentului. Acest lucru poate fi remediat cu ușurință dacă este confirmată mândria pe care o simt copiii pentru propria lor realizare sau bucuria de-a fi realizat singuri ceva. Însă laudele nu trebuie folosite pentru a modela comportamentul și nu trebuie pierdut din vedere faptul că jocul are nevoie de spațiu pentru a se desfășura. Atunci când copiii sunt cu adevărat cufundați în joc, neglijența benignă poate fi cea mai bună abordare, aşa cum exemplifică un părinte în următoarea relatare:

> „Fiul meu stătea de multe ori la pian cu sora lui și o întreba ce cântece ar vrea să-i cânte. Într-o zi i-a oferit două variante – «Puff the Magic Dragon» și un cântec despre un ținut pe nume Agatera. Ea a ales cântecul despre Agatera. Fiul meu s-a conformat și, chiar dacă nu luase lecții de pian, a inventat un cântec despre un ținut pe nume Agatera, pe care l-a cântat pe notele de la «Puff the Magic Dragon». Îmi venea să râd, dar și să-i laud creativitatea. Până la urmă n-am scos un sunet, de teamă să nu le întrerup jocul."

Jocul poate fi încurajat doar atunci când adulții îl prețuiesc și îl percep ca pe o nevoie de bază a copiilor. Jocul nu constituie o urgență, iar importanța lui s-a pierdut treptat în preocuparea pentru performanță, rezultate imediate și progres. Adulții trebuie să acționeze ca un tampon când vine vorba de inovație tehnologică, de schimbări sociale rapide și de globalizarea economiei – dar și când vine vorba de propria lor anxietate referitoare la succesul copiilor, care amenință să sufoce jocul. Copiii trebuie să se piardă în joc pentru a putea descoperi cine sunt.

Care sunt implicațiile muncii și ale educației în primii ani de viață?

Dată fiind nevoia de joc din primii ani de viață, se ridică adesea întrebarea: când sunt pregătiți copiii mici pentru a începe munca și educația formală? Răspunsul este: atunci când creierul lor este dezvoltat suficient – de obicei, în intervalul de vârstă 5-7 ani, în cazul unei dezvoltări ideale. Atunci când este capabil să gestioneze sentimente și gânduri contradictorii, copilul își va putea controla impulsurile, condiție necesară pentru a participa cu succes la scenarii ce presupun răbdare, grijă și atenție concentrată (vezi capitolul 2). Capacitatea de a munci le cere copiilor să-și amâne recompensarea, să fie capabili de sacrificiu și să renunțe la distracție pentru a se concentra asupra rezultatului. De exemplu, un copil în vârstă de 6 ani i-a spus mamei sale că nu-i place în clasa întâi, „fiindcă sunt bănci și trebuie să stau jos și să lucrez. Eu vreau să mă joc și să țopăi, dar trebuie să stau, că altfel se supără învățătoarea pe mine". Evident că era pregătit să înceapă școala, deoarece era capabil să simtă și să exprime sentimente contradictorii.

S-au făcut studii pentru a determina ce eficacitate are începerea educației formale la vârsta de 7 ani. Prelungirea grădiniței până la vârsta de 7 ani în Statele Unite și în Danemarca a dezvăluit o reducere semnificativă a numărului de elevi care riscau să prezinte semne ale deficitului de atenție și ale hiperactivității și în consecință, ceea ce a dus la o creștere a achizițiilor academice.[35] Întârzierea educației formale permite creierului copiilor mici să realizeze integrarea zonelor prefrontale, dând astfel naștere atenției concentrate și controlului impulsurilor. Cu alte cuvinte, maturizarea, nu instruirea academică timpurie, reprezintă răspunsul pentru succesul elevilor.

Până nu intră copilul în „epoca rațiunii", am face bine să dăm o notă distractivă oricărei activități care ar putea fi descrisă ca muncă, precum strângerea jucăriilor, curățenia, deprinderea de-a folosi toaleta, acțiuni care au legătură cu igiena sau învățarea cifrelor și a literelor. De exemplu, o mamă povestea: „Am folosit colorant alimentar ca să transform deprinderea cu toaleta în ceva distractiv. Îi ceream fiului meu să aleagă culoarea, turnam câteva picături în vasul de toaletă, apoi el urina, iar apa își schimba culoarea. Era foarte distractiv și a eliminat complet orice rezistență pe care ar fi opus-o față de mersul la toaletă".

În zilele noastre, una dintre cele mai mari probleme când vine vorba de educație este conservarea jocului în instituțiile de învățământ preșcolar. Educația bazată pe joc ar trebui să fie în centrul atenției la această vârstă, nu instruirea ori noțiunile academice; și totuși, educația de acest tip este tot mai amenințată. Nevoia de a apăra primii ani de viață de asaltul instruirii academice a devenit o problemă globală, din Statele Unite până în Noua Zeelandă. Instruirea și școlarizarea timpurie sunt introduse cu rapiditate în unele țări, așa încât copii de 3-4 ani ajung să învețe matematică și citire în cadrul educației formale. Peter Gray, psiholog și autor al cărții *Free to Learn*, afirmă că instituțiile de învățământ preșcolar au devenit locul unde se poartă bătălia finală pentru conservarea copilăriei timpurii.[36]

National Association for the Education of Young Children afirmă că standardele US Common Core au impus instruirea academică timpurie din convingerea că aceasta sprijină pregătirea pentru angajare și pentru facultate.[37] În Regatul Unit, Professional Association for Childcare and Early Years susține că instruirea academică nu ar trebui să se afle în centrul atenției la grădiniță. În schimb, copilăria timpurie ar trebui să fie perioada în care promovăm creativitatea copilului, încurajându-i dorința de a învăța și ajutându-l să devină tot mai independent.[38] În Noua Zeelandă, programa folosită pentru copilăria timpurie se numește Te Whariki și a fost creată de populația Maori din grijă pentru copilărie, care este considerată un moment *al* vieții, nu un moment de pregătire *pentru* viață.[39] Chiar și țări precum Irlanda și Suedia, celebre pentru modul în care prețuiesc jocul în primii ani de viață, resimt presiunea de a introduce materii academice în instituțiile preșcolare.[40] Din fericire, țări precum Danemarca, Finlanda sau Canada rămân aliați de nădejde ai jocului privit ca cel mai bun mediu pentru copii cu vârste mai mici de 6 sau 7 ani. Finlanda s-a bucurat de multă atenție fiindcă s-a remarcat printre primele țări participante la Programme for International Student Assessment (PISA), organizat de OECD, care cuantifică sistemele educaționale din întreaga lume.[41] Copiilor finlandezi li se oferă o educație prin joc, iar noțiunile academice sunt introduse de obicei după vârsta de 6 ani.[42]

Canada obținuse, de asemenea, un scor mare în clasificarea PISA a sistemelor educaționale mondiale înainte de a fi implementat programul prelungit la grădinițe, când standardul era educația prin joc.[43] Trecerea la grădinița cu program prelungit a fost promovată cu scopul de-a le oferi copiilor un avantaj academic, dar nu a reușit să obțină acest rezultat. În urma evaluărilor programului Full-Day Early Learning-Kindergarden din Ontario, s-a constatat că îmbunătățirile academice au fost minore, insignifiante, ba chiar că balanța a înclinat în favoarea grădiniței cu program normal.[44] Aceste rezultate sprijină descoperirea făcută de cercetătorii de la Duke University în urma unei meta-analize a programului prelungit la grădinițe: conform măsurătorilor efectuate la clasa a treia, nu au existat beneficii pe termen lung ale programului prelungit la grădiniță. Ei cu ajuns la concluzia că programul prelungit la grădiniță ar trebui să fie disponibil, dar nu obligatoriu.[45] Studiile afirmă că educația timpurie și grădinița cu program prelungit sunt cele mai potrivite pentru nevoile copiilor ai căror părinți nu pot oferi condițiile necesare jocului autentic.[46]

Studiile privind eficacitatea activităților academice în cazul copiilor mici au arătat rezultate nefavorabile. În ciuda programelor pentru deprinderea timpurie a cititului de către preşcolari disponibile în Marea Britanie, aptitudinile de citit ale copiilor se plasează printre cele mai scăzute din Europa, mai scăzute decât în ţările în care copiii încep să citească la vârste mai mari.[47] Nu există *nicio* dovadă care să sugereze la nivel global că un copil care citeşte de la vârsta de 5 ani va avea un succes şcolar mai mare.[48] Mai mult, impunerea timpurie a noţiunilor academice poate avea un impact negativ asupra disponibilităţii şi motivaţiei copilului de a învăţa.[49] Atunci când li se cere să deprindă cititul la vârsta de 5 ani, copiii se pot simţi stresaţi, iar lectura poate fi experimentată drept măsură coercitivă. Dorinţa nativă a copiilor de a-şi înţelege lumea ajunge să fie sufocată de tabele, evaluări şi săli de clasă, care nu le permit explorarea şi exprimarea. Impunerea timpurie a cunoştinţelor academice a fost corelată cu scăderea curiozităţii şi a creativităţii – victime ale cursei pentru cunoştinţe generale şi învăţătură.[50] Copiii mici care frecventează grădiniţe cu programe academice dau dovadă de mai multă anxietate în timpul evaluărilor, sunt mai puţin creativi şi au o perspectivă mai negativă asupra şcolii decât copiii care au urmat grădiniţe cu programe de învăţare prin joc.[51]

Există o tendinţă constantă şi îngrijorătoare de a forţa copiii să deprindă cunoştinţe academice, ignorând ceea ce afirmă ştiinţa dezvoltării, că această vârstă este prea mică pentru instruire, că este o exagerare care subminează dezvoltarea sănătoasă. Putem ajuta copiii mici să-şi valorifice întregul potenţial uman ca elevi, dar *acest lucru se va face prin joc, nu cu preţul lui*. Aşa cum afirmă expertul în dezvoltarea copiilor Nancy Carlsson-Paige, „Niciodată nu mi-aş fi imaginat că vom ajunge să fim nevoiţi să apărăm dreptul copiilor de a se juca".[52]

4

Nevoia de conectare
De ce sunt importante relațiile

Nu există investiție sigură. A iubi înseamnă a fi vulnerabil. Indiferent ce ai iubi, cu siguranță ceva îți va sta pe inimă şi e posibil chiar să ți-o sfâşie. Dacă vrei să te asiguri că nimic nu ți-o va afecta, atunci trebuie să nu-ți încredințezi inima nimănui, nici măcar unui animal. Ambalează-ți-o grijuliu în ocupații favorite şi în mici desfătări, evită orice situații încurcate, zăvorăşte-ți-o la loc sigur în lacra sau coşciugul egoismului tău. Dar acolo în lacră - la adăpost, în întuneric, nemişcată, fără aer - ea se va transforma. Nimic nu ți-o va mai sfâşia, va deveni incasabilă, impenetrabilă, de nerăscumpărat.

C.S. LEWIS[1]

Penelope este o fetiţă de 3 ani pe care am întâlnit-o într-o zi când eram în parc cu copiii mei. După ce ne-am jucat împreună cu bilele de sticlă, mi-a fost clar că intenţiona să vină după noi oriunde ne-am duce. Atunci când am întrebat-o cine are grijă de ea, mi-a arătat cu degetul o femeie care stătea de vorbă cu un adult în cealaltă parte a parcului. Puţin mai târziu, i-am zis lui Penelope că trebuie să se întoarcă la aparţinătoarea ei. Ea s-a uitat la mine sfidător, dar, după ce am insistat un pic, am reuşit s-o trimit către doamna respectivă. Mi-am reorientat atenţia către copiii mei, când deodată am simţit o mânuţă în palmă. Spre uimirea mea, când am privit în jos am văzut-o iar pe fetiţă. Mi-a zis că doreşte să vină cu mine. I-am repetat că trebuie să se ducă la aparţinătoarea ei, căreia i-am făcut cu mâna pentru a-i capta atenţia. Zece minute mai târziu, Penelope m-a găsit iar, dar de această dată plângea şi zicea „Dă-mă, dă-mă, dă-mă". Am luat-o pe Penelope şi am abordat-o pe aparţinătoarea ei, căreia i-am întrerupt conversaţia şi i-am zis că Penelope e supărată fiindcă vrea în leagăn. Doamna m-a privit sec şi mi-a zis „Da, e supărată fiindcă vrea să o dai tu în leagăn". Şocată, furioasă şi confuză, nu-mi venea să cred că doamna îmi răspunsese astfel. Eram o străină pentru acest copil, iar faptul că tot venea după mine nu era deloc sănătos. I-am zis lui Penelope că o va da în leagăn aparţinătoarea ei şi că eu mă voi întoarce să am grijă de copiii *mei*. Am plecat supărată, lăsând-o pe Penelope plângând, furioasă că aparţinătoarea ei nu dorea să-şi asume nicio responsabilitate pentru ea.

Comportamentul lui Penelope era alimentat de nevoia ei de contact şi de apropiere. Era secătuită relaţional şi dornică să urmeze orice străin care-i oferea promisiunea de tandreţe şi conectare.

Deşi o parte din mine îşi dorea să aibă grijă de ea, ştiam că nu o pot ajuta în cursa ei după străini, deoarece nu i-aş fi făcut bine pe termen lung. Penelope n-avea nicio vină; ea nu făcea decât să-şi asculte instinctul de a căuta o persoană alături de care să se simtă „acasă". Ironia este că lui Penelope nu-i lipsea confortul unui cămin. Era bine îmbrăcată; avea un cărucior drăguţ, un parc frumos şi un cartier sigur în care să se joace. Majoritatea oamenilor s-ar fi uitat la ea şi ar fi crezut că-i e bine şi că primeşte cele necesare dezvoltării. Realitatea e că lui Penelope nu-i era deloc bine și că nu-i era satisfăcută nevoia de atașament.

Povestea lui Penelope demonstrează provocarea pe care o reprezintă atașamentul: latura sa invizibilă este dezvăluită numai atunci când cineva are ochi s-o vadă sau dacă instinctul afecțiunii îl îndeamnă să-i răspundă. Totodată, povestea ei arată modul în care acționează copiii pentru a-și satisface nevoia de atașament atunci când aparținătorul nu-și asumă responsabilitatea pentru asta. Copiii nu ar trebui să muncească pentru a primi iubire. Ei trebuie să se odihnească, lăsându-se în grija cuiva, pentru a se putea juca și dezvolta: acesta este motivul pentru care relațiile contează.

Nevoia de conectare și invitația la odihnă

T.S. Eliot a scris „Casa este locul de unde pornești în viață"[2], dar oare ce-i face pe copiii mici să se simtă acasă? Copiii nu se simt acasă pur și simplu, oriunde i-ai pune – ei trebuie să prindă rădăcini cu ajutorul atașamentului. Sentimentul de acasă înseamnă mai mult decât localizarea geografică sau o clădire; este un loc cu valoare emoțională, în care copiii se pot odihni atunci când au nevoie de conectare. Copiii au nevoie de locuințe în care se creează relații, dar nu putem porunci să se întâmple asta; trebuie să-i invităm să se implice în relație și să-i invităm să se odihnească, lăsându-se în grija noastră. Nu putem oferi indicații clare referitor la modul în care să iubească sau să-și exprime afecțiunea față de altă persoană; în schimb, putem sprijini ideea că a fi atașat este răspunsul la cea mai mare nevoie a ființelor umane.

Peste 60 de ani de studii în domeniul atașamentului demonstrează că fiecare copil are nevoie de cel puțin un adult puternic şi afectuos de care să se ataşeze. Ataşamentul este definit ca *nevoia sau relaţia caracterizată de căutarea şi conservarea proximităţii.*[3] Încercăm să păstrăm aproape lucrurile sau persoanele de care suntem ataşaţi. Pentru a se putea dezvolta sănătos, copiii mici au nevoie să fie ataşaţi de persoanele care îi îngrijesc, dar ei se pot ataşa, de asemenea, de obiecte sau de alte persoane, de la jucării de pluş la bunici. Niciodată nu poţi fi prea ataşat, dar poţi să nu fii ataşat suficient de profund. Instinctul ataşamentului este alimentat de sistemul limbic, căruia i se mai spune şi centrul emoţional al creierului.[4] Printre hormonii specifici ataşamentului se numără ocitocina şi vasopresina, despre care se crede că au puterea unui adeziv, lipindu-ne unii de alţii.[5]

La copiii mici, nevoia de ataşament este dominantă. *Instinctul lor de căutare*, înnăscut, îi determină să găsească persoane care să răspundă întrebării „Cine va avea grijă de mine?".[6] Instinctul de căutare propulsează copiii în formarea unor ataşamente puternice, care le vor hrăni nevoia de relaţionare şi le vor oferi *o bază sigură* unde să se simtă acasă.[7] Nu dragostea *părinţilor* pentru copiii lor este cea care le dă putere în poziţia de îngrijitori ai copiilor, ci ataşamentul *copiilor* faţă de părinţii lor. Simone, în vârstă de 5 ani, a descris foarte bine acest lucru într-o zi de picnic cu mama ei:

> SIMONE: „Sunt foarte fericită că trăiesc, mamă."
> MAMA: „Şi eu. De ce te simţi aşa?"
> SIMONE: „Pentru că te am pe tine."
> MAMA: „Înţeleg perfect ce vrei să spui."

Părinţii trebuie să investească în ataşament, pentru a le oferi copiilor posibilitatea de a accepta invitaţia la odihnă ca pe ceva de la sine înţeles.

De fiecare dată când suferă ori sunt speriați, copiii ar trebui să-și caute căminul emoțional, așa cum a explicat mama lui Chloe, o fetiță de 4 ani: „De fiecare dacă când este foarte supărată, Chloe țipă din răsputeri: «Vreau să merg acasă! Vreau să merg acasă!». La început, eram foarte derutată și îi arătam că suntem deja acasă, dar ea plângea și mai tare și țipa «Vreau acasă la mama!». În momentele acelea se simte pierdută și nu-și găsește consolarea decât în brațele mele".

Nu din întâmplare au construit copiii „dispozitive de întoarcere acasă", care declanșează semnale de alarmă de fiecare dată când sunt despărțiți de persoanele care-i au în îngrijire sau când au nevoie de atenție. Mama a doi băieți mici povestea: „De fiecare dată când folosesc telefonul, băieții încep să-mi dea târcoale ca rechinii. Smucesc, trag, se bat și țipă, până las jos telefonul și le acord atenție. Nu pot să am nicio clipă doar pentru mine". Copiii mici sunt dependenți de atașament, iar dacă uităm acest detaliu, nu vom putea înțelege ce le alimentează comportamentul.

Nu este o noutate faptul că la vârste mici copiii își acaparează îngrijitorii, îi caută, îi urmăresc cu disperare. În anul 1958, John Bowlby, psihiatrul britanic care a inventat termenul de *atașament*, le spunea părinților: „Nevoia copiilor mici de a primi iubirea și prezența mamei este la fel de mare ca nevoia lor de a fi hrăniți".[8] El afirmă că este de așteptat ca la vârste mici copiii să le ceară neîncetat lucruri părinților, mai ales atunci când se simt speriați sau supărați. Bowlby a argumentat spunând că este un proces natural și că, deși este posibil ca părinții să se simtă uneori copleșiți și obosiți, cererile copiilor ar trebui să scadă în prezența unei dezvoltări sănătoase, din care ar trebui să rezulte copii mai siguri pe ei. Atunci când înțelegi cât de mare este nevoia de atașament a copiilor mici, îți dai seama cât de generoși trebuie să fie părinții.

În cartea *Your Child's Self-Esteem*, Dorothy Briggs scrie: „Hrănești dintr-un prea-plin, nu din ceva gol".[9] Acest prea-plin este cel care contează cel mai mult atunci când vine vorba de satisfacerea nevoii de atașament. Sunt necesare stocuri generoase de afecțiune pentru a-i invita pe copii în relație și pentru a le oferi cele necesare. Datorită acestei abundențe, copiii sunt liberi să se odihnească în grija noastră, pe care o simt ca fiind garantată. Generozitatea noastră este perechea perfectă pentru nevoia lor de contact și apropiere, făcându-i să graviteze în jurul nostru. O fată în vârstă de 5 ani pe nume Sofia i-a destăinuit mamei sale cum percepe ea generozitatea modului în care o îngrijește și impactul pe care-l are asupra ei:

> „Uneori visez că am un cântar cu care măsor iubirea și că ai și tu unul. Cântarul tău este mereu mai plin decât al meu și încerc cât pot să-l fac pe-al meu să fie mai plin decât al tău. Și când aproape reușesc, al tău se umple brusc. Încerc să cresc tot mai mult iubirea de pe cântarul meu ca să-l egalez pe al tău, dar de fiecare dată când fac asta, al tău se mărește iar. Nu pot să țin pasul cu iubirea ta, mamă".

Ascultând-o, mama și-a dat seama că invitația ei de a relaționa eclipsase încercările fiicei sale de-a se conecta.

Forma și modul de exprimare al invitației la atașament variază de la o situație la alta. De exemplu, dacă un copil mic cere o îmbrățișare, părintele îi poate oferi cinci, dar când micuțul este supărat de refuzul unui părinte, generozitatea poate lua forma distanțării, aceasta lăsând loc lacrimilor pe care copilul are nevoie să le verse. Indiferent de scenariu, trebuie să ne invităm copiii să participe la relație căutându-i și fiindu-le alături, atât în vremurile grele, cât și în cele bune. Satisfacerea nevoii intense de atașament a copiilor mici este o însărcinare grea pentru orice părinte, dar este obligaţia noastră să onorăm această însărcinare.

Nevoia cea mai acută se manifestă în primii ani. Copiii mici sunt căutători fără odihnă, care se simt satisfăcuţi numai atunci când li se permite să se încarce cu conectare umană. Ataşamentul este o aventură timpurie, iar un adult puternic, afectuos şi generos reprezintă răspunsul decisiv pentru câştigarea cursei. Deşi majoritatea părinţilor, profesorilor, bunicilor şi îngrijitorilor acceptă intuitiv importanţa relaţiilor adult-copil, îmi sunt adresate frecvent următoarele întrebări:

- Cum construieşti relaţii puternice de ataşament cu copiii?
- Poţi fi prea ataşat?
- Dacă ai întâmpinat probleme de ataşament în copilărie, te mai poţi ataşa de copilul tău?
- Este grav dacă nu m-am ataşat de copilul meu imediat după ce s-a născut?
- Dacă merg la serviciu şi-mi las copilul la creşă, pot să am în continuare o relaţie puternică de ataşament cu el?
- Ce se întâmplă dacă îmi cresc singur/ă copilul şi nu mă are decât pe mine?
- Cum îl determin să se ataşeze de profesoara lui? De bunici? De fraţi?

Aceste întrebări sunt încurajatoare, deoarece indică îndreptarea atenţiei către relaţiile dintre copii şi adulţi. Sunt necesare clarificări suplimentare pentru a stabili *cine* ar trebui să alimenteze relaţionarea copiilor, *cum* trebuie aceştia alimentaţi şi *cum* serveşte asta dezvoltării lor. Este evident faptul că adulţii sunt responsabili cu satisfacerea nevoii de relaţionare a copiilor. Modul în care răspund părinţii nevoii de contact și apropiere a copiilor influențează traiectoria creșterii și atingerea potențialului uman.

Cum arată atașamentul bun?

Unul dintre lucrurile care-l făceau pe bunicul meu să se simtă cel mai mândru când venea vorba despre grădina lui era solul. Își prețuia pământul negru și bogat, un amalgam de compost cu care experimenta constant și care conținea „secretul dezvoltării". În copilărie, nu prea-mi păsa de pământul lui și mă interesa mai mult momentul în care se coceau fructele și legumele. Simțindu-mi nerăbdarea, el îmi amintea să nu subestimez importanța unei temelii puternice, chiar dacă nu-i puteam vedea direct avantajele. Ceea ce știa el intuitiv era că producția este cu atât mai mare, cu cât sunt rădăcinile mai adânci. În retrospectivă, îmi dau seama cât de

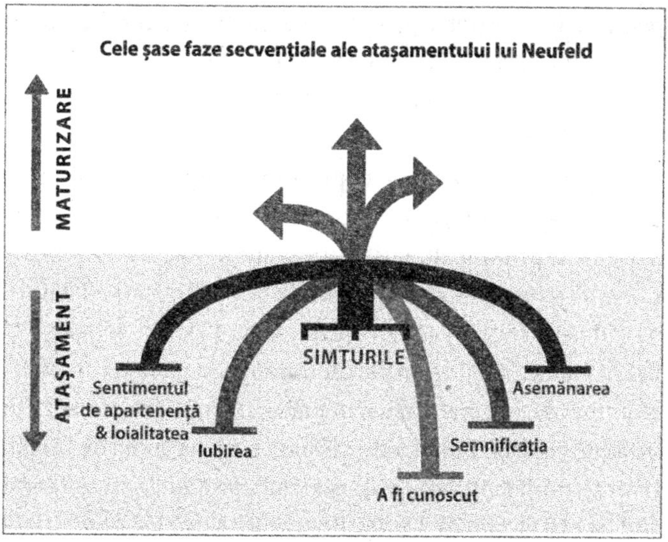

FIGURA 4.1 Adaptare din cursul *Neufeld Attachment Puzzle*

bine înţelesese el ataşamentul. Muncea la cultivarea unor rădăcini puternice, care să alimenteze şi să susţină creşterea. Nu prea-l interesau scurtăturile şi modalităţile controversate de a obţine rezultate; era cât de poate de organic.

Cele şase faze secvenţiale ale ataşamentului în concepţia lui Neufeld detaliază modul în care se desfăşoară la modul ideal ataşamentul pe parcursul primilor şase ani de viaţă. Fiecare fază secvenţială ar trebui să adauge un plus de complexitate şi profunzime capacităţii copiilor de a se ataşa de alte persoane. Fiecare fază ar trebui să ofere o nouă formă a căutării şi a capacităţii de a ţine pe cineva aproape. Cu cât găsesc mai multe căi prin care să-şi menţină ataşamentul, cu atât mai mult combustibil vor avea pentru a-şi alimenta dezvoltarea pentru a deveni fiinţe distincte, adaptive şi sociale. Deşi se nasc având capacitatea de a relaţiona, instinctele de ataşament ale copiilor trebuie activate prin oferirea de îngrijire constantă şi previzibilă. Nu este niciodată prea târziu pentru a fi atins potenţialul ataşamentului, chiar dacă nu s-a dezvăluit în primii şase ani de viaţă.

1. Ataşamentul prin simţuri – La naştere

În primul an de viaţă, copiii sunt fiinţe senzoriale, care abia descoperă lumea ce-i înconjoară şi formează legături de ataşament prin pipăit, gust, miros, auz şi văz. Uneori întind mâna să atingă păr sau feţe sau dau pupici lipicioşi şi băloşi, de parcă ar încerca să devoreze oameni. Mulţi bebeluşi îşi doresc să fie ţinuţi aproape, căutându-şi îngrijitorii cu privirea şi scoţând ţipete alarmate atunci când aceştia ies din raza lor vizuală. Puterea de calmare a unui cântec de leagăn izvorăşte din faptul că bebeluşii simt apropierea atunci când aud o voce familiară. De asemenea, bebeluşii încep să scoată sunete dedicate îngrijitorilor lor, printre care gânguriturі, bolboroseli şi chemări – „dada", „mama". Reacţionează la mirosurile cunoscute, asociate cu persoanele iubite, precum parfumul mamei: dacă ataşamentul vizual sau auditiv nu se mai produce, ei se simt în continuare ataşaţi prin miros. Sensibilitatea şi receptivitatea senzorială a unui copil vor modela tipul de interacţiuni pe care le consideră el ca fiind reconfortante.

Contactul fizic constant şi regulat cu îngrijitorii este necesar pentru a construi ataşamentul la nivelul simţurilor. Deşi bebeluşii sunt pregătiţi la naştere să recunoască sunetele şi mirosurile mamei lor biologice, durează în medie 6-8 luni până când creierul le va fi dezvoltat suficient pentru a decide că o anumită persoană este principala figură de ataşament.[10] Se poate întâmpla să se dezvolte și mai târziu de intervalul 6-8 luni, dacă a rezultat o separare din cauza unor factori de mediu. Latura frumoasă a ataşamentului este că ataşamentul primar nu este neapărat realizat cu persoana care a născut copilul, ci mai degrabă cu persoana care îl îngrijeşte constant. Copiii au tendinţa de a se ataşa de persoanele care le oferă cea mai potrivită invitaţie şi cea mai constantă îngrijire. Acest ataşament primar va juca un rol-cheie în modelarea identităţii timpurii a copilului şi în dezvăluirea capacităţii lui de fiinţă relaţională. Această persoană va putea, de asemenea, să-i prezinte copilului şi alte figuri de ataşament, să construiască satul care va ajuta la creşterea lui.

2. Ataşarea prin asemănare – Vârsta 1+

Dacă totul decurge bine, copiii în vârstă de un an vor începe să recurgă la imitare şi copiere pentru menţinerea ataşamentului. Fiind imitatori înnăscuţi, preiau sunetele, preferinţele şi particularităţile celor de care se ataşează. Pe scurt, a fi „la fel ca" cineva este un mod de a-l ţine aproape. Mama unui copil în vârstă de 2 ani pe nume Jamie povestea următoarea conversaţie care a avut loc între fiul ei şi bunica lui în timpul mesei de prânz:

JAMIE: „Buni, ia-l pe al meu."
BUNICA: „Nu-i nevoie, Jamie. Eu am sandviciul meu. Mănâncă-l tu pe al tău."
JAMIE: „Nu, buni, te rog."
BUNICA: „Serios, Jamie, nu-i trebuie lui buni. Nu-mi place baconul. Buni mănâncă doar legume."
JAMIE: (Întristat) „Buni, te rog, mănâncă bacon."
BUNICA: „Îmi pare rău, dragule, lui buni nu-i place baconul."
JAMIE: (Începe să plângă) „Vai, buni, te rog mănâncă bacon. Mie-mi place baconul."

Adesea facem observaţii despre cum „învaţă" copiii de la părinţii lor de parcă ar fi o simplă sarcină cognitivă. Ceea ce se omite este modul în care ataşamentul alimentează nevoia emoţională de a fi asemenea persoanelor care ne sunt apropiate. Copiii sunt *mânaţi de dorinţa* de a adopta forma şi aspectul ataşamentelor lor. Ataşamentul alimentează dorinţa de a imita, de a mânca aceleaşi alimente şi de a dobândi limbajul celuilalt. Valorile pe care le adoptă copiii au mai mare legătură cu persoanele de care sunt ataşaţi decât cu rezultatul învăţării. Dacă prietenii lor au devenit cele mai apropiate ataşamente, ei îi vor imita şi copia, dând naştere unei relaţionări imature. Cu toate că ştim intuitiv că la vârsta de un an copiii sunt imitatori, trecem prea repede peste semnificaţia pe care o are persoana faţă de care încearcă să menţină apropierea prin intermediul imitaţiei. Dacă doreşti să determini de cine este ataşat copilul la vârsta de un an, trebuie să identifici pe cine imită – ca cine vorbește sau ca cine se poartă? Următoarea conversație cu părinții unui băiat în vârstă de 2 ani a dezvăluit o figură de atașament surprinzătoare în viața lui:

DEBORAH: „Ca cine vorbește sau ca cine se poartă copilul tău la un an?"

TATĂL: „În afară de soția mea și de mine, nu prea știu. Brayden scoate multe sunete asemenea unor bormașini și ciocane și folosește multe unelte imaginare prin casă."

DEBORAH: „Cine folosește unelte la voi acasă?"

TATĂL: „Eu, nu. Nici soția mea."

DEBORAH: „Bunicii lui Brayden folosesc? Se uită la televizor la emisiuni ale căror personaje folosesc unelte?"

TATĂL: „Nu, nu fac asta. Singurul lucru la care mă pot gândi este că în ultimul an a fost la noi acasă un muncitor care a folosit unelte."

DEBORAH: „Cred că Brayden este atașat de muncitorul vostru."

Ambii părinți au râs de această descoperire, spunând că muncitorul a zis că Brayden îi amintește de fiul lui. Adulții se gândesc adesea la atașament prin prisma rolurilor și a responsabilităților, dar copiii le iau în calcul prin prisma persoanelor care manifestă față de ei încântare, bucurie și căldură.

În procesul dezvoltării, atașamentul prin asemănare servește scopului de a forma un rudiment de identitate funcțională. La un an, copilul devine o colecție de caracteristici și particularități ale persoanelor cu care relaționează. Forma pe care o ia este suma identificărilor sale cu acele atașamente. Dată fiind lipsa lui de maturitate, el se agață de ideile altora până își le poate forma pe ale sale. Aceste afilieri sunt semințele personalității sale în curs de înmugurire, care urmează să se modifice treptat, pe măsură ce sporesc sofisticarea și individualizarea. De exemplu, este posibil ca băieţeii să vrea să se dea cu ojă, la fel ca surorile lor mai mari, sau fetițele ar putea vrea să se bărbierească, precum tații lor. Mama a doi copii mici povestea: „Copiii mei mă întreabă mereu dacă pot lua ei hainele sau bijuteriile mele când vor mai crește. Totodată, îmi spun că vor să poarte pantofi care fac «trop-trop» la fel ca ai mei și vor să-și facă și ei găuri în urechi ca să-și pună cerceii mei". Atașamentul prin imitare al copiilor în vârstă de un an ajută la formarea unei identități în stadiu incipient și răspunde la întrebarea „Cine sunt eu?". Persoanele cu care încearcă să se asemene sunt cele a căror apropiere o doresc și asemănarea este un mod de alinare atunci când sunt separați de acele persoane.

3. Atașamentul prin sentimentul de apartenență și loialitate – Vârsta 2+

Copiii în vârstă de 2 ani vor începe să se atașeze de oameni și de persoane prin sentimentul de apartenență și loialitate. Vor începe să afișeze un comportament posesiv și teritorial în relația cu oamenii și lucrurile, revendicându-le. Dorința lor de a poseda servește scopului de a păstra aproape pe cineva sau ceva și de a evita separarea. Atașamentul prin sentimentul de apartenență oferă un simț mai profund al conexiunii cu un cămin și al potrivirii într-un loc. Copiii ajung chiar să-și exprime încântarea, iar atunci părinții se poartă și ei ca și cum și-ar „însuși" copiii într-o manieră exclusivistă, prin afirmații precum „Așa te vreau, asta-i fata mea!" sau „Ăsta-i băiatul meu!".

Sentimentul de posesie va lua naștere firesc în cazul atașamentului prin apartenență. De fapt, această posesiune indică dezvoltarea copilului ca ființă relațională. Nevoia de a poseda și gelozia care se naște atunci când vine vorba de „împărțirea" cuiva sunt „un lucru sănătos și normal la copiii mici, ceva ce înseamnă că ei iubesc și că au făcut deja un progres considerabil în călătoria lor, ajungând departe de imaturitatea de la care au pornit".[11] O mamă își amintea cum posesivitatea și gelozia fiicei sale s-au abătut asupra fratelui ei după ce a împlinit 3 ani:

> „Într-o zi când fratele lui Brittany, Ben, a plecat de acasă împreună cu tatăl lui, m-am întors către ea și i-am zis că abia aștept să petrec un timp doar cu ea. Brittany s-a uitat la mine și mi-a zis «Mami, trebuie să facem rost de o mămică nouă». Am fost luată prin surprindere, dar am reușit s-o întreb de ce consideră că este necesară o mămică nouă. Ea mi-a răspuns «Vreau să facem rost de o mămică nouă pe care să i-o dăm lui Ben, ca eu să te păstrez pe tine»."

Deși posesivitatea copiilor la vârsta de 2-3 ani poate duce la lupte pentru teritoriu, dorințele lor ar trebui, de asemenea, privite ca un compliment pentru relație – ei încearcă să-și însușească doar persoanele și lucrurile de care sunt atașați. Din punctul lor de vedere, a împărți nu reprezintă o opțiune și de aceea opun rezistență atunci când trebuie să se despartă de jucării sau de persoane.

Un copil între 2 și 3 ani care este bine dezvoltat ar trebui să dea semne de loialitate după apariția sentimentului de apartenență. Loialitatea presupune că stă aproape de cineva pentru că respectă anumite reguli, că urmează persoana respectivă ori că îi ține partea. Exprimarea sprijinului sau a devotamentului față de cineva reprezintă o formă de exprimare a loialității. Un tată a descris experiența persoanelor care îi vizitau acasă având-o drept gazdă pe Isabella, fiica lui în vârstă de 3 ani:

„Atunci când intră musafiri în casa mea, o aud pe Isabella spunându-le «Descălţaţi-vă, aşa ceva nu este permis», sau «Puneţi-vă hainele în cuier». Isabella le cere să nu alerge prin casă şi să se poarte frumos cu fratele ei, chiar dacă el este gălăgios sau plânge. Uneori le face turul grădinii şi le spune numele tuturor florilor. Lumea crede că e deşteaptă, dar ea doar repetă ce facem noi şi ce ne aude pe noi vorbind."

Loialitatea este exprimată frecvent şi de copiii în vârstă de 2-3 ani, atunci când iau partea cuiva în timpul unor conflicte. O mamă a povestit următoarea întâmplare, care s-a petrecut în maşină când familia mergea să ia cina în oraş:

„Soţul meu era la volan şi mergeam să luăm cina în oraş. Eu m-am apucat să-i dau nişte indicaţii prietenoase referitoare la condus şi l-am încurajat s-o ia pe scurtătură până la restaurant. Lui nu i-au convenit indicaţiile mele şi mi-a zis: «Cred că pot să-mi dau seama singur cum să parchez şi cum să conduc maşina, după 20 de ani de când mi-am luat permisul». Eu i-am zis că încerc doar să-l ajut, deoarece traseul ales de el era foarte aglomerat. Brusc, Nathan a ţipat la tatăl său: «Tati, de ce nu vrei s-o asculţi pe mami? Ea ştie pe unde trebuie să mergem»."

Loialitatea copiilor mici este foarte personală şi este unul dintre cele mai bune semne că ataşamentul decurge bine în cazul copiilor în vârstă de 2 ani. Posesivitatea preşcolarilor nu e întâmplătoare, ci este o condiţie necesară care le permite să progreseze, asigurându-i în acelaşi timp că nu-şi pierd ataşamentele. Ataşamentul prin apartenenţă şi prin loialitate contrabalansează separarea cu care se confruntă în urma devenirii unei entități distincte.

4. Atașamentul prin semnificație - Vârsta 3+

Ideal ar fi ca, la aproximativ 3 ani, copiii să înceapă să se atașeze prin semnificație. La această vârstă vor încerca să devină speciali și apreciați în ochii celor din jur. Vor tânji după aprobare, vor fi dornici să fie văzuți și auziți și vor dori să simtă că sunt importanți pentru persoanele de care sunt atașați. Invitația la contact și apropiere venită de la o figură de atașament este ca oxigenul pentru copiii mici, care datorită ei par să se simtă un pic mai înalți și mai încrezători. Încă îmi amintesc dorința mea de a mă simți importantă pentru mama - zâmbetul și căldura ei îmi umpleau inima pentru câteva ore bune. Mama unui copil în vârstă de 3 ani și jumătate mi-a spus următoarea poveste, în care dezvăluia nevoia fiicei ei de-a se simți importantă:

> „O luasem de la grădiniță pe Genevieve și, mergând spre casă, i-am spus că văzusem la ea în clasă o fetiță care era foarte drăgălașă, avea un zâmbet larg și se distra de minune. Pe măsură ce-i povesteam despre această fetiță și cât de specială era, Genevieve a început să se supere. Am întrebat-o dacă știe cum o cheamă pe fetița respectivă și mi-a răspuns «Nu!». Apoi i-am spus că fetița despre care vorbeam era chiar ea și că o privisem pe fereastră. Pe fața lui Genevieve a apărut un zâmbet uriaș când și-a dat seama că tot timpul vorbisem despre ea."

Părinții își pot face copiii să se simtă importanți oferindu-le atenție, amintindu-și ce este important pentru ei, sau făcându-i să înțeleagă că se simt bine în compania lor.

Atunci când se atașează prin importanță, copiii devin receptivi la semne care indică faptul că sunt îndrăgiți și stimați, resimt un sentiment al importanței, precum și încântare față de figurile de atașament. Ei observă ce este important pentru părinți și este posibil să-și dea silința să le obțină aprobarea pentru a răspunde nevoilor lor de atașament. De exemplu, copiii ar putea începe să caute atenție și laude prin exclamații de tipul „Uite-te la mine" sau „Uite ce am făcut", pentru a căpăta importanță – o doză de atașament. Problema este că nu există cu adevărat odihnă atunci când copiii trebuie să facă eforturi ca să-și împlinească nevoia de atașament. Atunci când trebuie să depună efort pentru a se simți importanți, nu au cum să se odihnească și să se lase îngrijiți de figura de atașament. Atunci când depun eforturi pentru a se simți iubiți, nu se pot juca și nu se pot dezvolta și ar putea deveni preocupați de performanța de a fi „suficient de bun" în loc să se simtă suficient de bine exact așa cum sunt. Acesta este motivul pentru care lauda ar putea fi problematică în cazul copiilor mici, deoarece există riscul ca ei să înceapă să depună eforturi să le facă pe plac celor care-i îngrijesc, pentru a avea sentimentul că sunt importanți. Un simț sănătos al sinelui este construit pe sentimentul că ești iubit așa cum ești, iar stima de sine ar trebui să se dezvolte natural.

Copiii care-și doresc să se simtă importanți pentru cineva vor fi mai vulnerabili decât în fazele anterioare ale atașamentului. Atunci când copiii încearcă să se simtă importanți pentru cineva, respingerea sau absența invitației altcuiva îi poate răni sau speria. Un copil în vârstă de 3 ani care are sentimentul că nu este bine-venit sau dorit poate ajunge să simtă rușine sau poate să creadă că este ceva în neregulă cu el. Asta îl poate determina pe copil să încerce să devină mai atrăgător în ochii celor care-l privesc sau să se diminueze pe sine pentru a se încadra în parametrii atașamentului care sunt prezentați ca fiind acceptabili. Pentru ca stima de sine a copiilor să fie puternică, sentimentul de importanță trebuie separat de performanța lor.

Copiii cu vârste cuprinse între 3 și 4 ani se folosesc de figurile lor de atașament ca de niște oglinzi psihologice care le reflectă identitatea în curs de formare. Ce vor vedea va influența modul în care se percep pe sine, mai ales în cazul semnalelor repetitive și intense. De exemplu, dacă vede că părintele se simte bine în compania lui, copilul va avea o impresie mai bună despre sine decât dacă i se spune în mod repetat că este obositor sau problematic. Nevoia de a se simți important pentru cineva îl va face să caute să se simtă important pentru oricine, dacă acasă nu primește acest lucru – exact așa cum a făcut Penelope cu mine. Copiii au nevoie să se odihnească, nu să depună eforturi pentru a obține atașamentul și pentru a căuta invitația cuiva pentru contact și apropiere acolo unde aceasta nu există.

5. Atașamentul prin iubire – Vârsta 4+

Dacă dezvoltarea decurge bine, copiii cu vârste cuprinse între 4 și 5 ani le vor dărui inima lor celor de care se simt cel mai atașați. Aceasta este vârsta intimității emoționale, care abundă în proteste de tipul „Ba eu te iubesc mai mult" sau declarații precum „O să mă căsătoresc cu toți membrii familiei mele". Inimile sunt simbolul iubirii și este posibil să devină noua lor temă, apărând constant în desenele și proiectele lor. Ies la iveală tandrețea, delicatețea și un sentiment profund de afecțiune – sunt niște vremuri minunate pentru părinții de copii mici!

Iubirea este exprimarea atașamentului; nu poate fi impusă și trebuie oferită spontan. Atunci când cred că sunt iubiți fiindcă sunt buni, amabili, de ajutor sau deștepți, copiii se vor simți datori să repete performanțele, muncind pentru a corespunde nevoilor de atașament ale adulților. Atunci când corelează iubirea cu *ceea ce fac*, nu cu *cine sunt*, ei nu se pot odihni. Esența atașamentului necondiționat este să le transmită copiilor că sunt iubiți așa cum sunt. Când copiii mei erau mici și le spuneam că îi iubesc, existau momente în care dădeau ochii peste cap și spuneau că știu deja. Atunci când îi întrebam de unde știu, se uitau la mine fără expresie și răspundeau: „Nu știu. Pur și simplu, știu". Sper că nu vor fi niciodată nevoiți să depună eforturi pentru a se simți iubiți.

Atașamentul prin iubire implică o vulnerabilitate mai mare, mai ales atunci când ies la suprafață emoții tandre precum afecțiunea, căldura și grija. Oricine ar fi persoana căreia copiii îi încredințează inima lor, ea va avea puterea de-a le răni sentimentele. Copiii pot izbucni plini de frustrare și panică dacă vor crede că nu mai sunt iubiți, plăcuți, că persoanei cu pricina nu-i mai pasă de ei ori dacă se arată lipsită de căldură sau de afecțiune. Acesta este unul dintre motivele pentru care atașamentul se dezvoltă treptat: pentru ca la 4-5 ani copiii să poată fi selectivi când își oferă inimile. Ei se vor atașa prin iubire numai de cei cu care simt că se aseamănă, față de care au sentimente de apartenență și pentru care simt că sunt importanți; aceasta este metoda de a te atașa în siguranță.

Iubirea este o formă mai profundă de atașament, care îi permite unui copil în vârstă de 5 ani să se îndepărteze mai mult de casă și să experimenteze lucruri noi. Conexiunea prin intimitate emoțională exemplifică dansul splendid al atașamentului cu separarea; pe măsură ce se aventurează mai departe, copiii păstrează încă în suflet sentimentul de acasă.

6. Atașamentul prin a fi cunoscut - vârsta 5+

În cazul unei dezvoltări ideale, copiii în vârstă de 5 ani trec în ultima etapă de atașament - prin a fi cunoscuți. Este un pas către intimitatea psihologică și este una dintre cele mai satisfăcătoare forme de relaționare cu o altă persoană. În acest moment, copiii înțeleg că-și pot ține ascunse gândurile și sentimentele, că pot alege dacă vor sau nu să le divulge. Pe scurt, pot păstra un secret pentru că așa doresc ei. Atunci când copiii se atașează prin a fi cunoscuți, li se descătușează înclinația către a-și dezvălui anumite părți ascunse oamenilor cu care împărtășesc intimitate emoțională. Esența intimității psihologice este apropierea prin transparență.

Secretele îi deconectează pe copii de îngrijitorii lor și stau în calea aprofundării intimității. A nu avea posibilitatea de a-și exprima sentimentele și gândurile poate duce la o lipsă a vitalității. Oamenii sunt programați să se destăinuie într-o manieră vulnerabilă. Acest lucru nu trebuie confundat cu a-ți etala sinele oricui, de exemplu prin tentative impersonale de a obține „doze instantanee de atașament", atât de prevalente în zilele noastre în contextul utilizării rețelelor sociale. Nevoia de a fi cunoscut este destinată exclusiv celor mai apropiate atașamente. Ceea ce o alimentează este dorința de-a depăși granița care apare odată cu dezvoltarea conștiinței separate. Intimitatea psihologică este nevoia de conectare la cel mai profund nivel.

Tendința copiilor de a se dezvălui le este necesară părinților ca să poată avea grijă de ei. Această înclinație garantează că un copil nu le va ascunde lucruri importante, ceea ce este crucial în anii adolescenței. Un tată, uimit de mărturisirea pe care i-a făcut-o fiica lui într-o seară, a descifrat-o după ce a înțeles dorința ei de-a se simți cunoscută de el:

> „A fost foarte ciudat s-o văd pe Elle acoperindu-și gura cu mâna, de parcă ar fi fost pe cale să izbucnească. Era evident că încearcă să ascundă ceva, dar era de parcă ar fi simțit o presiune prea mare din interior să mărturisească. În cele din urmă, am întrebat-o care e problema și ea a zis: «Of, tati, nu vreau să-ți spun, dar trebuie! I-am ascuns intenționat trenurile lui Oscar, fiindcă n-a vrut să le împartă cu mine».“

Dorința lui Elle de a fi cunoscută de tatăl ei era mai mare decât teama de a-și mărturisi greșeala. Secretele au puterea de a ne separa de cei pentru care dorim să ne facem cunoscuți, dar au și puterea de a ne apropia de ei.

Părinții sunt adesea șocați atunci când copiii lor încep să mintă. Vestea bună este că minciuna demonstrează integrarea creierului și capacitatea copiilor de a se ocupa de gânduri și sentimente contradictorii. Acesta este semnalul că se sfârșește personalitatea de preșcolar, dar recunoașterea acestei rafinări se pierde adesea în tumultul creat de minciună. Într-o seară, la o petrecere, cineva m-a întrebat despre fiul său în vârstă de 6 ani, care tocmai spusese prima lui minciună.

MEGAN: „Toby m-a privit drept în ochi și mi-a zis că nu mi-a luat bomboane din geantă, dar am găsit ambalajele la el în cameră. M-am înfuriat de-a binelea. I-am interzis dulciurile timp de o săptămână și i-am zis să nu mă mai mintă niciodată. Ce ar trebui să fac?“

DEBORAH: „Vai, Megan, ce veste bună, Toby are acum capacitatea de a spune o minciună! Descoperi că poate gestiona simultan două gânduri, adevărul și minciuna, ceea ce este o caracteristică uimitoare a dezvoltării.

Înțeleg că ești supărată, dar îți dai seama ce înseamnă asta?"

MEGAN: (cu gura căscată și ochii mari, mutându-și privirea către o altă prietenă) „Vorbește serios?"

DEBORAH: „Serios, Megan, înseamnă că i s-a dezvoltat creierul și a depășit etapa în care privea lumea prin ochii unui preșcolar. Ai deschis ușa către un volum uriaș de potențial pentru maturizare: el este suficient de sofisticat încât să se ascundă de tine. Știe că nu este bine să mintă – nu aceasta este problema. El n-a vrut să ți se dezvăluie – aceasta este problema. Unul dintre leacurile pentru minciună și furișare este dorința de a fi cunoscut de persoanele de care ești cel mai atașat. El îți împărtășește vreodată secretele lui?"

MEGAN: „Da, ce cele mai multe ori... cred?"

DEBORAH: „Atunci, fă-l să simtă că poate să-ți împărtășească în siguranță, chiar și atunci când o dă în bară. El e capabil să hotărască de-acum cu cine vrea să-și împărtășească gândurile, și trebuie să păstrezi relația pe care o aveți pentru a te asigura că tu ești acea persoană."

MEGAN: „Păi, și-atunci, ce-ar trebui să fac referitor la faptul că m-a mințit?"

DEBORAH: „L-ai întrebat de ce a luat bomboanele? Eu cred că a vrut bomboane, știa că-l vei refuza și nu a vrut să audă un refuz, dar nici n-a putut rezista tentației de-a le fura. Așa e-n viață, trebuie să aibă o relație cu sentimentele și cu impulsurile lui, care-l ispitesc să aleagă scurtături și să nu accepte să-i fie refuzate lucrurile pe care și le dorește, dar pe care nu le poate obține."

MEGAN: „Cum îl va face asta să nu mai mintă?"

DEBORAH: „Îi pare rău pentru asta, și nu fiindcă l-ai pus tu să-și ceară iertare? Trebuie să aduci subiectul în discuție, pentru ca el să se poată gândi la ce a făcut și la faptul că are sentimente contradictorii față de această situație. Acesta este mesajul pe care vrei să și-l însușească – și anume că toți avem impulsuri și sentimente, iar modul în care răspundem acestor impulsuri și sentimente este extrem de important."

MEGAN: „Of, acum nici măcar nu mai vrea să vorbim despre asta. I-am interzis deja toate dulciurile."

DEBORAH: „Sunt sigură că vei mai avea ocazii. Ispita de a minți nu ne părăsește niciodată."

Nu numai că a împărtăși secrete duce la împlinirea nevoilor de atașament, dar totodată promovează dezvoltarea personalității. Atunci când se dezvăluie persoanei/lor de care se simt cel mai atașați, copiii ajung să se înțeleagă mai bine pe ei înșiși. Spunerea adevărului este calea către autenticitatea și integritatea relațiilor, pregătind copiii pentru relații și parteneriate sănătoase mai târziu în viață. Calea către autenticitate este pavată de adulții care îi sprijină pe copii să se dezvăluie într-o manieră care-i face vulnerabili. Integritatea personală este ocrotită atunci când copiii au libertatea de a se dezvălui fără teama de represalii sau de separare. Următoarele condiții favorizează împărtășirea sentimentelor și a gândurilor vulnerabile:

- Inițial, copilul se atașează de părinte prin intimitate emoțională, pentru a debloca dorința de a se face cunoscut.
- Copilul se simte în siguranță să mărturisească sentimente care-l fac vulnerabil fiindcă știe că acest lucru nu va duce la separare de persoanele de care este atașat.
- Copilul primește o invitație călduroasă din partea părintelui să se destăinuie; de exemplu, „Am impresia că te preocupă ceva", „Pari cam morocănos, vrei să-mi povestești?" sau „Inima ta pare tristă. Poți să-mi spui ce se-ntâmplă?"
- Exprimarea sentimentelor și a gândurilor copilului este facilitată de faptul că părintele răspunde cu empatie și îi oferă acceptare.

Când vine vorba de parenting la copiii mici, obiectivul principal este deblocarea tuturor celor șase forme de atașament în contextul unor relații profunde și vulnerabile cu adulții care-i cresc. Acesta poate fi atins numai printr-o conectare constantă, previzibilă și fără perturbări și în condițiile în care copiii își pot experimenta emoțiile într-o manieră vulnerabilă. Atunci când aceste condiții sunt întrunite, iar copiii se dezvăluie ca ființe relaționale, dezvoltarea lor va fi propulsată înainte.

Atașamentul alimentează dezvoltarea și transformarea într-o ființă care funcționează independent – un tipar frumos și paradoxal. Asemenea partenerilor de dans legați prin pași la unison, atașamentul și separarea funcționează în tandem. Capacitatea copiilor de a acoperi distanța până la împlinirea potențialului lor uman este dependentă de profunzimea rădăcinilor de atașament care îi hrănesc. Pe măsură ce atașamentul devine mai profund, funcționarea separată este propulsată în sens opus. Copiii își pot lua avânt să se joace numai atunci când sunt siguri că au o bază la care să se întoarcă. Atașamentul este una dintre cele mai mari forțe ale naturii umane, o forță care ne atrage unul către altul. În același timp, el este contrabalansat de forțele care ne îndeamnă copiii să-și formeze o personalitate distinctă și să funcționeze independent. Este uniunea perfectă a două forțe opuse: în timp ce ne ținem copiii aproape, ei sunt liberi să se joace și să se dezvolte, devenind în cele din urmă ființe distincte.

Cum să ocrotim un atașament puternic prin ritualul colectării

Deși copiii se nasc cu instinctul de atașare, adulții trebuie să joace un rol activ în angrenarea acestei capacități. Una dintre metodele elementare de a comunica dorința de apropiere este prin ritualul colectării. Trebuie să invităm copiii în relaţie prin colectarea instinctului lor de ataşare – trebuie să ne străduim să le captăm atenţia. Angajându-ne în acest joc al colectării, intrăm în spaţiul lor într-o manieră prietenoasă şi ne străduim să primim un zâmbet, să stabilim contact vizual sau poate să obţinem de la ei un gest de aprobare. De exemplu, poţi zice: „Văd că ai construit un turn înalt din cuburi – chiar e foarte înalt! Şi mie-mi plac cuburile". Atunci când par receptivi la atenţia noastră, putem încerca să-i angajăm mai mult, oferindu-le un strop de contact şi apropiere. Dacă par receptivi, putem alege fie să continuăm conversaţia, fie să invităm copiii să-şi împărtăşească ideile: „Cât de mare poţi să-l construieşti? Te pot ajuta?"

Deşi are o aparenţă blândă, ritualul colectării este un mod puternic şi natural de a comunica dorinţa de a fi aproape de cineva. Când ne exprimăm încântarea, bucuria şi căldura, ajungem în centrul atenţiei copiilor, în poziţia de a le purta de grijă. Ritualul colectării este reprezentarea continuă a adultului ca răspuns la nevoia copiilor de contact şi apropiere, sudând şi întărind legătura relaţională dintre ei. Aşa cum a rezumat Benjamin Spock, dacă ar exista o reţetă pentru cum să le purtăm de grijă copiilor, aceea ar fi să ne bucurăm de ei.[12]

Nu există o cale corectă de a îndeplini ritualul colectării; colectarea este influenţată de practicile culturale, precum şi de dispoziţia individuală. Unii copii pot fi atraşi de sunetul vocii cuiva, în timp ce alţii preferă atingerea sau contactul vizual. Exemplele de colectare variază în funcţie de context şi de la un adult la altul, dar nu ducem lipsă de idei când vine vorba să le captăm atenţia copiilor într-o manieră prietenoasă. Este important de ţinut minte că pentru colectare contează mai puţin strategia sau modul de operare, cât dorinţa autentică de a fi aproape.

OFERIREA UNUI STROP DE CONTACT ŞI APROPIERE, DE CARE SĂ SE AGAŢE COPILUL

- Un semn al apartenenței sau ceva special care ne aparține
- O asemănare, ceva ce avem în comun
- O dovadă de loialitate şi un semn că le luăm apărarea
- Un semn al importanței, ceva dincolo de aşteptările referitoare la rolul relației
- O dovadă de căldură sau bucurie, ceva ce sugerează simpatia
- Un semn că îi înțelegem cu adevărat, în feluri în care alții nu-i înțeleg
- Un semn că sunt bineveniți în preajma noastră

FIGURA 4.2 Adaptare din cursul *Neufeld Attachment Puzzle*

Încă îmi amintesc modul minunat prin care bunicul „mă colecta" când îl vizitam. Ne aştepta în stradă, cu un zâmbet mare pe faţă, când noi parcam în faţa casei lui. Îmi amintesc cum parcă îi sclipeau ochii albaştri când mă privea – mă simţeam iubită până în adâncul inimii. Ne întâmpina în casa lui cu mâncare, băuturi şi râsete. Ne colecta fiindcă ne iubea, nu fiindcă era obligat sau fiindcă aşa citise într-o carte că trebuie să facă. Era întruchiparea încântării, a căldurii şi a bucuriei, şi mă trezeam arzând de nerăbdare să-i fiu în preajmă.

Una dintre cele mai frecvente greşeli pe care le facem cu copiii mici este să le pretindem să urmeze instrucţiuni atunci când nu au fost colectaţi. Colectând copiii, îi faci să-şi concentreze atenţia asupra ta şi să te urmeze datorită instinctului de ataşament. În cazul copiilor mici, trebuie *să le colectăm instinctul de ataşare înainte să le dăm instrucţiuni.* Dat fiind faptul că se pot ocupa de un singur lucru o dată, pentru a-i îndepărta de la joacă, pentru a-i face să intre în casă etc., ne e de folos să-i colectăm mai întâi. Dacă nu ne aflăm în centrul atenției copiilor, nu ne aflăm în zona din care-i putem influența.

După o prezentare despre copiii mici, a venit la mine o mamă care mi-a spus: „Dar este nevoie de energie și de timp pentru a-i colecta, iar eu nu dispun de așa ceva dimineața". Am întrebat-o cum se desfășoară diminețile ei și mi-a răspuns: „Groaznic, ne certăm în fiecare zi ca să ajungem să ieșim din casă. Trebuie să-l las pe cel mare la școală și apoi pe cel mic la grădiniță. Sunt mereu în întârziere și după ce îi las sunt epuizată. Singurul lucru care-i face să se urnească este să le ofer timp la ecrane dacă termină tot ce au de făcut, dar apoi nu mai pot să-i mișc din fața ecranelor ca să plecăm. Diminețile sunt mereu o luptă". Am întrebat-o dacă în alte momente copiii o urmează și mi-a zis că da, dar a subliniat presiunea pe care o resimte dimineața ca fiind cea mai problematică. I-am sugerat să încerce să-și colecteze copii dimineața și să instituie un ritual previzibil prin care să-i abordeze; de exemplu, să citească o poveste, să le spună planul pentru ziua respectivă, să-i hrănească – să li se prezinte într-o manieră prietenoasă. I-am spus că este greu să concurezi pentru atenția copiilor atunci când sunt cu ochii într-un ecran, deci poate ar fi o idee bună să-i lase cu ele în alt moment al zilei. Cel mai important pentru a schimba lucrurile era să le poată arăta copiilor căldură, încântare și bucurie în cursul dimineții. Mi-a spus: „Dar mă tem că nu vor fi gata, iar eu voi întârzia și voi fi nevoită să mă străduiesc să-i colectez". I-am răspuns: „Sună de parcă ai fi întârziat deja și te străduiești să te lupți cu ei. Eu cred că este puțin probabil ca situația să se schimbe dacă încerci să te impui. Nu spun că trebuie să te străduiești mai tare, ci că trebuie să ai o altă abordare. Ai fi dispusă să încerci să-ți colectezi copiii dimineața și să faci lucrurile altfel decât până acum?". A fost de acord să încerce și să-mi spună cum a fost. Ziua următoare mi-a povestit: „Am încercat să-i colectez în dimineața asta și nu mi-a venit să cred! Chiar a funcționat. Am avut o dimineață extraordinară". I s-au umplut ochii de lacrimi și a adăugat: „Nu-mi vine să cred. M-am luptat cu ei atâta timp, când ar fi trebuit să fac asta. Trebuie să recunosc, nu mă așteptam să funcționeze, dar acum, că a dat roade, simt că mi-am recuperat copiii".

E remarcabilă capacitatea acestei mame de a folosi ritualul colectării pentru a-și schimba radical diminețile într-un timp atât de scurt. Eu cred că avea ca părinte mai multă putere decât credea că are. Probabil se străduise mult să cultive o relație cu copiii ei, dar nu știa cum să culeagă roadele relației. Această mamă mi-a amintit că nu trebuie niciodată să subestimăm puterea atașamentului de a readuce copiii pe orbită, făcându-i să graviteze în jurul părinților. Se subliniază astfel *cine* trebuie să hrănească copiii din punct de vedere emoțional, *cum* trebuie ei hrăniți și *de ce* este atât de important. Ritualul colectării oferă toate ingredientele necesare pentru a răspunde nevoii de conectare a copiilor noștri.

Prietenii ca rivali pentru atașament

În zilele noastre, una dintre cele mai frecvente probleme de atașament care se manifestă în copilăria timpurie este fenomenul orientării către prieteni. *Orientarea către prieteni* este termenul dat transferului nevoilor de atașament ale copiilor de la adulți către prieteni. Este tema principală din cartea lui Gordon Neufeld și a lui Gabor Maté *Cum să ne* *păstrăm copiii aproape: de ce părinții trebuie să fie mai importanți decât prietenii**. Copiii orientați către prieteni îi vor urma pe aceștia și îi vor prefera atunci când vine vorba de satisfacerea nevoilor lor de relaționare. Astfel se creează atașamente concurente între adulți și prietenii respectivului copil, pentru a stabili cine câștigă inima copilului și, prin urmare, pe cine urmează el. Neufeld și Maté afirmă: „Copiii orientați către prieteni se comportă, mai ales atunci când se află în apropierea altui copil, de parcă nu ar avea părinți. Prezența părinților nu este luată în seamă și nici nu se vorbește despre ei... Copiii nu ne sunt neloiali intenționat, ci doar își urmează instinctele – instincte care au fost subminate din motive pe care ei nu le pot controla".[13]

Copiii mici sunt în mod special predispuși la orientarea către prieteni din cauza imaturității lor și a inabilității de-a funcționa separat, care îi fac să caute în mod constant contact și apropiere de cineva sau ceva. Similaritatea și disponibilitatea prietenilor de la grădiniță sau de la creșă îi transformă în substitute naturale pentru nevoile nesatisfăcute ale copiilor aflați în căutarea atașamentului. Dacă nu cultivă activ relația cu copiii mici pe care îi îngrijesc, adulții nu le pot satisface nevoia de conectare, iar copiii ajung să caute surse alternative.

Problema în cazul orientării către prieteni este faptul că prietenii nu sunt un bun substitut pentru conectarea pe care o oferă adulții. Din cauză că sunt imaturi, sunt predispuși la izbucniri temperamentale, sunt nestatornici și nu te poți baza pe ei când vine vorba de contact și apropiere. Orientarea către semeni poate da naștere mai multor probleme de comportament și învățare, precum lipsa respectului sau a considerației pentru adulții care îngrijesc copilul, o preferință clară de a fi

---

* Editura Multi Media Est Publishing, 2017.

alături de prieteni și frustrare atunci când încercările de conectare cu prietenii sunt zadarnice, refuzul de a urma, a lua parte sau a împărtăși valori cu adulții lor și refuzul de a-i căuta pe adulți atunci când au nevoie de ajutor. Copiii orientați către prieteni ar putea totodată să adopte același comportament ca prietenii, în încercarea de a le rămâne aproape, și prin urmare să-și sufoce propria personalitate. Ei pot suferi de anxietate și pot părea mai puțin siguri pe sine. Există o diferență între a avea prieteni și a te baza pe ei pentru a-ți satisface nevoia de contact și apropiere.

Problemele de învățare și comportament care reies din orientarea către prieteni sunt evidente într-o scrisoare pe care mi-a trimis-o tatăl unui băiat în vârstă de 4 ani pe nume Peter. Angajații de la creșa lui Peter deveniseră frustrați de faptul că el nu asculta și de comportamentul lui în clasă:

> „Peter dă dovadă de lipsă de respect față de alți copii și față de personal. De exemplu, astăzi, când stăteau în cerc și doamna Mavis le cânta un cântec, Peter i-a zis pe un ton sarcastic celui aflat lângă el: «De ce cântă mereu pe tonul ăsta? Mereu cântă așa prost, este?», iar apoi a râs. De asemenea, i-a spus unui prieten care stătea lângă el, referitor la alt copil, care îl putea auzi: «Nu-i așa că Noah e jalnic?». Peter face mereu comentarii sarcastice și încearcă să îndemne alți copii să facă la fel ca el. Comportamentul lui perturbă activitățile de la creșă. I-am zis că acest comportament este inadecvat, dar nu pare să ne asculte și nici nu ne lasă ne apropiem de el."

După ce am discutat despre comportamentul lui Peter acasă și la creșă, a devenit clar că era orientat către prieteni. Prin urmare, atât părinții, cât și profesorii lui au început să lucreze din greu la a stabili relații mai profunde cu el. I-au redus contactul cu prietenii, l-au colectat constant pe Peter, au preluat conducerea prin faptul că i-au înțeles nevoile și i le-au satisfăcut cu generozitate. Pe măsură ce adulții din viața lui îl făceau pe Peter să relaționeze cu ei, el a început să asculte, iar sarcasmul lui „lipsit de respect" a dispărut.

Semințele orientării către semeni sunt sădite în primii ani de viață, atunci când adulții nu colectează copiii mici și nu cultivă relații profunde cu ei. Penelope, copilul care m-a urmărit la locul de joacă, riscă să ajungă să se orienteze către prieteni. Ea căuta conectare oriunde ar fi putut s-o găsească, iar dacă prietenii ar deveni răspunsul la această nevoie, adulții din viața ei ar ajunge să-și piardă și mai rău influența asupra ei. S-ar diminua capacitatea lor de-a o îngriji atât din punct de vedere fizic, cât și emoțional. Impactul pe termen lung al orientării către prieteni include probleme de învățare și comportamentale atât acasă, cât și la școală, precum și consecințe cu potențial tragic atunci când copiii se apropie de vârsta adolescenței. Orientarea către prieteni contribuie la tulburări emoționale și la probleme mintale, inclusiv dependență în adolescență.[14]

Copiii mici au nevoie să se atașeze de adulții care sunt responsabili pentru ei. Preocuparea copilului pentru a-și urmări părintele, profesorul sau îngrijitorul îi conferă adultului puterea de a-și asuma rolul de îngrijitor. Așa cum scriu Gordon Neufeld și Gabor Maté, „Cine ar trebui să ne crească copiii? Răspunsul răsunător, unicul răspuns compatibil cu natura, este că noi – părinții și alți adulți responsabili cu creșterea copiilor – trebuie să-i ghidăm, să-i educăm și să le fim model. Trebuie să-i păstrăm aproape de noi până când munca noastră ia sfârșit".[15]

5

Cine e la conducere?
Dansul ataşamentului

Şi ni se dă pe pământ un spaţiu mic,
Pe care am putea învăţa să purtăm raze de iubire.

WILLIAM BLAKE[1]

Nancy m-a căutat în legătură cu gemenii ei în vârstă de 5 ani, James şi Sarah, care „cuceriseră casa". Nancy şi soţul ei aveau parte doar de incidente şi „umblau pe coji de ouă", aşteptând ca frustrarea să erupă când spun „nu" sau să li se opună rezistenţă când dau instrucţiuni. Copiii încercau să-şi disciplineze părinţii atunci când „o dădeau în bară", refuzându-le atenţia lor sau făcându-i să suporte diverse consecinţe. Rolurile fuseseră inversate, iar asta nu se întâmpla din cauză că părinţilor le lipsea iubirea, dispoziţia sau dorinţa de a fi la conducere. Părinţii erau epuizaţi, iar gemenii erau lacomi; toată lumea era nervoasă. Prietenii o sfătuiseră pe Nancy să fie mai dură cu gemenii, „să le arate cine e şeful", dar acest lucru avusese efecte adverse şi generase o explozie de comportamente negative. Un consilier în probleme comportamentale îi oferise lui Nancy un grafic al recompenselor, cu care să-i motiveze pe James şi pe Sarah atunci când ascultau şi erau supuşi. La început, graficul a dat roade... până când gemenii l-au întors la 180 de grade și au zis că o vor recompensa pe Nancy dacă este „o mamă bună". Nicio strategie de parenting nu era eficientă – trucurile, recompensele, consecințele, pedepsele și constrângerile folosite de Nancy continuau să scoată la iveală neputința ei ca părinte. Încerca să conducă prin tot felul de artificii menite să le controleze comportamentul. Dar nimic nu s-a schimbat în casă până când nu a aflat *motivul* pentru care n-o urmau copiii. Trebuia să-și recâștige poziția de alfa și să schimbe *instinctele și emoțiile* care generau comportamentul copiilor ei.

La prima noastră întâlnire, am discutat despre motivele pentru care James și Sarah încearcă să preia conducerea, precum și despre provocările pe care le ridică împotrivirile constante, frustrarea, anxietatea și comportamentul lor solicitant. Am discutat despre cum copiii ei îi detronau poziția de alfa și despre modul în care trebuia s-o recucerească dacă dorea să-i vadă odihnindu-se în îngrijirea ei. Am vorbit despre ce înseamnă o prezență alfa, precum și despre strategii menite să le transmită gemenilor că pot avea încredere în modul în care îi îngrijește. Am discutat despre faptul că răspunsurile de tipul țipat, urlat, refuzul de-a le acorda atenție și „număratul până la trei" erau măsuri disperate, care subliniau lipsa ei de putere. Copiii erau consultați în prea multe situații, așa că Nancy a fost încurajată să preia conducerea și să citească nevoile gemenilor fără a le pune întrebări. După ce a mărturisit că le spusese lui James și lui Sarah cum „caută ajutor pentru a învăța cum să aibă grijă de ei", i-am recomandat să ascundă acest lucru și să spună că știe deja ce are de făcut.

Două săptămâni mai târziu, Nancy s-a întors și a zis că atunci când a ajuns acasă după prima noastră întâlnire i-a găsit pe James și pe Sarah sărind pe pat, în timp ce soțul ei țipa la ei să se oprească. Copiii îl ignorau, dar ea a intrat în încăpere și a rămas stând în tăcere, privindu-i, cu picioarele drepte, cu o privire care spunea că ea e la conducere și cu brațele încrucișate. Gemenii au privit-o și s-au oprit din sărit, uimiți de purtarea ei. „Mama?“ au spus ei întrebător. Iar ea a spus: „Chiar avem impresia că putem sări în pat în seara asta?“ După ce le-a captat atenția, a continuat: „E timpul pentru poveste“ și i-a condus afară din dormitor. A surprins cu coada ochiului cum soțul încearcă să-i imite atitudinea, cu brațele încrucișate și cu privirea ațintită asupra copiilor. „Ce faci?“ l-a întrebat, iar el i-a răspuns: „Te imit. Te-ai descurcat foarte bine. Cum se numește tehnica asta?“ „Se cheamă că am preluat conducerea“, a spus Nancy. Și cu asta, i-a băgat la culcare pe James și pe Sarah.

Ierarhia din dansul atașamentului

Relațiile dintre adulți și copii trebuie *ierarhizate* pentru a se putea desfășura dansul atașamentului – părinții trebuie să conducă, iar copiii trebuie să-i urmeze. Acest dans este unul *instinctual* și nu poate fi impus. El se activează atunci când părinții își asumă rolul de îngrijitori și creează un climat propice în care copiii să știe că se pot baza pe părinți. Scopul final al atașamentului este de *a conserva dependența celor imaturi de persoanele care îi îngrijesc.* Adulții trebuie să reprezinte o inspirație pentru copiii mici și să-i invite să depindă de ei, și pot face asta preluând conducerea în dansul relației, înțelegând nevoile copiilor și îngrijindu-se de ele cu generozitate. Relațiile cu copiii nu trebuie niciodată să fie bazate pe egalitate sau pe prietenie; adultul trebuie să-și asume responsabilitatea pentru a ghida copiii în drumul lor către maturizare.

Copiii nu trebuie să fie doar ataşaţi de adulţi. Trebuie să se găsească în relaţia potrivită cu aceştia. *Relaţia potrivită* este una în care copiii mici acceptă adultul ca persoană care îi îngrijeşte şi căreia îi urmează indicaţiile. Copiii trebuie să se odihnească lăsându-se îngrijiţi de adulţi, nu să le spună adulţilor cum să-i îngrijească. Gemenii lui Nancy erau ataşaţi de ea, dar nu se aflau în relaţia potrivită – ei încercau să preia conducerea. Un părinte m-a întrebat o dată: „De ce-şi urmează copiii părinţii?" Pe scurt, răspunsul este deoarece părinţii conduc copiii într-o manieră care îmbină frumos *afecţiunea* şi *asumarea responsabilităţii.*

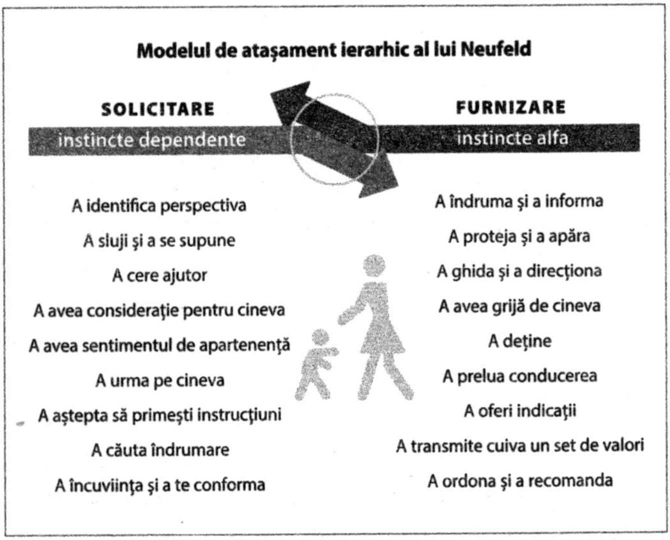

FIGURA 5.1 Preluată din cursul *Neufeld Alpha Children*

Relaţiile potrivite se aseamănă cu un dans ai cărui paşi sunt dictaţi de nevoi şi de instincte specific umane. Există două seturi de instincte care generează ataşamentul: (1)

instinctele alfa – a-ţi asuma responsabilitatea pentru îngrijirea cuiva şi (2) *instinctele dependente* – a cere şi a primi îngrijire. Instinctele alfa ar trebui să determine părinţii să-şi asume responsabilitatea pentru îngrijirea copiilor, iar instinctele dependente ar trebui să determine copiii să aibă încredere în persoana care-i îngrijeşte. Atunci când adulţii îşi asumă *rolul de furnizori*, ar trebui să se activeze instinctul copiilor de a-şi asuma *rolul de solicitanţi*. Acesta este mecanismul prin care ataşamentul devine un dans sincron. Atât părinţii, cât şi copiii ar trebui să preia semnalele transmise reciproc şi să se poziţioneze în conformitate cu ele. Thomas, în vârstă de 3 ani, a făcut un rezumat exact spunând „O să te urmez mereu, tati".

Atunci când se ataşează de părinţi prin *instincte dependente*, copiii ar trebui să ajungă să aibă încredere, să înţeleagă contextul, să fie îngrijiţi, să servească şi să se supună, să-şi exprime nevoile, precum şi să caute îndrumare din partea adulţilor. Ataşamentul într-o manieră dependentă îi determină pe copii să urmeze instrucţiunile adulţilor. Părinţii se plâng atunci când copiii mici nu ascultă şi nu se supun, de parcă deficitul ar fi al copiilor. Ce nu se aduce în discuţie este întrebarea dacă respectivii copii se simt ataşaţi de părinţi şi dacă simt impulsul de a-i urma.

Copiii mici nu sunt făcuţi să se supună persoanelor de care nu sunt ataşaţi; acesta este modul prin care natura conservă autoritatea figurilor de ataşament. Cu toate acestea, copiii mici sunt puşi adesea în situaţii în care li se pretinde să urmeze comenzi de la persoane cu care nu au o relaţie preexistentă, de exemplu, în centrele de activităţi sau locurile în care laşi copilul la joacă, unde sunt profesori sau îngrijitori noi, sau în contextul vizitelor la medic sau la stomatolog. Mama unei fete în vârstă de 5 ani pe nume Sofia povestea că, aflată în parc, fiica ei a vorbit nepoliticos cu un părinte pe care nu-l cunoștea. Părintele îi ceruse să facă ceva, iar Sophia i-a întors spatele şi i-a zis „Nu eşti mama mea. Nu-mi spui tu mie ce să fac!". Vina nu este a Sophiei; greşeala este să se aştepte din partea ei să primească comenzi de la oricine. În consecință, primul lucru pe care-l avem de făcut atunci când îngrijim copii mici este să construim o relaţie care să lase loc dependenţei. Când se află în relaţia potrivită, copiii îşi deschid urechile şi inima şi se lasă influenţaţi. Pentru ei nu contează ce titlu poartă persoana care-i îngrijeşte, ce diplome şi drepturi legale deţine sau ce autoritate are asupra lor.

Instinctele alfa au ca rol ghidarea părinţilor către asumarea conducerii în viaţa copiilor. Activarea instinctelor alfa aduce cu sine o mare responsabilitate, precum și sentimentul de vină, atunci când facem greşeli. Îngrijorarea şi sentimentul ocrotitor se manifestă mai acut, dând naştere unor reacţii ultraprotectoare, precum și unei afecţiuni profunde, a cărei existenţă face să devină posibil sacrificiul. Atunci când adulţii îşi asumă rolul de îngrijitori, instinctul alfa ar trebui să-i determine să apere, să îndrume, să aibă grijă, să posede, să dea ordine şi să-şi împărtăşească valorile cu copilul. Adesea, părinţii le spun copiilor mici „Acesta este planul pe ziua de azi", atunci când îi informează şi le dau ordine. Instinctele alfa ar trebui să-i facă pe părinţi să-şi ascundă propriile nevoi, astfel încât copiii mici să nu se simtă responsabili pentru emoţiile, stresul, greutăţile şi sacrificiile adulţilor. Copiii mici n-ar trebui să fie nevoiţi să aibă grijă de părinţii lor, ci ar trebui să se odihnească, aflaţi în îngrijirea părinţilor.

Instinctiv, copiii mici sunt atenţi la ierarhia relaţiilor, deoarece acesta este modul în care îşi ordonează lumea şi îşi găsesc locul în ea. Fiona, în vârstă de 4 ani, mi-a explicat astfel: „Eu sunt șefa surorii mele mai mici, iar mama este șefa mea. Mama este și șefa lui tati“. Este important de avut în vedere modul în care copiii mici interpretează ierarhia, care nu este obligatoriu și o reflecție a modului în care societatea interpretează autoritatea și rolurile. Un profesor, un părinte sau un îngrijitor poate avea titlul și responsabilitatea de conducere, dar dacă instinctele copiilor nu-i fac să fie percepuți ca fiind pe poziția alfa față de ei, dependența copiilor nu se va activa. Ordinea ierarhică a relațiilor umane este cea care le conferă copiilor mici sentimentul de previzibilitate, stabilitate și încredere că vor fi îngrijiți.

Copiii sensibili – sau „copiii-orhidee“ – pot fi mai dificil de adus în relația potrivită, deoarece a depinde de o altă persoană înseamnă a fi vulnerabil. De obicei, ei sunt mai receptivi și mai afectați de semnalul că îngrijitorii nu știu ce să facă cu ei sau că sunt prea complicați ori prea dificil de gestionat. Pentru a aduce copiii sensibili în relația potrivită, este nevoie ca adultul alfa să aibă un stoc de afecțiune puternic, sigur și generos. Este important să li se dea timp să accepte relația și să se simtă confortabil, deoarece mulți copii sensibili nu reacționează bine la presiuni.

Puterea secretă a atașamentului constă în modul în care ne plasează în relația potrivită unul în raport cu celălalt. Este un dans sincron al ierarhiilor, care este alimentat de reciprocitatea partenerilor: cu cât adulții oferă mai mult, cu atât copiii ar trebui să se odihnească mai bine în grija lor; cu cât copiii depind mai mult de adulți, cu atât le este mai ușor adulților să le ofere îngrijire. Ceea ce contează este modul în care relația se internalizează și duce la o experiență exclusivistă și personalizată. Atunci când se formează relațiile potrivite, ele nu pot fi replicate cu ușurință și nici nu li se poate face concurență, deoarece sunt satisfăcătoare pentru ambele părți implicate în relație.

Copiii alfa și eșecul în a fi dependent

O problemă de atașament întâlnită frecvent în rândul copiilor mici (pe lângă orientarea către prieteni, despre care am discutat în capitolul 4) este aceea a copiilor alfa.[2] Problemele de tip alfa apar la copii atunci când se inversează raportul ierarhic natural al atașamentului, adică atunci când copiii ajung în poziția dominantă, în loc să rămână într-o poziție dependentă față de adult. Copilul alfa încearcă instinctiv și emoțional să domine adultul atunci când nu se mai simte în siguranță alături de persoana responsabilă cu îngrijirea lor. În loc să urmeze un adult, el ajunge să dea comenzi, să spună care sunt nevoile lui și cum să fie îngrijit. În loc să se supună adultului, copilul alfa se așteaptă ca părintele să cedeze în fața dorințelor și cererilor sale. El orchestrează interacțiuni cu adultul lui, ajungând chiar să mimeze neajutorarea pentru a stârni răspunsuri de îngrijire. Copilul alfa se simte mânat de instinctul de a fi la conducere, iar acțiunile lui sunt menite a detrona adultul de pe poziția de conducător.

Problema alfa *nu este una care se învață*, ci apare pentru a răspunde nevoilor emoționale ale copilului, oferindu-i o șansă mai bună de a se lăsa îngrijit. Aceasta era problema gemenilor lui Nancy, James și Sarah – preluaseră poziția de conducere în relația cu părinții lor. Însă problema nu era a gemenilor, problema era absența unei relații potrivite cu adulții. Copiii nu mai aveau încredere în îngrijirea pe care o primeau acasă. Când depinzi de o altă persoană, te afli într-o poziție vulnerabilă, în care este nevoie de încredere. Pentru copiii alfa vulnerabilitatea cauzată de dependență trage un semnal de alarmă și, în consecință, creierul lor îi mută automat în poziția de conducători, pentru a asigura supraviețuirea emoțională. Problema este că nu poți avea grijă de un copil care nu este dependent de tine.

Fiecare copil alfa se poate manifesta diferit, dar îngrijirea unui astfel de copil este percepută adesea ca fiind ceva dificil, dacă nu chiar groaznic. Adesea, părinții își descriu copiii alfa ca fiind imposibil de satisfăcut și complet refractari. În loc să-și urmeze adulții, copiii alfa pot da mereu ordine, spunându-le părinților „Nu ești tu șeful meu. Îți zic eu ce să faci". A nu se confunda cu un copil în vârstă de 3 ani care uneori spune „Nu ești tu șeful meu" sau „Fac singur". Problema alfa ia naștere dintr-o profundă lipsă de dependență, ale cărei caracteristici sunt mai mult cronice decât variabile. Copiii alfa sunt adesea interpretați greșit ca fiind puternici și independenți, când, de fapt, purtarea lor maschează disperarea. Ei și-a pierdut încrederea că furnizorii lor îl pot îngriji și prin urmare reacția lor instinctivă este de a se îngriji singuri.

Copiii mici care ajung captivi în poziția alfa se grăbesc *să opună rezistență* cererilor care li se adresează deoarece nu li se pare în regulă să urmeze și să depindă de alții. Copiii alfa manifestă *multă frustrare* deoarece relațiile lor cu adulții nu sunt satisfăcătoare și pot deveni agresivi atunci când le sunt zădărnicite cererile. De exemplu, frustrarea gemenilor lui Nancy s-a revărsat asupra relațiilor cu prietenii, ducând la conflicte și altercații. Este posibil ca unii copii alfa să aibă *probleme cu sistemele de alarmă ale organismului*, precum anxietatea sau agitația, deoarece nu se simt în siguranță și nu simt că sunt îngrijiți. Atât James, cât și Sarah dădeau dovadă de anxietate, care le afecta atât abilitatea de a fi atenți, cât și abilitatea de a învăța la școală. Uneori apar și *tulburări alimentare*, deoarece hrănirea activează instinctele dependente, de care ei se apără. James refuza să mănânce la cină, iar Sarah îi cerea mamei sale să facă anumite feluri de mâncare în fiecare seară.

CARACTERISTICI COMUNE AL COPIILOR ALFA

- pot fi autoritari, manipulatori sau solicitanți, chiar și cu egalii sau cu persoanele de care ar trebui să depindă
- caută să fie primii sau să fie mereu în centrul atenției
- pot fi convinși să preia controlul sau să-și asume responsabilitatea în situații în care nu este necesar acest lucru
- pot fi înclinați să manifeste superioritate față de cei cu care sunt egali
- pot întâmpina dificultăți în urmarea instrucțiunilor sau în a cere ajutor
- sunt tentați să pună capăt interacțiunilor sau să aibă ultimul cuvânt, chiar și în relația cu egalii sau cu cei de care ar trebui să depindă
- trebuie să arate tot timpul că știu / se pot purta de parcă le-ar ști pe toate

FIGURA 5.2 Adaptare din cursul *Neufeld Alpha Children*

Atunci când apar probleme alfa, copiii mici se transformă în vânători neobosiți, care nu mai au libertatea de a se juca sau de a-și dezvolta personalitatea. Iată cum descrie situația un părinte:

> „De ceva timp, Logan pare nefericit și este frustrat. Nu se poate juca singur și pretinde să mă joc cu el. Se enervează când nu fac exact ce-mi cere. Chiar și atunci când petrec o zi întreagă cu el, se supără dacă mai am și alte lucruri de făcut. Nimic nu pare vreodată suficient de bun și pare mereu că are multă energie de consumat. Chiar și după ce joacă hochei, merge cu bicicleta, merge în parc, seara târziu este în vrie – nu pare să obosească vreodată."

E limpede că tatăl lui Logan era frustrat, iar disperarea și epuizarea lui erau aproape palpabile. Dar atunci când a început să înțeleagă problema alfa care stătea la baza comportamentului lui Logan, a căpătat speranță că ar putea exista o rezolvare.

Când vine vorba de copiii alfa, marea provocare constă în faptul că problemele și caracteristicile lor sunt interpretate ca grupuri de comportament deconectate, detașate de relația inversată care le generează. Părinții și profesioniștii care îi ajută pot fi conduși pe o pistă falsă, ajungând să combată simptomele, în loc să conecteze piesele și să descopere problema alfa. Când i-am explicat fenomenul copiilor alfa, un psihiatru a exclamat: „Le-am prescris medicamente acestor copii, iar mie nu-mi place să dau medicamente copiilor!" De obicei, copiii alfa par puternici și independenți, iar noi nu vedem disperarea ce se ascunde în spatele bravurii lor. Ei nu par neajutorați și opun rezistență când persoanele apropiate se oferă să îi ajute. Mai mult, comportamentul lor nu încurajează declanșarea instinctelor alfa de îngrijire la adulți, deoarece este de natură să-i îndepărteze. Vestea bună este că atunci când înțelegi natura problemei alfa poți acționa strategic pentru a o rezolva. Atunci când adulții recapătă conducerea în dansul atașamentului, copiii vor avea libertatea de-a fi dependenți, ceea ce îi va face să se odihnească, să se joace și să se dezvolte din nou.

De ce apar copiii alfa?

Ceea ce nu este bine înțeles în general este faptul că, atunci când vine vorba de atașament, nu este suficient ca copiii să se simtă iubiți de părinți; copiii trebuie să simtă că cineva are grijă de ei și să creadă că îngrijirea va dăinui. Copiii mici au nevoie să simtă că părinții sunt puternici și că îi sprijină, că se pot baza pe ei. În caz contrar, copiii pot trece instinctiv în poziția de conducători ai relației, fiind preocupați de a-și împlini nevoia de atașament.

Există motive evidente pentru care copiii mici ajung să-și piardă încrederea în adulți – neglijența părinților, faptul că sunt prea preocupați de sine sau dependența de substanțe. În orice caz, problemele alfa apar și în căminele iubitoare și pline de afecțiune, în care părinții își dedică timpul pentru a-și ajuta copiii să se dezvolte în ființe responsabile din punct de vedere social și emoțional – asemenea lui Nancy. Ce anume contribuie la destrămarea ierarhiei naturale a atașamentului dintre părinții și copiii din ziua de azi?

Una dintre cele mai mari provocări cu care se confruntă părinții copiilor mici este lipsa sprijinului cultural pentru rolul lor de îngrijitor alfa. Atunci când răspunsul la creșterea copiilor se găsește în cărți, nu în interiorul părintelui însuși, nu le oferim putere părinților, nici nu-i sprijinim în preluarea conducerii. Atunci când se fac presiuni pentru grăbirea procesului de maturizare a copiilor, practicile de creștere a copiilor sunt împinse pe tărâmul sporturilor competitive, în loc să fie sprijinite valori precum răbdarea, timpul și încrederea că un plan privind dezvoltarea va duce la maturizare. Atunci când părinții recurg la măsurarea progresului prin numărul activităților în care sunt implicați copiii lor, prin competențele pe care le au în utilizarea dispozitivelor tehnologice ori prin prisma achizițiilor academice, răspunsul la dezvoltare este detașat de relația părinte-copil. Atunci când sunt presați să devină independenți prea devreme, copiii vor prelua conducerea de nevoie.

Din păcate, multe practici la modă zilele acestea în ceea ce privește creșterea copiilor contribuie la propagarea fenomenului alfa, deoarece inversează relația părinte-copil. Există în special șapte practici care contribuie la problemele alfa.

1. Reacțiile părinților la propriul istoric

Atunci când copiii primesc o îngrijire bazată pe reacția părinților la propriul lor trecut, aceasta nu reușește să le satisfacă nevoile. De exemplu, dacă părinții au avut un părinte autoritar, este posibil ca reacția lor să fie una de excesivă permisivitate, pentru ca nu cumva copiii lor să sufere la fel cum au suferit ei. În această situație sunt îngrijite mai degrabă sentimentele părinților, nicidecum nevoia copiilor de a avea limite și restricții aplicate într-o manieră plină de compasiune. Într-un alt scenariu, dacă părintele nu a fost susținut în copilărie atunci când plângea sau era trist, este posibil să întâmpine dificultăți când trebuie să-și ajute copilul să se confrunte cu limitele și restricțiile, deoarece le e greu să suporte supărarea pe care o creează astfel de situații. O mamă mi-a relatat:

> „Mi-e greu să-mi văd copilul plângând și trist din cauza lucrurilor pe care i le refuz. Când eram mică, nu aveam voie să fiu niciodată supărată. Scopul era să am o gândire pozitivă și să văd partea plină a paharului. Mă făceau să mă simt prost când eram tristă, de parcă ar fi fost ceva în neregulă cu mine. Mă lupt cu aceste sentimente de fiecare dată când trebuie să setez limite și să-i dau copilului ocazia să se simtă frustrat, trist sau supărat. Vestea bună este că, cu cât înțeleg mai bine motivul pentru care acest lucru este important pentru ea, cu atât mai bine mă descurc în asemenea situații."

Dacă îngrijirea este ghidată de nevoile nesatisfăcute ale adulților sau se desfășoară ca reacție la trecutul lor, instinctele alfa naturale ale părinţilor pot fi înlăturate, copiii ajungând să preia conducerea.

Remediul este ca adulţii să aibă ca obiectiv reflecţia şi transparenţa atunci când vine vorba de aşteptările şi motivaţiile lor personale. Putem începe prin a reflecta la ce funcţionează şi ce nu funcţionează pentru copiii noştri, a ne concentra pe înţelegerea nevoilor lor, a cere părerea unui adult atunci când este necesară o perspectivă diferită şi a ne pune în gând să ne facem timp pentru copiii noştri în fiecare zi.

2. Parenting la cerere

Rolul de îngrijitor alfa este unul activ, în care părintele preia conducerea prin faptul că îşi asumă responsabilitatea pentru înţelegerea nevoilor copiilor şi furnizează cu generozitate cele necesare pentru satisfacerea acestor nevoi. Dacă au o abordare pasivă în îngrijire şi se mulţumesc să împlinească cererile copiilor, părinţii vor plasa copiii într-o poziţie de responsabilitate pentru satisfacerea propriilor nevoi. De exemplu, dacă un copil spune „Mi-e foame. Trebuie să mănânc ceva", părintele a ratat ocazia de a citi nevoile lui şi de a i le satisface. Uneori părinţii sunt prea ocupaţi sau prea obosiţi, sau descoperă că nu sunt interesaţi de unele dintre responsabilităţile asociate rolului lor de îngrijitor. Cu toate acestea, dacă nu preiau conducerea, pot ajunge să creeze condiţiile ca un copil să adopte poziţia dominantă în relaţia lor.

3. Parenting egalitarist

Copiii mici pot ajunge să fie consultaţi în prea multe probleme ce privesc îngrijirea lor. Întrebări precum „Ce vrei să mănânci?", „Vrei o petrecere cu rămas peste noapte? ", „Vrei să-ţi vezi bunicii sau preferi să ieşi undeva?", „Ce îngrijitor preferi?" și „La ce școală vrei să mergi?" sugerează că acel copil are o autoritate pe care nu ar trebui s-o aibă. Situația în care copiii sunt puși să decidă în probleme ce privesc contactul și apropierea cu persoanele de atașament sau se referă la îngrijirea lor este una care va duce la apariția problemelor alfa.

Copiii mici au nevoie să ia ca atare faptul că vor fi îngrijiți, nu să devină consultanți cu privire la nevoile lor. Asta nu înseamnă că unui copil nu ar trebui să i se dea de ales, ci că aceste alegeri nu ar trebui să fie pe probleme de îngrijire, precum alimentația, sănătatea sau apropierea și contactul cu figurile de atașament. Alegeri precum ce pantaloni vrea să poarte, ce poveste să i se citească la culcare sau cu ce jucării vrea să se joace îi oferă suficient spațiu de manevră pentru a se dezvolta ca persoană distinctă.

Părinții unei fetițe în vârstă de 5 ani pe nume Monica se confruntau cu dificultăți. Problemele apăruseră parțial din cauza abordării pe care o avea tatăl ei, de a nu spune nu, și din cauza prea multor întrebări referitoare la problemele de educare. I-am întrebat pe părinți dacă mama ar putea ieși în oraș o seară pe săptămână, lăsându-l pe tată la conducere. Cele două lucruri care speram să se întâmple erau (1) să spună nu atunci când era cazul și să manifeste compasiune dacă Monica se supăra și (2) să nu pună întrebări referitoare la îngrijire și să conducă interacțiunea pe parcursul cinei, băii și mersului la culcare. Tatăl a acceptat și s-a bucurat că are ocazia s-o îngrijească singur pe Monica. În prima seară, după numai două ore, mama a primit un apel de criză de la Monica. Era supărată și i-a spus: „Mamă, trebuie să vii acasă. Nu știu ce-a pățit tati, mi-a zis «nu» și vorbește ciudat. Poți veni acasă să-l repari?" Mama a asigurat-o că tati știe exact ce face și că este în siguranță în grija lui. Odată ce mama

Monicăi a început să iasă săptămânal, tatăl și-a asumat rolul de conducător, iar problemele Monicăi referitoare la dominație au început să se diminueze.

4. Prea multă separare

Anxietatea de separare este frecventă în rândul copiilor mici și reflectă nevoia lor ireductibilă de atașament. Deși separarea fizică este parte din experiența zilnică a copiilor mici, prea multă separare, ori o conexiune care nu este de încredere sau consecventă, poate inversa relația adult-copil. Atunci când un profesor sau un îngrijitor are grijă de un copil mic, trebuie să se dezvolte relațiile potrivite pentru a preveni situația în care copilul preia conducerea. Deși adulții pot considera că îngrijirea copiilor este un simplu serviciu plătit, copiii vor fi receptivi la modul în care sunt îngrijiți numai dacă se pot baza pe niște substituți parentali puternici. Furnizorii de servicii de îngrijire a copiilor îmi spun că își dau seama când încep copiii să se simtă ca acasă în prezența lor pentru că atunci încep aceștia să le spună *mama* sau *tata* „din greșeală".

Într-o zi m-a sunat o mamă supărată că educatoarea de la grădiniță o pedepsise pe fiica ei confiscându-i un pandantiv cu o poză de familie. Emma, în vârstă de 4 ani, era mâhnită și nu mai voia să meargă la grădiniță. Ea refuza să le ceară ajutorul profesorilor ei și nu mai voia să mănânce sau să urmeze instrucțiuni. Cu cât se supunea mai puțin, cu atât avea parte de mai multe pauze de pedeapsă (time-outuri) și represalii din partea profesorilor, dând naștere unei poziții alfa în relația cu ei. Profesorii ei nu erau doritori să se schimbe și nu erau capabili să-și resusciteze relația cu Emma. Părinții nu au mai avut altceva de ales decât să schimbe grădinița și să se descurce cu problema alfa.

Povestea Emmei arată cât este de important ca adulții să activeze instinctul dependent al copiilor. Asta se întâmplă doar atunci când copiii sunt asigurați că îngrijirea nu-i va expune la ridicol ori la separare din partea persoanelor care îi îngrijesc. Atunci când copiii mici sunt disciplinați în moduri care le solicită nevoile de atașament și dau naștere alertei de separare pentru a obține supunerea, nu vor lua naștere relații puternice de îngrijire. O discuție mai amplă referitoare la disciplinarea copiilor mici găsiți în capitolul 10.

5. Bullying din partea părinților, a fraților, a prietenilor ori a profesorilor

Experiența de a fi rănit emoțional sau fizic de un adult sau de un alt copil duce la apariția problemelor alfa. De exemplu, dacă educatoarea de la grădiniță nu poate îmblânzi un copil agresiv, probabil ceilalți copii vor percepe clasa ca pe un loc în care nu sunt în siguranță. Dacă părinții nu iau măsuri pentru a apăra un copil de un frate sau o soră care are un comportament agresiv, cea mai mare suferință nu va fi provocată de frate/soră, ci de eșecul părinților de a transforma casa într-un loc în care copilul să fie în siguranță. Violarea siguranței are cel mai mare impact asupra copiilor și creează suferință emoțională, pe lângă problemele alfa.

6. Sensibilitate copleșitoare și vulnerabilitate extremă

Unii copii se nasc prea sensibili pentru lumea în care trăiesc, cu o receptivitate senzorială crescută, care face ca sentimentele, gândurile și stimulii să-i copleșească. Copiii sensibili pot avea sentimente intense, care oscilează haotic de la pasiune la disperare. Reacțiile lor intense îi pot copleși pe adulți, așa cum reiese din afirmațiile părinților precum „Mă depăşeşti!", „Ce exagerezi atât?" şi „Nu ştiu ce să mă fac cu tine!" Asemenea exprimări pot submina autoritatea părinţilor, deoarece lasă să se înţeleagă că părinţii nu înţeleg copiii sau nu ştiu cum să-i îngrijească. Copiii sensibili au nevoie de părinţi alfa puternici, care rămân pe poziţia de îngrijitor în ciuda emoţiilor teribile şi a comportamentelor dificile care sunt scoase la lumină de copilul mic.

7. Experienţe sau circumstanţe alarmante

Experienţele sau evenimentele alarmante pot deturna relaţiile potrivite pentru că sugerează că părinţii nu le pot garanta siguranţa copiilor, în ciuda bunelor lor intenţii. Am ajutat părinţii să preia conducerea după ce copiii au trecut prin experienţe de tipul oase rupte, accidente rutiere, plombe, operaţii chirurgicale, jafuri sau decesul cuiva. Vestea bună este că, atunci când adulţii îşi asumă rolul de îngrijitori, copiii pot reîncepe să se odihnească în grija lor, dar adesea este nevoie de timp şi răbdare.

Îmblânzirea copiilor alfa

Dacă eşuăm în a identifica problema alfa în inversarea ataşamentului, putem ajunge să atacăm simptomele opoziţiei, frustrării sau agresivităţii, ale anxietăţii sau agitaţiei ori ale tulburărilor alimentare în moduri care accentuează problema alfa ce stă la baza lor. Singura soluţie viabilă este ca adultul să revină la conducere în dansul ataşamentului. Cea mai mare provocare o reprezintă faptul că totul funcţionează pe dos cu copiii alfa – ei ascultă de persoane de care nu se simt ataşaţi şi refuză să li se supună celor de care se simt apropiaţi. Persoanele de care sunt cel mai ataşaţi îndură cel mai urât comportament din partea lor și sunt derutate, deoarece de obicei ele sunt cele care îngrijesc cel mai mult copiii. Instinctele naturale de îngrijire nu-i pot ghida pe părinții copiilor alfa, deoarece copiii lor nu sunt dependenți de ei. Totodată, mai există o provocare, venită din partea celor care fac observații critice referitoare la modul în care acești părinți își cresc copiii și care oferă sfaturi nesolicitate. Asta îi plasează pe părinți într-o poziție de dependență, în loc să-i ajute să preia conducerea. Majoritatea sfaturilor nu reușesc să înțeleagă rădăcinile instinctive și emoționale ale copiilor alfa.

Dată fiind intensitatea cu care opun rezistență copiii alfa, la care se adaugă frustrarea și agresivitatea lor, auzi adesea că au nevoie de „o mână mai fermă", care să le dea o lecție. Problemele alfa nu rezultă din lecții neînvățate, ci din lipsa încrederii în îngrijitori. Dacă răspund prin a exploata dependența copiilor, de a le confisca lucruri, de a-i pedepsi ori de a se impune într-o manieră dictatorială, părinții nu le vor putea obține încrederea. În același timp, părinții nu au voie să cedeze sau să piardă conducerea în timpul furtunilor iscate. Ei trebuie să-i conducă pe copiii alfa într-o manieră care domină, dar care este totodată plină de afecțiune – adulții sunt la conducere, iar copiii nu vor percepe acest lucru ca pe ceva ostil sau care rănește emoțional. Adulții reușesc să demonstreze într-o manieră convingătoare că sunt cea mai bună opțiune a copiilor lor printr-o atitudine care denotă căldură, generozitate și abilitatea de a impune limite când se confruntă cu supărări.

Următoarele opt strategii pot ajuta părinții să recâștige conducerea în dansul atașamentului, putând preveni totodată situațiile care duc la pierderea conducerii. Se poate apela la ajutor din partea profesioniștilor care înțeleg problema alfa, precum și la resurse adiționale de la Institutul

Neufeld, care sunt enumerate la sfârşitul acestei cărţi – inclusiv cursul referitor la copiii alfa.[2]

1. Afişează o prezenţă alfa puternică

Una dintre cele mai importante strategii pentru îmblânzirea copiilor alfa este de a conduce prin asumarea responsabilităţii şi afişarea unei prezenţe alfa. Asta înseamnă să-ţi asumi responsabilitatea de a face paşi către îndreptarea relaţiei, de a feri copiii de rele şi de a nu-i aduce în situaţii care sunt prea dificil de gestionat pentru ei. Părinţii copiilor alfa trebuie să se conecteze cu propria lor dorinţă de a îngriji copiii şi să pornească din acest punct. Este posibil ca părinţii să nu se simtă dispuşi să se conecteze, din cauza comportamentului copiilor, dar este un pas esenţial în îndreptarea unei probleme alfa. Dacă observă că-şi pot deruta şi înfrânge adulţii, copiii care suferă de complexul alfa nu pot avea încredere în îngrijirea pe care o oferă aceştia. Copiii alfa devin frustraţi atunci când cineva nu cedează în faţa cererilor lor, dar sentimentul că adulţii sunt depăşiţi sau copleşiţi de situaţie nu va face decât să le întărească poziţia alfa. Adulţii trebuie să transmită mesajul că ei reprezintă răspunsul pe care îl caută copiii când vine vorba de contact, apropiere şi îngrijire.

2. Fă astfel încât copilului să-i fie uşor să depindă de tine şi să se simtă în siguranţă

Pentru a conduce copiii alfa, părinţii trebuie să-i convingă că sunt în siguranţă când îşi permit să depindă de ei. Va fi dificil să construieşti o relaţie bazată pe încredere dacă foloseşti autoritatea pentru a impune cooperarea, confiscându-le lucruri sau refuzându-le anumite privilegii prestabilite. Relaţionarea conflictuală cauzată de folosirea time-outurilor, a amenințărilor și a consecințelor neplăcute va accentua poziția alfa a copiilor. Părinții trebuie să navigheze prin comportamentul dificil al copiilor și să le transmită mesajul că pot gestiona situația.

Strategia esențială în relația cu copiii alfa este să nu renunți la poziția de îngrijitor și să nu-i rănești atunci când interacționezi cu ei sau să adopți o atitudine pasivă. În momentul în care a început să evite conflictele cu gemenii și a refuzat să negocieze cu ei de parcă ar fi fost egali, Nancy a început să schimbe tonul în casă. De exemplu, atunci când Sarah i-a luat jucăria lui James și l-a lovit cu ea, Nancy a luat atitudine spunând: „Frații nu există ca să ai la cine să țipi și pe cine să lovești, Sarah. Acum am să iau eu jucăriile și am să stau de vorbă despre asta cu voi amândoi mai târziu. Deocamdată o să facem altceva". Uneori revenea asupra incidentului mai târziu, în cursul aceleiași zile, ori în momentele în care era singură cu câte un copil. Le recunoștea sentimentele de supărare și, dacă păreau deschiși, le dădea indicații despre cum să gestioneze situații similare în viitor.

În majoritatea cazurilor, incidentele sunt gestionate mai bine după ce s-au încheiat, dar uneori părintelui i se forțează mâna. În astfel de momente, este necesar să păstreze poziția de îngrijitor alfa și să depășească furtuna. De exemplu, o mamă mi-a zis că fiul ei în vârstă de 3 ani și jumătate se luptă cu ea din orice, dar mai ales atunci când trebuie să poarte haină pentru că e frig afară. Ea a decis să-și aștepte fiul să se îmbrace, înștiințându-l că vor merge în parc după ce își pune haina. Dominic a țipat și a urlat, dar mama și-a păstrat calmul și i-a spus că știa că urmează să se întâmple astfel. După ce a țipat o vreme, creierul lui Dominic a înțeles în cele din urmă că atitudinea lui sfidătoare este inutilă și că mama nu urmează să se răzgândească. Chiar dacă mama a avut succes în a-l convinge pe Dominic să-și pună haina, mesajul mai important care a fost transmis e că mama lui este la conducere și că el e în siguranță când își permite să fie dependent de ea.

Pentru ca un copil să poată fi dependent de părinți, este esențial ca aceștia să nu profite de neputința, inferioritatea, slăbiciunea, fricile și dependența lui. Deși este nevoie de răbdare și creativitate pentru a găsi soluții în situații complicate, protejarea demnității atât a copiilor, cât și a părinților poate juca un rol important în îndreptarea relațiilor inversate.

3. Înțelege nevoile și preia conducerea

Una dintre provocările care apar când e vorba de copii alfa este că cererile lor nu se sfârșesc niciodată. Nu poți îngriji un copil mic atunci când acesta îți dă mereu ordine. Scopul este de a-i satisface *nevoile*, nu *cererile*. O strategie pentru a-i opri solicitările este să-i dai mai mult decât a cerut. De exemplu, dacă un copil alfa îi cere părintelui să-l îmbrace, în loc să-i îndeplinească cererea, părintele îi înțelege nevoia și îl păcălește: „Tocmai mă duceam să-ți aduc pantalonii și șosetele fiindcă știam că vrei ajutor la îmbrăcat. Ți-am pregătit chiar și haina preferată". Atunci când dejoacă cererile copilului și răspunde nevoilor care stau la baza lor, părintele îi transmite mesajul că îl înțelege, că se poate baza pe el și că el, părintele, este la conducere. De exemplu, diminețile lui Nancy erau pline de cereri și frustrări din partea lui James, așa că ea a preluat conducerea și l-a enervat înainte ca el să o enerveze pe ea. La un moment dat, James i-a zis: „Nu știu ce se întâmplă cu mine. Aveam un fel de ecran cu da și nu în minte și de fiecare dată când voiai să spun da, pe ecran se afișa nu. De fiecare dată când voiai un nu, ecranul afișa da. Mi-e frică, mami, începe să-mi dispară ecranul cu da și nu". Pe măsură ce opunea tot mai puțină rezistență, James devenea tot mai ușor de îngrijit. Pe măsură ce Nancy simțea că este un părinte tot mai eficient, creștea încrederea în abilitatea ei de a-l îndruma pe James. Cu cât îi creștea mai mult încrederea, cu atât era James mai înclinat să o urmeze, restabilind dansul relației potrivite.

4. Oferă o exprimare legitimă a instinctelor alfa

A-i oferi copilului o supapă pentru instinctele alfa poate ajuta la reducerea intensității acestor instincte în relația părinte-copil. Aceste supape pot lua forma unor activități structurate sau a jocului. De exemplu, Nancy l-a înscris pe James la cursuri de pian, care lui îi plăceau foarte mult. A început să concureze cu el însuși, pentru a vedea cât de mult și cât de repede poate avansa. Nancy a înscris-o pe Sarah la karate, unde își putea elibera competitivitatea printr-un sport fără coechipier. Nancy a aflat totodată că jocul preferat al lui Sarah era de-a clinica veterinară, unde ea era responsabilă pentru salvarea tuturor animalelor. Sarah le dădea ordine angajaților ei imaginari și le spunea tuturor care sunt tratamentele potrivite pentru animalele rănite. Punea la cale scenarii în care numai ea putea fi cea care salvează situația. În jocul ei, Sarah își putea exprima instinctele alfa, scutind-o pe Nancy de cea mai rea parte a cererilor și solicitărilor sale. Secretul constă în descoperirea domeniilor în care copiii mici pot fi la conducere fără a intra în competiție cu responsabilitățile de îngrijire care-i revin adultului.

5. Cultivarea relațiilor ierarhice naturale

Atunci când copiii sunt fixați în ierarhii de atașament naturale, instinctele lor de dependență pot fi activate corespunzător prin roluri și contexte. De exemplu, Sarah și James aveau veri mai mari pe care îi adorau și pe care îi urmau. Verii lor nu răspundeau atitudinii lor autoritare și preluau conducerea cu fermitate atunci când desfășurau diverse activități împreună, de exemplu, sport. Bunicii, mătușile și unchii lui Sarah și ai lui James aveau de asemenea un rol decisiv în corectarea ierarhiei atașamentului, prezentându-le gemenilor diverse hobby-uri, jucându-se cu ei și scoțându-i la plimbare.

Părinții au încetat să-i mai ducă pe Sarah și pe James la întâlniri cu copii de aceeași vârstă și s-au concentrat pe relația cu fiecare copil în parte. Au început să îi separe unul de celălalt și să petreacă mai mult timp cu câte unul singur. Căutau ocazii în care Sarah și James să fie în apropierea unor copii mai mici, ca să-și manifeste instinctele alfa într-o manieră sănătoasă și afectuoasă. Atenția a început să se îndrepte către schimbarea mediului gemenilor și fixarea lor în ierarhii relaționale naturale, în loc să se mai încerce schimbarea comportamentului lor. Schimbarea contextului a ajutat la poziționarea lor în ierarhie și la activarea instinctelor dependente.

6. Ocupă-te de circumstanțe și asumă-ți deciziile

Conducerea copiilor presupune să arăți că știi ce nevoi au fără a-i consulta și că-ți asumi responsabilitatea pentru circumstanțe și luarea deciziilor în numele lor. De exemplu, într-o zi, la cumpărături, Sarah i-a cerut mamei să-i cumpere o stropitoare. Nancy i-a zis că se gândește și că se va decide după ce termină cumpărăturile. La sfârșit, Nancy i-a zis lui Sarah: „M-am gândit și m-am hotărât, mi-ar face plăcere să-ți cumpăr stropitoarea, fiindcă te vei distra cu ea în grădină". Sarah i-a zis că nu mai vrea stropitoarea, în ciuda faptului că ochii ei înlăcrimați și buzele tremurătoare exprimau altceva.

Mama a preluat conducerea şi i-a zis lui Sarah că o va cumpăra, fiindcă ştie că Sarah va dori să se joace cu ea mai târziu. Pentru Sarah, provocarea a constat în faptul că vulnerabilitatea pe care o simţea din cauza dependenţei de mama ei era copleşitoare în momentul respectiv, pe când instinctele alfa o îndepărtau de tentativele mamei de a o îngriji. Acţiunile mamei i-au transmis lui Sarah că mama preluase conducerea şi că se putea baza pe ea în siguranţă.

Cu orice copil s-ar confrunta, dar mai ales atunci când copilul este blocat în poziţia alfa, este important ca părintele să-şi ascundă propriile temeri şi nevoi. În caz contrar, copilul va percepe fricile ori îngrijorarea părintelui şi probabil va încerca să-l domine ori să-l îngrijească. Mai mult, dacă îi dezvălui copilului alfa planul pentru îngrijirea lui sau strategia pentru a-i gestiona comportamentul, va creşte rezistenţa pe care o opune el. De exemplu, dacă părintele spune „Sunt furios când ţipi la mine şi când refuzi să faci ce-ţi cer", este posibil ca ţipetele şi împotrivirea să se intensifice. Explicarea amănunţită a instrucţiunilor şi a cererilor invită instinctele alfa ale copilului să preia conducerea şi să aibă un comportament potrivnic pentru a-şi revendica dominaţia. Cererile mai puţin explicite vor avea mai mult efect. De exemplu, „Mă întreb cum va fi vremea azi când vom merge la grădiniţă", în loc de „Pune-ţi haina. Vom merge pe jos la grădiniţă". Chiar dacă probabil există şi părinţi care nu se simt frustraţi în momentul în care copilul nu se supune, secretul este să nu-ţi dezvălui neputinţa.

Una dintre cele mai mari provocări în gestionarea copiilor alfa este să nu iei la modul personal comportamentul lor şi să nu reacţionezi prin emoţii necontrolate. Părinţii se pot simţi epuizaţi, supăraţi şi deznădăjduiţi. Uneori li se pare incredibil de greu să fii părinte, poate se chinuie să găsească în suflet iubire pentru copilul lor și este posibil să se certe între ei pe tema modalităților de a progresa. Este greu să-ți păstrezi speranța că vor triumfa relațiile potrivite când ești înconjurat de probleme de comportament și provocări. Părintele trebuie să facă un pas în spate și să înțeleagă motivul care stă la baza problemei alfa. Asta îi va permite să anticipeze problemele, să le depășească și să nu piardă din vedere imaginea de ansamblu a modului în care încearcă să devieze cursul lucrurilor.

7. Creează premisele pentru a fi cea mai bună opțiune pentru copilul tău

O strategie eficientă în cazul copiilor alfa este identificarea ocaziilor în care copilul trebuie să fie dependent de părintele lui, inclusiv când părintele trebuie să-l învețe un hobby sau când ies împreună undeva. Mulți copii alfa refuză să iasă din casă deoarece acolo este „regatul" lor sau deoarece li s-a cerut direct să facă asta. Cu toate protestele lor, ghidarea spre un loc nou sau spre altă activitate îi poate detrona de pe poziția alfa, chiar dacă doar temporar, oferindu-i părintelui oportunitatea de a conduce. Părinții observă adesea ce minunat se poartă micuțul lor pe parcursul acestor ieșiri și cât de descurajați se simt atunci când, odată întorși acasă, revin caracteristicile alfa. Este nevoie de timp pentru a îmblânzi copilul alfa, iar progresul vine cu pași mici. Un astfel de exemplu este când Nancy a început să iasă cu James să prindă broaște, iar el era încântat să petreacă timp doar cu ea și să învețe despre unul dintre animalele sale preferate. Totodată, Nancy profita de pe urma îmbolnăvirilor sau a necazurilor gemenilor pentru a câștiga dependență din partea lor. Manifestarea în astfel de momente a unor puternice abilități de îngrijire le întreținea copiilor încrederea și sentimentul că se pot baza pe ea.

Atunci când Nancy şi-a descoperit latura de părinte alfa a fost un moment frumos şi emoţionant. A intrat în biroul meu şi mi-a povestit cum a reuşit să depăşească situaţii dificile, ce nu a reuşit să înţeleagă şi unde şi-ar fi dorit să găsească înţelegere. Nancy s-a străduit să-şi recapete locul cuvenit în vieţile lui James şi ale lui Sarah prin preluarea conducerii – nu prin tehnici, prin mantre sau instrucţiuni, sau prin folosirea de recompense, ameninţări şi pedepse. Ceea ce descoperise ea era mult mai convingător şi a ajutat-o în toţi anii care au urmat, până când copiii au ajuns adolescenţi. Pe măsură ce i se activau instinctele alfa, Nancy activa la rândul ei instinctele dependente ale gemenilor, determinându-i să graviteze în jurul ei. Era surprinsă să descopere că toate acestea existaseră închise în interiorul ei în tot acest timp. Pe măsură ce asista la succesul ei, soţul lui Nancy a început şi el să vină la şedinţe de consiliere pentru a-şi înţelege mai bine copiii şi pentru a prelua conducerea.

Trebuie să intrăm în relaţiile potrivite cu copiii noştri prin (a) *ACCEPTAREA faptului că MUNCA este responsabilitatea noastră* în relaţie, (b) *ASUMAREA rolului ALFA* prin preluarea conducerii şi înţelegerea nevoilor copilului şi (c) *FURNIZAREA a mai mult decât este necesar*, astfel încât proviziile noastre de îngrijire să fie suficiente pentru a le satisface copiilor nevoia de conectare. Părinţii care îşi revendică locul cuvenit în viaţa copiilor sunt răsplătiţi cu demnitate şi dezvoltare. Pornind din acest punct, vor găsi încrederea necesară pentru a-şi înţelege copiii, puterea de a-i ghida şi curajul de a avea încredere că îngrijirea pe care le-o oferă este suficientă. Devenim de neînlocuit în momentul în care „dansăm" cu copiii noştri în relaţiile potrivite.

6

Sentimente și dureri
Cum păstrăm blânde inimile copiilor

Inima are motivele sale, de care rațiunea nu știe nimic.

BLAISE PASCAL[1]

Claire stătea într-un mic studio fotografic din Oaxaca City, Mexico. Se uita la pereții plini cu portrete de copii mici care zâmbeau, râdeau, plângeau, se încruntau ori își ascundeau fețele timid. Emoțiile tuturor acestor copii erau expuse circular, în jurul unei imagini centrale, arătând ca o lucrare artistică. Claire se întreba de ce ar vrea cineva să imortalizeze crize de afect și împotrivire, în condițiile în care majoritatea părinților se bucură să evite așa ceva. L-a căutat pe proprietar și l-a întrebat de ce fotografiase copii mici în astfel de ipostaze, iar el i-a răspuns cu naturalețe: „Portretele reprezintă toate emoțiile și aspectele vieții. Unele sunt serioase și gânditoare, altele vesele, iar altele sunt triste. *Es la vida* – așa e viața". Claire a fost uimită de explicația lui: era de parcă ar fi spulberat un tabu sau o tradiție sacră, transformând îmbufnarea într-o formă de artă. S-a întrebat cine sunt părinții din spatele acestor portrete și cum au ajuns ei să prețuiască emoțiile copiilor lor – chiar și pe cele dezordonate.

Portretele au impresionat-o profund pe Claire. Ce-ar fi trebuit să ne spună aceste portrete despre relația noastră cu emoțiile copiilor și cu căutarea fericirii? De ce nu erau acești părinți preocupați să-și calmeze copiii și de ce sărbătoreau tumultul din copiii lor? Claire a simțit că acești copii erau norocoși să aibă călăuze dispuse să-i ajute să învețe limbajul inimii. Portretele întruchipau nevoia oricărui copil – nevoia de-a avea un protector al sentimentelor vulnerabile și al inimilor blânde.

Viața emoțională a copiilor mici

Ca ființe emoționale, copiii mici sunt previzibil de imprevizibili. Au niște universuri emoționale uriașe, dar puține cuvinte prin care să le poată descrie. Sunt plini de energie emoțională, dar nu o pot controla. Sunt foarte atenți la emoțiile altora, dar nu le pot înțelege pe ale lor. Comportamentul lor e bazat pe bune intenții, dar acestea se pierd în intensitatea experiențelor emoționale. Au o expresie emoțională nealterată, care sfidează rațiunea. Părinții oricărui copil mic care face crize de afect sau care opune rezistență vor confirma fără șovăire imaturitatea lui emoțională. De exemplu, atunci când Thomas, în vârstă de 3 ani, se simțea frustrat și și-a lovit tatăl, acesta i-a cerut să folosească cuvinte în loc de gesturi. Thomas s-a conformat și a zis „O să fac pipi pe tine, tati".

Vestea bună este că copiii mici sunt persoanele cel mai ușor de înțeles atunci când vine vorba de starea lor emoțională. Trupurile lor radiază fericire sau frustrare, chicotelile lor emană bucurie, țopăie când sunt entuziasmați sau tropăie când sunt furioși. De obicei, copilul mic își afișează sentimentele în văzul tuturor. Provocarea constă în faptul că exprimarea emoțională poate fi de anvergură, intensă, zgomotoasă, dezordonată, haotică și prost sincronizată. Crizele de afect se dezlănțuie la magazin, copilul opune rezistență când vin rudele în vizită. Emoțiile copiilor apar oricând, la liber, în ciuda programelor zilnice sau a nivelului răbdării părinților. Întrebarea este ce facem cu emoțiile copiilor mici atunci când ele se acumulează și erup. Nu putem răspunde la această întrebare fără să avem în vedere ce este necesar pentru a proteja sănătatea emoțională și maturitatea. Trebuie să ghidăm exprimarea neinhibată, agresivă și haotică a emoțiilor din copilărie către adolescență și mai departe, către maturizarea emoțională. Ne așteaptă un maraton al emoțiilor.

Studiul emoțiilor umane a fost îngreunat de natura lor invizibilă și efemeră. Abordarea behavioristă propusă de psihologul american B.F. Skinner trata sentimentele ca pe niște variabile enervante care trebuie înăbușite prin impunerea programelor și a condiționării operante.[2] Opiniile lui Skinner au avut un impact de durată; ele propulsează abordarea curentă a disciplinării, o aglomerare de metode care încearcă să stingă și să calmeze emoțiile copilului mic atunci când ele erup și se revarsă.

Pentru a complica și mai mult lucrurile, rațiunea și maturitatea au devenit sinonime cu lipsa exprimării emoțiilor, deși puțini sunt neurologii care ar sprijini această idee în zilele noastre. Neurologii au căzut de acord că, la naștere, creierul uman are niște emoții presetate, conectate.[3] Această perspectivă asupra emoțiilor contrastează izbitor cu teoria despre tabula rasa, conform căreia comportamentul uman se învață și este ereditar, iar factorii emoționali nu există. Emoțiile au un scop și o treabă de făcut; ele sunt menite să ne concentreze energia și să ne anime de o manieră care susține supraviețuirea și dezvoltarea.

Antonio Damasio, neurolog consacrat, a afirmat categoric că partea raţională a creierului este construită peste şi în legătură cu centrul emoţional al creierului, sau sistemul limbic.[4] Noi descoperiri pavează calea către redefinirea rolului emoţiilor, inclusiv realizarea hărţilor lor neurochimice, cartografierea căilor neuronale şi elucidarea rolului lor în integrarea creierului. Din fericire, neurologia dezvăluie rolul critic jucat de emoţii în creşterea şi dezvoltarea sănătoasă. În *The Healing Power of Emotion*, Diana Fosha, Daniel Siegel şi Marion Solomon scriu: „Suntem cablaţi să ne conectăm între noi, şi o facem prin intermediul emoţiilor noastre. Creierul nostru, trupul şi mintea sunt inseparabile de emoţiile care le animă. Emoţiile se află la graniţa dintre gând şi acţiune, dintre sine şi alte persoane, dintre persoană şi mediu, dintre biologie şi cultură".[5] Pe scurt, emoţiile sunt motorul dezvoltării umane.

Ce sunt emoţiile?

Emoţia este definită ca ceva ce ne tulbură şi ne determină să acţionăm. Emoţiile sunt ceva ce ni se întâmplă, nu ceva aflat sub controlul nostru conştient. Creierul are propriile sale motive pentru activarea emoţiilor, indiferent cât de iraţionale ar părea ele când ies la suprafaţă. Nu ne putem contrazice cu emoţiile de parcă ar avea logică - există o explicaţie, indiferent cât de absurdă ar părea, un scop în spatele activării lor. Monştrii apar seara la culcare, o confirmă majoritatea copiilor de 3 ani, şi puţine sunt explicaţiile care au puterea de a opri apariţia lor. O mamă i-a dat fiicei sale în vârstă de 3 ani un *dream catcher* (capcană de vise) care să-i alunge coşmarurile, dar fetiţa i-a zis „Mami, e stricat - monştrii tot îmi ies din ochi când dorm". Un alt copil a avut o abordare diferită şi i-a spus tatălui său: „Monştrii nu-ţi mănâncă degetele de la picioare dacă dormi cu şosete“ şi „Nu dorm cu mâinile deasupra capului fiindcă vin gorilele să mă gâdile la subsuoară“. Copiii mici vor găsi soluţii „logice“ la cea ce îi perturbă din punct de vedere emoţional.

EMOŢIILE SUNT MODUL PRIN CARE CREIERUL DETERMINĂ COPILUL...

... **SĂ FIE PRUDENT** atunci când se confruntă cu ceva ce declanşează sistemul de alarmă

... **SĂ CAUTE APROPIERE** atunci când are nevoie de contact şi conectare

... **SĂ SE OPREASCĂ** atunci când se confruntă cu futilitatea

... **SĂ SE AVENTUREZE** atunci când are casa asigurată

... **SĂ SE ŢINĂ DEOPARTE** atunci când intră în contact cu persoane de care nu este ataşat

... **SĂ ÎI PESE** de persoanele de care este ataşat

... **SĂ OPUNĂ REZISTENŢĂ** atunci când este în afara zonei de ataşament

... **SĂ SE DEZVOLTE** ca persoană distinctă atunci când nevoia de ataşament este satisfăcută

FIGURA 6.1 Preluată din cursul Neufeld *Heart Matters: The Science of Emotion*

Emoţiile creează un potenţial de acţiune care propulsează copilul către satisfacerea unei nevoi sau rezolvarea unei probleme. Pe scurt, emoţiile nu sunt probleme; ele oferă impulsul şi energia de a rezolva probleme. Dacă dorim să înţelegem ce îl tulbură pe copil, trebuie să luăm în seamă modul în care se mişcă. Dacă fuge către părinţi pentru a se adăposti este probabil ca un semnal de alarmă să-l fi trimis acolo.

Mişcările de explorare şi descoperire îi sunt alimentate de dorinţa de a-şi lua avânt şi a se dezvolta. *Emoţiile sunt motorul care generează acţiunile umane; ele sunt ceea ce paradigma behavioristă a omis în eforturile sale de-a cuantifica şi măsura comportamentul uman.* Cu toate că emoţiile nu sunt vizibile cu ochiul liber, nu putem nega existenţa lor sau capacitatea lor de-a ne activa şi-a ne stârni. Întreabă orice părinte care-şi iubeşte profund copilul – cuvintele nu reuşesc să surprindă modul în care se simte determinat să-l îngrijească sau să se sacrifice pentru el.

Emoţiile sunt cruciale în dezvoltarea generală a copilului; ele sunt motoarele care declanşează dezvoltarea personalităţii. Departe de-a avea nevoie să fie învăţaţi cum să acţioneze matur, copiii trebuie învăţaţi cum să simtă emoţiile potrivite pentru a obţine maturitatea. Ei trebuie să simtă prudenţă, afecţiune, tristeţe atunci când se confruntă cu zădărnicia vieţii, să creadă, să aibă încredere şi curaj şi să spere. Tocmai sentimentele lor vulnerabile, mai ales cele de afecţiune şi responsabilitate, sunt cele care îi fac omenoşi şi complet umani. Inimile blânde simt emoţiile într-o manieră vulnerabilă şi sunt acţionate de ele.

Cinci paşi către sănătate emoţională şi maturizare

Părinţii sunt primul model al copiilor pentru înţelegerea impulsurilor, a emoţiilor şi a tulburărilor sistemului lor emoţional. Scopul este de a le dezvolta capacitatea de a plasa emoţiile într-un sistem decizional, al intenţiei şi al reflecţiei, pentru ca ei să poată *începe* să le împărtăşească responsabil. Dacă dezvoltarea decurge bine, acest lucru se petrece odată cu integrarea creierului, în intervalul de vârstă cuprins între

5 şi 7 ani, sau între 7 şi 9 ani în cazul copiilor mai sensibili. Părinţii trebuie să se străduiască să le ofere copiilor condiţiile necesare dezvoltării pentru atingerea maturităţii emoţionale, nu să le ceară să se comporte matur din punct de vedere emoţional.

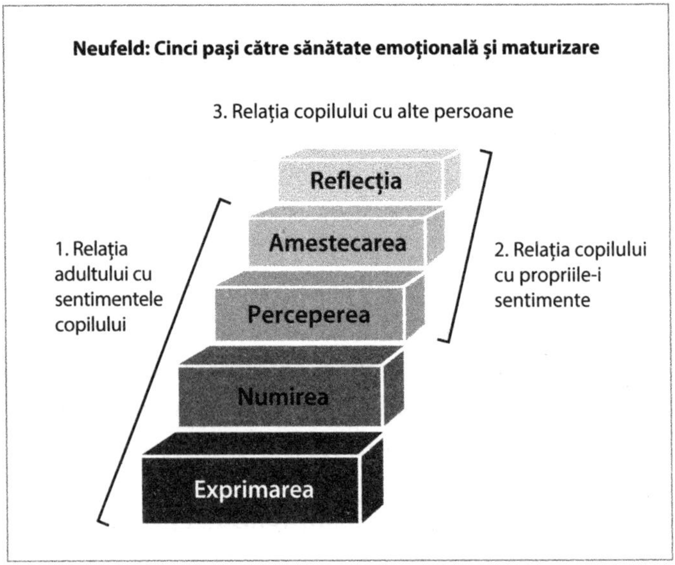

FIGURA 6.2 Preluată din cursul
Neufeld Heart Matters: The Science of Emotion

Cei cinci paşi către sănătate emoţională şi maturizare enunţaţi de Neufeld implică dezvoltarea secvenţială a copiilor ca fiinţe emoţionale. Copiii dezvoltă în timp o relaţie cu emoţiile lor, cu ajutorul adulţilor care le prezintă aceste emoţii. Secvenţa de cinci paşi nu poate fi omisă şi se dezvoltă printr-o serie de etape a căror complexitate creşte gradual: exprimarea, numirea, perceperea, amestecarea şi reflecţia. Părinţii joacă trei roluri esenţiale când îşi ghidează copiii în parcurgerea celor cinci paşi, modelându-le potenţialul ca fiinţe emoţionale:

1. Părinţii sunt *călăuze* care facilitează exprimarea emoţională şi ajută copiii să-şi numească sentimentele.
2. Părinţii sunt *scuturi* care apără blândeţea inimilor şi ajută la conştientizarea sentimentelor.
3. Părinţii sunt *moderatori* care decid cum să restabilească echilibrul şi fluiditatea sistemului emoţional al copiilor, ajutându-i să amestece sentimentele şi să reflecteze asupra lor.

1. Părinţii, călăuze emoţionale

Emoţiile caută să fie exprimate, întocmai cum apa dintr-un baraj caută să fie eliberată. Scopul emoţiilor este de a propulsa copiii înainte, dar ele au nevoie de un canal prin care să curgă şi de un loc în care să se scurgă. Pentru copiii mici, experienţa energiei lor emoţionale se aseamănă cu o călătorie cu pluta pe un râu cu ape învolburate. Nu are sens să te lupţi cu forţa apelor, iar ei pot fie să profite, fie să fie măturaţi de această forţă. Singura scăpare este că găsească o călăuză de care să se agaţe şi împreună cu care să parcurgă traseul cu praguri, denivelări şi cascade. Copiii mici trebuie să aibă încredere că ghidul lor îi va conduce prin zonele periculoase şi îi va aduce în siguranţă într-o zonă cu ape liniştite. Vulnerabilitatea de a fi dependenţi îşi va face simţită prezenţa adesea, îndemnând copiii să se întrebe dacă se pot baza pe călăuzele lor că vor avea grijă de ei. Această „călătorie emoţională“ are loc zilnic – chiar şi din oră în oră – pentru copiii mici şi părinţii care îi călăuzesc. Pluta reprezintă relaţia potrivită, iar adultul este cel care o conduce, setând cursul înainte.

Emoțiile ar trebui să ia naștere și să curgă prin copiii noștri; existența lor nu reprezintă o problemă, deși ar putea fi cauza multor probleme. Părinții trebuie să călăuzească sistemul emoțional al copiilor pentru a se asigura că rămâne fluid, deschis și vibrant. Părinții se află în mod natural în poziția din care pot să le faciliteze copiilor exprimarea emoțiilor și sunt nevoiți să invite respectivele emoții să iasă la înaintare, precum și să furnizeze cuvinte care să corespundă stărilor emoționale. Pentru a deveni călăuze, părinții trebuie să-și folosească întregul sistem emoțional pentru a înțelege starea emoțională a copiilor. Capacitatea de-a înțelege emoțiile altora ia naștere în urma rezonanței limbice, „armonia tăcută pe care o vedem pretutindeni, dar pe care o considerăm de la sine înțeleasă – între mamă și bebeluș, între un băiat și câinele lui, între doi îndrăgostiți care se țin de mână peste masă la restaurant".[6] Copiii mici ar trebui să caute refugiu emoțional în îngrijirea părinților; părinții sunt busola lor, care-i ghidează când se simt rătăciți sau confuzi. Atunci când părinții pot înțelege emoțiile copiilor, când invită la exprimare și le comunică copiilor că vor avea grijă de ei, relația potrivită se întărește. Capacitatea de a înțelege emoțiile copiilor mici este calea prin care devin părinții călăuze și este modul indirect în care învață copiii despre emoțiile care există în interiorul lor.

Exprimarea emoțiilor oferă materia primă pe care o poate folosi părintele pentru a-și învăța copiii un limbaj al inimii. Ceea ce este unic la oameni, prin comparație cu alte specii de mamifere, este abilitatea de a ne *numi* stările emoționale. Numele pe care-l dăm evaluării subiective a stărilor noastre emoționale este *sentimente*. Sentimentele sunt cuvinte pe care le folosim conștient pentru a comunica ceea ce ne tulbură. Atunci când copiii mici își pot numi emoțiile, cuvintele îi fac mai vulnerabili, mai conştienţi, mai profunzi. Părinţii trebuie să invite la o concordanţă între inima şi gura copiilor, fapt ce va sta la baza integrităţii şi autenticităţii celor mici. Atunci când nu onorăm ce este în interiorul copiilor, îi determinăm să se schimbe pentru a ne păstra aproape de ei. Îi diminuăm şi le poluăm personalitatea pentru a ne îngriji de propriile noastre emoţii şi de toate sentimentele care ne copleşesc.

Atunci când sunt invitaţi să-şi exprime emoţiile, copiii primesc totodată mesajul de a avea încredere în faptul că inima le va oferi informaţii preţioase. Validându-le sentimentele, părinţii le demonstrează copiilor încrederea că se pot baza pe aceste tulburări nerostite atunci când vor să ia o decizie. Atunci când ne ajutăm copiii să aibă o relaţie cu propriile lor sentimente, ei vor fi capabili să le împărtăşească responsabil cu alte persoane. Copiii noştri au nevoie de o identitate pe care să o împărtăşească, de o inimă care să simtă, de o gură care să rostească şi de încrederea că bogăţia vieţii se naşte atunci când îţi permiţi să fii vulnerabil. Când onorează sentimentele copiilor, părinţii creează aşteptări privind intimitatea emoţională şi psihologică a relaţiilor viitoare.

PROBLEMA INVITAŢIEI LA EXPRIMARE EMOŢIONALĂ

Atunci când invităm copiii să-şi exprime emoţiile, problema este că exprimarea poate fi dezordonată, dificilă, imatură, haotică şi necivilizată. Cum fac părinţii să păstreze o expresie neutră şi să lase emoţiile copiilor să curgă atunci când ceea ce iese din ei este şocant, inacceptabil, respingător sau vătămător? De exemplu, Jasper, în vârstă de 5 ani, a ţipat la tatăl său: „Du-mă la poliţie, să mă împuşte!“ Marina, în vârstă de 6 ani, i-a spus mamei sale: „Pielea şi oasele tale sunt o risipă pe tine!“ Mama lui Ethan (3 ani) povesteşte că băiatul a țipat la tatăl său: „Te urăsc! Vreau să-ți scot ochii și să iau drujba să te tai în bucățele!" Am folosit această ultimă poveste ca exemplu într-un grup de părinți și am fost consternată când ei au făcut ochii mari, au icnit oripilați și au exclamat „Îngrozitor!" Am fost luată prin surprindere, fiindcă eu credeam că Ethan cel de 3 ani fusese foarte expresiv când își exprimase cumplita frustrare, își comunicase intențiile clar, elocvent. Acolo unde eu am văzut potențial uman, părinții au văzut comportament delincvent.

Eu nu-mi făceam griji din cauza imaturității lui Ethan; în schimb, am vrut să înțeleg motivul pentru care era atât de tulburat și simțea atâta frustrare. Am rugat-o pe mama lui să-mi povestească ce se întâmplase înainte de atacul lui verbal, și mi-a devenit clar că era supărat din cauză că tatăl trebuia să plece la serviciu fiindcă i se terminase concediul. Ethan dorea să se joace cu tatăl său, iar frustrarea lui a degenerat când i s-a spus că acest lucru nu este posibil. A ales drujba ca armă deoarece activitatea lui preferată era să-și privească tatăl tăind lemne. Ethan avea nevoie de cineva care să-i permită să-și exprime sentimentele și să numească ceea ce se petrece în inima lui. Acest proces emoțional și această descărcare puteau fi facilitate numai de cineva cu care avea o relație bună, care îi înțelegea sentimentele, care recunoștea ceva greu de acceptat și care îi putea îmblânzi frustrarea cu căldură. Răspunsul la emoțiile lui Ethan îl constituia afecțiunea. Avea nevoie să audă lucruri precum „Nimic nu te ajută în acest moment. Vrei ca tati să se joace, dar el nu poate" sau „Te simți frustrat din cauză că tati trebuie să plece la serviciu". De îndată ce ar fi început să plângă, inima lui Ethan s-ar fi îmblânzit și ar fi ajuns să accepte unul dintre cele mai dure adevăruri ale vieții: uneori nu-i poți ține aproape pe cei pe care îi iubești. De ce am vrea să pedepsim un copil care se chinuie cu așa ceva? Ce-și dorea Ethan era contact și apropiere de tatăl său; a primit în schimb conectare cu mama sa, care l-a călăuzit spre izvorul frustrării sale și, în cele din urmă, spre plâns.

Este posibil ca părinții să se chinuie să înțeleagă emoțiile copiilor mici, dar nu este nevoie de înțelegere pentru a-i invita să-și exprime sentimentele. Ideea că „dacă-i întinzi un deget" copilul „va lua toată mâna" stă la baza ezitării și fricii părinților de-a face loc exprimării. Părinții se tem că exprimarea emoțională nu va mai înceta niciodată; că va prelua conducerea și nu se va mai termina. Energia emoțională nu se termină până nu este eliberată. Emoțiile zăgăzuite pot crea erupții mai intense, care să fie urmate de alte explozii. Atunci când este tulburat, sistemul emoțional va continua să forțeze în căutarea unui canal prin care să se elibereze – orice pentru a reduce presiunea din interior. Emoțiile vor răbufni mult mai intens dacă încerci să le suprimi.

Totodată, părinții pot crede, în mod greșit, că emoțiile se învață și că ele trebuie dezvățate prin întăriri și consecințe. Noua știință a emoțiilor a arătat că această concepție e greșită. Nu ne învățăm copilul cum să se comporte frustrat, panicat, afectuos, trist – el se naște cu capacitatea de a simți aceste emoții și este mișcat instinctiv. Rolul părintelui este de a-i fi călăuză printre emoții, astfel încât să poată fi atinse în cele din urmă stabilitatea, echilibrul și autocontrolul.

Ar trebui să ne întrebăm cum s-ar fi simțit Ethan dacă părinții i-ar fi spus: „N-o să-ți fim alături dacă vorbești așa" sau „Treci la tine în cameră și stai acolo trei minute" sau „Ești foarte rău cu tatăl tău. Ce fel de băiat nerespectuos spune asemenea lucruri?" Aceste cuvinte ar fi o dilemă emoțională pentru Ethan. Dacă exprimarea frustrării pe care o simte în adâncul sufletului ar duce la pierderea persoanelor dragi, a căror prezență și-o dorește cel mai mult, creierul lui ar pune în scenă un spectacol al sacrificiului complex orchestrat. Panica de a fi separat de persoanele de care este atașat i-ar fi determinat creierul să se deprime sau să suprime emoțiile care îi amenință relațiile. Ca prin magie, după time-outul petrecut la el în cameră, Ethan ar fi apărut „calm" și „ascultător". Panica produsă de alungare i-ar fi stins frustrarea și l-ar fi readus în sânul relației cu părinții lui. Cu toate acestea, motivul care stă la baza frustrării nu ar fi fost rezolvat; Ethan ar fi fost în continuare tulburat, incapabil să-și exprime tulburarea și nu ar fi avut profunzime sau înțelegere pentru propria-i stare. Câinele, pisica ori un alt copil ar putea ajunge să-i simtă frustrarea, dar nu și părinții, deoarece creierul lui ar acționa strategic pentru a proteja relația cu ei. Time-outurile și disciplina bazată pe separare „funcționează" deoarece deturnează sistemul emoțional al creierului prin crearea unei alarme pentru atașament. Dacă acest tip de răspuns ar fi folosit des, Ethan nu ar avea doar o problemă legată de frustrare, ci și una legată de panică. Separarea este cea mai puternică dintre experiențe și modelează creierul emoțional.

PROBLEMA EXPRESIEI EMOȚIONALE ZĂDĂRNICITE

Ce se întâmplă cu copiii atunci când creierul lor trebuie să suprime exprimarea emoțională de dragul conservării relației cu părinții? Care este prețul sănătății emoționale și al maturizării când este zădărnicită exprimarea într-un sistem construit parcă anume pentru mișcare? Prețul plătit este cel al relației pe care o formează copiii cu emoțiile lor și al modului în care evoluează ca ființe emoționale. Pe măsură ce răspunde la emoțiile copilului, părintele îi și transmite acestuia care emoții sunt acceptabile și astfel îi construiește treptat peisajul sufletesc. Dacă un copil își dorește o relație cu părintele, inconștient, creierul său va modela o exprimare emoțională care să fie în concordanță cu invitația primită. Emoțiile care nu sunt binevenite sunt împinse în umbră, în afara parametrilor considerați acceptabili, și astfel iese la iveală un contur „standard" al inimii lor. De exemplu, dacă un copil observă că tatălui său nu-i place când el este trist și că încearcă să-l facă să gândească pozitiv, este posibil ca creierul copilului să ajungă să suprime sentimentele de tristețe pentru a face ca relația cu tatăl să funcționeze. Este posibil să ajungă să se lupte cu sentimentele de tristețe atât în copilărie, cât și la maturitate, dacă nimeni altcineva nu a reușit să-l invite să-și accepte aceste sentimente de tristețe și să-l ajute să le identifice. Zădărnicirea exprimării poate duce totodată la probleme alfa și o mulțime de probleme emoționale. Este rețeta perfectă pentru depresie.

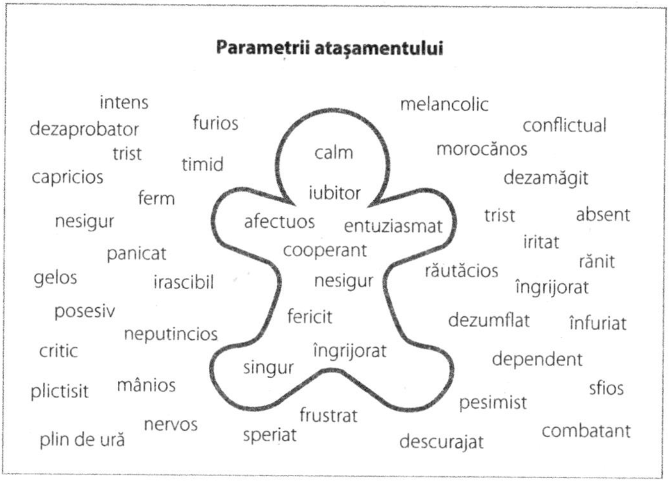

FIGURA 6.3 Preluată din cursul
Neufeld Heart Matters: The Science of Emotion

Sacrificiul suprem pe care îl cere suprimarea exprimării este cel al integrității lumii interioare a copilului și al sentimentului de vitalitate care apare atunci când ești capabil să-ți exprimi sentimentele vulnerabile. Atunci când părinții le arată copiilor căldură și dorința de a le fi aproape numai atunci când aceștia se conformează imaginii care le place lor, copiii nu au cum să se odihnească în această relație de îngrijire. Ceea ce se pune astfel în mișcare este preocuparea pentru performanță. Spiritul copiilor este zdrobit, diminuat și definit sub greutatea nevoii societății și a părinților de a se purta corespunzător. De exemplu, Zoe, în vârstă de 6 ani, s-a întors acasă de la școală și a povestit că profesoara i-a zis că-i o dulceață fiindcă a ajutat în clasă. Zoe a zis: „O iubesc pe doamna Lusik. O să fiu o dulceață pentru ea tot timpul". Din fericire, mama a înțeles nevoia fetei de a primi o invitație pentru toate sentimentele ei și i-a răspuns: „Dacă ai să fii o dulceață la școală, atunci va trebui să fii extramorocănoasă acasă, fiindcă nimeni nu poate fi atât de amabil așa de multă vreme!" Mama a vrut ca Zoe să înțeleagă că relația lor ar suporta cu succes povara oricăror emoții pe care ar fi simțit ea nevoia să le exprime.

Antidotul la suprimarea exprimării este să le mărturisești copiilor că toate emoțiile lor sunt binevenite și că nu vor duce la separare. De exemplu, un băiețel care asista la momentul în care mama gestiona criza de afect a surorii lui mai mari, și-a întrebat mama: „Nu te bucuri că n-ai decât un copil care se poartă așa?" Iar mama i-a răspuns cu curaj: „Aș putea avea o sută de copii care zbiară și i-aș putea îngriji pe toți. Dacă simți nevoia să faci o criză de nervi, n-ai decât". Mama povestea că băiatul nu a dat curs ofertei sale, dar era fericită că avusese ocazia să-i spună că ar putea gestiona și frustrarea lui.

Copiii au nevoie de invitații generoase pentru a-și exprima conținutul inimilor. Părțile dezordonate, haotice, jignitoare, vătămătoare – și ele sunt ale copiilor noștri. Avem responsabilitatea de a le invita pe toate în existență, nu numai părțile care ne plac. Cum vor putea copiii să aibă o relație cu părțile lor cele mai „inacceptabile", dacă noi nu-i putem conduce într-acolo? Cum devenim protectori ai inimilor lor dacă nu le putem accepta emoțiile? Cum îi putem ghida spre moduri civilizate și responsabile de a-și împărtăși sentimentele dacă nu le permitem să le exprime? Cel mai puternic mesaj pe care-l putem transmite este că relația noastră rezistă indiferent cum sunt ei și indiferent ce manifestări au. În momentele în care sunt plini de cuvinte ce rănesc, de haos și dezordine emoțională, noi trebuie să le facem o invitație la conectare, creând o punte care să unească, indiferent ce ar interveni între noi.

Copiii mici au nevoie de spațiu pentru a fi imaturi și pentru a exprima tulburările emoționale brute și năvalnice care apar în inimile lor. Emoțiile nu sunt nici bune, nici rele; ce contează este modul în care ajungem să le recunoaștem și să folosim cuvinte pentru a exprima sentimentele în mod responsabil. Scopul este de a aduce lumea interioară a copiilor sub un sistem de autocontrol, intenție, decizie, reflecție, dar acest lucru nici măcar nu va *începe* să se contureze decât după ce a avut loc schimbarea de la 5-6 ani (sau 7-9 ani în cazul copiilor sensibili). Chiar și atunci, ei se vor chinui, așa cum continuă s-o facă și adulții, să-și stăvilească reacțiile în fața emoțiilor puternice. Copiii mici nu pot obține maturitatea emoțională în lipsa unei călăuze – acesta este unul dintre modurile în care relațiile potrivite au fost făcute să îngrijească inimile vulnerabile și să le păstreze blândețea.

2. Părinţii ca scuturi pentru inimile vulnerabile și blânde

Inima este un simbol frumos pentru vulnerabilitatea ce rezultă din abilitatea de a simţi emoţiile cuiva. Zumzetul constant al bătăilor inimii se aseamănă pulsului emoţiilor, pe care-l măsurăm pe parcursul dezvoltării copilului. Nu numai trupurile pot fi rănite, ci și sentimentele. Dacă n-am avea sentimente, nu ne-am simţi niciodată speriaţi, rătăciţi, triști sau derutaţi, n-am simţi nici usturimea trădării sau a dezamăgirii. Totodată, n-am putea simţi niciodată iubire, responsabilitate, împlinire, speranţă, dorinţa de a fi afectuoși sau de a ne juca liber.

Emoţiile generează dezvoltarea, iar sentimentele își caută conștientizarea, dând vieţii energie. Totodată, astfel devenim vulnerabili în faţa rănilor emoţionale. Copiii mici se simt adesea răniţi de alţii; de exemplu, Simon i-a zis mamei lui: „Sora mea m-a împins și mi-a rănit sentimentele" și „Nu vrea să se joace cu mine. Ce rea e!" Emoţiile umane ne confruntă cu următoarea dilemă: nu putem experimenta stări de euforie precum iubirea și bucuria fără a risca să experimentăm disperarea și pierderea. Iubirea este ușa deschisă către sentimentele de pierdere. Sentimentele de disperare intră în scenă în urma pierderii cuiva la care ţinem mult.

Care este răspunsul la paradoxul prezentat de emoţiile oamenilor? Cum putem să conservăm sentimentele vulnerabile și să păstrăm inimile blânde când ne confruntăm cu atâta durere sufletească? Răspunsul îl constituie scuturile, și există două posibilităţi care ajută la filtrarea lumii și oferă un fel de husă de protecţie pentru inima omului, ca să poată rămâne blândă și plină de expresie: (1) mecanismele de apărare emoţională situate în creier și (2) relaţiile potrivite cu adulţii care oferă îngrijire.

MECANISMELE DE APĂRARE EMOȚIONALĂ

Dimensiunea profundă pe care psihologia a invocat-o timp de mai multe secole și pe care o confirmă acum neurologii este cea a mecanismelor de apărare emoțională, care protejează inimile vulnerabile.[7] Creierul este echipat să activeze protecții pentru a inhiba sentimentele vulnerabile și pentru a se apăra de ele atunci când devin prea greu de suportat și copleșesc sistemul. Protecțiile acestea sunt mecanisme care ne permit să continuăm în situații în care sentimentele ne-ar putea împiedica să facem ce trebuie făcut.

Mecanismele de protecție sunt o mișcare strategică a părții emoționale a creierului pentru a permite supraviețuirea într-un mediu care ne rănește prea rău. De exemplu, dacă un părinte țipă întruna la copil sau îl sperie pentru a-l face să se supună, starea constantă de alarmă poate declanșa mecanisme emoționale de apărare care-l fac pe copil să pară neafectat în toiul unei tulburări emoționale atât de intense. În aceste condiții, părintele ar trebui să țipe și mai tare pentru a trece dincolo de zidurile apărării emoționale ale copilului. Protecțiile emoționale se declanșează spontan și nu sunt sub controlul nostru conștient și direct.

Protecțiile emoționale trebuie să rămână fluide, cu flux și reflux, pentru ca dezvoltarea să-și urmeze cursul. Pot apărea probleme de dezvoltare atunci când protecțiile rămân blocate din cauză că micșorează volumul de sentimente vulnerabile care pot fi simțite. Atunci când mecanismele de apărare rămân blocate, copilul nu mai experimentează sentimentele vulnerabile de care are nevoie pentru a se dezvolta, mai ales sentimentele de afecțiune pentru alții și cele care se nasc când primește afecțiunea celorlalți. În loc să dea dovadă că au o inimă blândă, care poate fi emoționată până la lacrimi sau care manifestă teamă atunci când este necesar, ei pot să pară duri și să nu dea prea multe semne ale prezenței emoțiilor vulnerabile.

Sentimentele vulnerabile în fața cărora este cel mai probabil să se declanșeze mecanismele de apărare sunt futilitatea, rănirea, dependența, împlinirea, jena, rușinea, îngrijorarea, afecțiunea și responsabilitatea. Atât afecțiunea, cât și responsabilitatea sunt necesare pentru exprimarea empatiei, iar dacă apar mecanisme de apărare împotriva lor, ele vor lipsi din interacțiunile copiilor cu cei de vârsta lor. După ce se declanșează protecțiile emoționale, copilul este mai puțin predispus să vadă ori să audă lucruri care l-ar putea răni. Asta include și inabilitatea de a identifica greșelile cuiva, ștergerea din memorie a anumitor evenimente care i-ar aminti sentimente vulnerabile, inabilitatea de a anticipa supărări sau respingeri și un semnificativ deficit de atenție. Pe scurt, nimic ce te-ar face să te simți prost nu poate fi văzut sau auzit.

De obicei, adulții nu observă când le-au dispărut copiilor sentimentele vulnerabile. Adulții observă problemele comportamentale care iau naștere ca urmare a absenței sentimentelor de îngrijorare, futilitate sau afecțiune – de exemplu, un copil care nu depinde de părintele lui sau care spune frecvent „Nu-mi pasă“ sau „Nu contează“. Dacă aceste protecții sunt temporare sau de conjunctură, probabil că ele îi vor pune puține probleme copilului din punctul de vedere al dezvoltării. Atunci când sunt continue sau necesare din cauza unui mediu nociv, protecțiile pot ajunge să afecteze dezvoltarea generală a copilului. Atunci când sentimentele sunt amorțite la nivel cronic, inimile copiilor se „împietresc“ și sentimentele vulnerabile sunt absente – ceea ce le afectează celor mici potențialul de a deveni ființe sociale, distincte și adaptabile la maturitate.

SENTIMENTE VULNERABILE FAȚĂ DE CARE ESTE MAI PROBABIL SĂ SE ACTIVEZE PROTECȚII

- Sentimente de **futilitate** (tristețe, dezamăgire, jale, supărare)
- Sentimente de **dependență** (gol, neputință, absență, singurătate, nesiguranță)
- Sentimente de **timiditate** şi sfială
- Sentimente de **jenă** care includ roşitul în obraji
- Sentimente de **ruşine** (că este ceva în neregulă cu mine)
- Sentimente de **vătămare** (sentimente rănite, angoase, durere)
- Sentimente de **alarmare** (nelinişte, nesiguranță, anxietate şi frică)
- Sentimente de **afecțiune** (compasiune, empatie, devotament, îngrijorare, îngrijire, satisfacerea nevoilor, prețuire, dăruire)
- Sentimente de **responsabilitate** (mă simt prost, am remuşcări, fac ca lucrurile să meargă, preiau conducerea, îmbunătățesc situația)

FIGURA 6.4 Preluată din cursul *Neufeld Heart Matters: The Science of Emotion*

Atunci când mama ei a avut de lucrat la un proiect mai amplu la serviciu, Annie, în vârstă de 4 ani, a fost separată de ea şi trimisă la bunica ei pentru o perioadă de trei săptămâni. Brusc, Annie a încetat să mai observe lucruri pentru care în mod normal şi-ar fi făcut griji. Se juca cu copiii vecinilor, care o tachinau fără milă, dar nu părea să conştientizeze sau să fie afectată de înțepăturile lor. Totodată, Annie a început să aibă mici „accidente", să facă pipi pe ea, deşi deprinsese folosirea toaletei. Însă, când îi erau arătate hainele ude, se încăpățâna să susțină că nu ea făcuse pipi. Vulnerabilitatea de a fi separată de mama ei și trimisă la bunică, de care nu era atașată profund, a fost mult prea dureroasă din punct de vedere emoțional. Creierul ei a compensat prin inhibarea sentimentelor și-a senzațiilor de durere și vulnerabilitate. Asta i-a permis lui Annie să facă față separării, dar a creat numeroase alte probleme. Din fericire, atunci când mama ei a venit s-o ia pe Annie și s-au întors la rutina lor zilnică, sistemele ei de apărare s-au retras și sentimentele blânde au revenit. Pe măsură ce sistemul ei emoțional a început să-și revină, Annie a încetat să-și mai ude îmbrăcămintea și a reușit să plângă pentru că fusese lăsată la bunica.

Creierul poate evoca mecanisme de apărare emoțională pentru a se retrage sau a evita atașarea de cineva și în situațiile în care anticipează că ar putea fi rănit sau ar putea suferi din cauza acelei persoane. De exemplu, un tată m-a sunat înnebunit să-mi povestească despre fiul lui în vârstă de 4 ani, Aiden, care fugise de el în parc după ce se certase cu fratele și se contrazisese cu mama lui. Aiden a traversat ca din pușcă o arteră circulată, fără să se asigure, apoi a dispărut. Când în sfârșit l-au găsit, se ascundea în camera lui. A refuzat să iasă sau să lase pe cineva înăuntru. În timp ce-l așteptau afară și îi spuneau că sunt acolo pur și simplu, fără a-l presa, sistemul lui de apărare emoțională a cedat treptat, iar el a ieșit din cameră. Fiind îngrijorați din cauza comportamentului lui Aiden, părinții au căutat ajutor pentru a înțelege cele petrecute. Atunci când au început să înțeleagă sensibilitatea lui Aiden și cât de ușor îl răneau cuvintele jignitoare, au început să folosească metode mai puțin provocatoare din punct de vedere emoțional atunci când interacționau cu el. Rănile emoționale reprezintă adesea o provocare în îngrijirea copiilor sensibili. Ei pot sesiza aluzia frustrării din vocea părintelui sau pot percepe o încruntare care începe să ia naștere pe chipul lui, iar creierul lor îi poate respinge cu rapiditate, excluzându-i din relație, din cauză că anticipează rănirea. Este posibil să fugă, să se ascundă, să nu asculte sau să nu se supună, să facă exact opusul a ceea ce li se cere și să devină de negestionat.

Pentru o funcționare emoțională optimă, copiii ar trebui să poată exprima o gamă largă de sentimente vulnerabile, precum oboseală când au nevoie de odihnă, jenă atunci când sunt expuși, prudență atunci când sunt îngrijorați, regret atunci când se întâmplă ceva rău, speranță atunci când se gândesc la viitor, afecțiune pentru alții sau suferință când sunt răniți. Printre semnele care indică faptul că este posibil ca în creierul copiilor să se fi ridicat sisteme de apărare emoțională se numără următoarele:

1. Nu mai vorbesc despre ce îi tulbură sau le rănește sentimentele.
2. Nu se mai simt nesiguri sau îngrijorați atunci când ar trebui să o facă.
3. Nu mai percep respingerea sau nu se pot da la o parte din calea pericolului.
4. Nu se mai adaptează la lipsurile și pierderile din viața lor, fapt adesea însoțit de o frustrare și o agresivitate crescute.
5. Nu mai simt gol sau dorință, doar un nivel cronic de plictiseală.

Atunci când creierul copilului a trecut la a se apăra spre a nu fi rănit prea rău, va deveni responsabilitatea adulților din viața lui să lucreze la relație pentru a îmblânzi inima copilului.

RELAȚIILE POTRIVITE CU ADULȚII CARE ÎI ÎNGRIJESC

Relațiile potrivite cu adulții sunt scuturile supreme pentru inimile vulnerabile ale copiilor. Părinții capătă putere în calitatea lor de ocrotitori atunci când copiii lor îi folosesc pe post de busolă pentru a-şi obţine reperele emoţionale. Pentru a înţelege ce le provoacă suferinţă, oprind creierul din a inhiba sentimentele vulnerabile, copiii mici se uită la părinţii lor. O relaţie potrivită cu părinţii le oferă copiilor posibilitatea de-a se îndrepta spre cineva care să înlăture disconfortul ruşinii (atunci când simt că este ceva în neregulă cu felul în care sunt), să reducă separarea (atunci când sunt respinşi, nu sunt bine-veniţi sau nu sunt invitaţi) şi să scadă îngrijorarea (atunci când se simt nesiguri din punct de vedere fizic sau emoţional). Iubirea este scutul suprem pentru inima vulnerabilă a copiilor – e un ansamblu frumos construit.

Părinţii şi adulţii trebuie să fie cei care cuceresc inima copiilor şi care o păstrează prin modul în care îi îngrijesc. Dacă părinţii devin o sursă de suferinţă, iar copiii se confruntă cu prea multă separare, ruşine şi panică, atunci este mai puţin probabil ca micuţii să se îndrepte către părinţi spre a le împărtăşi emoţiile. Este suficient un adult care să protejeze inima copilului, deşi cu cât mai mulţi, cu atât mai bine, pentru a crea o plasă de siguranţă emoţională mai mare pentru copil.

În calitate de scut, părinţii pot ajuta copiii să-şi exprime sentimentele într-o manieră vulnerabilă dacă vin alături de ei. Actul de a se alătura implică o invitaţie lansată copiilor de-a spune ce simt, de-a reflecta la ce au auzit şi de a conştientiza cum este să se simtă într-un anumit fel. Atunci când te alături sentimentelor şi experienţelor unui copil, încerci să transmiţi mesajul că înţelegi cât este de tulburat şi că îi eşti alături pentru a-l ajuta. Unul dintre cele mai importante lucruri pe care le pot face părinţii este de-a ajuta copiii să-şi transpună lumea interioară a emoţiilor în starea de conştientizare. Atunci când le suntem alături copiilor, îi ghidăm prin experienţele lor emoţionale.

Să le fii alături copiilor când experimentează emoții înseamnă să te abții de la a face opusul, precum desconsiderarea sentimentelor lor prin afirmații de tipul „Nu-i mare lucru, du-te afară la joacă“ sau „Nu te teme că ai putea greși, face parte din procesul de învățare“. Când le respingem sau le negăm sentimentele, eșuăm în a le crea spațiul de care au nevoie pentru a-și recunoaște, a-și numi și a-și înțelege fricile, dorințele și frustrările. Printre alte răspunsuri inutile se numără tentativele de a raționaliza sentimentele și a folosi logica pentru a le alunga, precum „Nu lăsa să te supere ce spune lumea. Cuvintele lor nu te pot răni“ sau „Cum adică nu-ți cumpăr niciodată nimic? De ce ești atât de nerecunoscător? Ieri ți-am cumpărat...“. Sentimentele noastre nu pot fi făcute să dispară imediat prin explicații; de fapt, trebuie să ne studiem gelozia, tristețea și rătăcirile la lumina zilei. Alte răspunsuri inutile la emoțiile copiilor includ recomandări pentru cum ar trebui să gestioneze o anumită situație, sau profitarea de ocazie pentru a-i da o lecție: „Dacă ți-ai ține lucrurile mai ordonat, ai ști unde să le găsești când ai nevoie de ele“. Când le suntem alături copiilor care experimentează diverse sentimente, ar trebui să le comunicăm o dorință sinceră de-a afla ce se petrece în sufletul lor și de-a ne asuma responsabilitatea pentru a-i ajuta să-și parcurgă reacțiile emoționale.

De exemplu, o mamă a povestit cum copilul ei era morocănos din cauză că trebuie să meargă la grădiniță și a început să folosească des cuvântul „tâmpenie“. Ea s-a supărat pe el și i-a cerut să nu mai înjure. Copilul nu s-a oprit, ea l-a amenințat că nu-l mai lasă la iPad timp de o săptămână, iar el a lovit-o. M-a întrebat apoi ce ar fi trebuit să facă și am parcurs împreună sentimentele pe care ea nu a reușit să le scoată la suprafață, lucru pe care l-ar fi putut realiza dacă i-ar fi fost alături fiului ei. Ar fi putut zice „Văd că ești morocănos fiindcă trebuie să mergi azi la grădiniță", sau „E greu să mergi la grădiniță lunea, după un weekend distractiv în care te-ai jucat și n-ai avut treburi de făcut", sau „Observ că ești frustrat în dimineața aceasta. Ce se petrece cu tine?" Dacă i-ar fi fost alături copilului, ar fi ajutat la diminuarea frustrării, i-ar fi crescut nivelul de conștientizare a sentimentului și l-ar fi ajutat să învețe mai multe cuvinte potrivite prin care să-l exprime. Copiilor mici le lipsește rafinamentul în a-și înțelege lumea emoțională, iar alăturarea îi ajută pe părinți să aducă sentimentele vulnerabile la nivel conștient și să le arate copiilor cum să le împărtășească responsabil.

Una dintre cele mai importante cauze ale rănirii emoționale a copiilor mici o reprezintă ceilalți copii. Copiii mici au nevoie de scuturi adulte puternice care să le protejeze inimile vulnerabile să nu se împietrească după interacțiunile vătămătoare cu prietenii. Jack este un copil în vârstă de 6 ani ai cărui părinți au venit să-mi ceară ajutorul. Fiind singur la părinți, aceștia au organizat regulat întâlniri de joacă, presupunând greșit că fiul lor avea nevoie de interacțiune cu prietenii pentru a deprinde abilități sociale. Când a început grădinița, adora să-și petreacă timpul cu colegii, iar la clasa întâi era deja orientat către colegi. Cerea întruna să fie cu ei, era frustrat și plictisit când nu-i avea în preajmă, nu-și asculta părinții sau profesoara și li se adresa nerespectuos adulților. Atunci când au înțeles că la rădăcina problemei se află orientarea către prieteni, părinții au încercat rapid să-și recapete și să-și întărească relația cu el. Întâlnirile cu prietenii au fost rărite, iar Jack a început să iasă în oraș cu părinții săi, care i-au redus timpul petrecut la *after-school* și pe cel petrecut în fața ecranelor, au cultivat o relație mai puternică între Jack și profesoara sa și i-au adus copilului în preajmă mătușile, unchii, bunicii și verii mai mici pentru a clădi o ierarhie firească a atașamentului. În câteva luni, au obținut progrese semnificative și au fost încântați atunci când Jack a început să asculte și să apeleze la ei când avea nevoie de ajutor.

Într-o zi, când era în mașină cu tatăl lui, întorcându-se de la școală, a avut loc următoarea conversație despre un băiat autoritar de la el din clasă:

JACK: „Tati, eu am pătrățele?"
TATA: „Pătrățele… la ce te referi?"
JACK: „Caden mi-a zis să-mi ridic cămașa să vadă dacă am pătrățele. Mi-am ridicat-o și el a zis că n-am și toți au râs."
TATA: „Of, Jack, cred că ți-a fost greu. Cum te-ai simțit?"
JACK: „Eram foarte confuz, fiindcă nu știam ce înseamnă. Caden e mereu rău cu mine. Nu-mi place."
TATA: „Înțeleg dacă te-ai simțit jenat sau jignit. Puțină lume are pătrățele, Jack, iar asta înseamnă că fac sport și că au musculatură pronunțată pe abdomen. Uite-te la mine. Eu am pătrățele? Nu. Uite, aici am puțină grăsime. Nu-i nimic. Semeni cu mine și cu majoritatea oamenilor."

După o săptămână, Jack a urcat în mașină și i-a spus tatălui său: „Caden a venit azi la mine și mi-a zis că n-am pătrățele. I-am zis că nimeni nu are și că nu mă deranjează cum arăt. Caden s-a uitat la mine, neștiind ce să zică, și a plecat". După ce mi-a povestit acest episod, tatăl lui Jack a trecut în viteză la următorul subiect, dar eu l-am oprit întrebându-l: „Ai observat ce ai făcut pentru fiul tău?" M-a privit nedumerit, așa că i-am zis „Fiul tău nu se mai duce la școală fără ceva indispensabil în ghiozdan". Încă părea nelămurit, așa că i-am explicat: „Fără tine. Nu merge niciodată la școală fără tine.

Tu îl iubeşti aşa cum este şi el seamănă cu tine. Aşa menţii puternică relaţia pe care ai recâştigat-o". În acest moment am tăcut amândoi, pentru că era ceva atât de frumos de admirat, atât de clar şi perfect conturat în faţa ochilor noştri – el devenise scutul pentru inima fiului său.

Studii desfăşurate pe parcursul a 35 de ani referitoare la tăria de caracter au demonstrat clar că sănătatea emoţională a copiilor şi succesul lor social sunt legate de relaţiile puternice de îngrijire pe care le au cu adulţii răspunzători pentru ei.[8] Chiar dacă un copil se confruntă acasă cu abuzuri, sărăcie, dependenţă (de droguri) sau boală, prezenţa unor adulţi substitut precum bunicii sau cineva de la şcoală sau de la biserică este cel mai important factor care contribuie la bunăstarea lui emoţională.[9]

Tăria de caracter este unul dintre cele mai importante lucruri pe care trebuie să le sădim în copiii noştri.[10] Din păcate, mesajul că relaţiile sunt răspunsul la vulnerabilitatea oamenilor nu a fost transpus în practică. Există în continuare o tendinţă de a-i învăţa pe copiii mici cum să folosească unelte, tehnici şi strategii pentru a căpăta tărie de caracter, de parcă această caracteristică ar fi o materie pe care o înveţi la şcoală. Nu este responsabilitatea copiilor să-şi menţină inimile blânde sau în siguranţă. Tăria de caracter ia naştere natural în relaţiile potrivite, în care adulţii reprezintă scuturile emoţionale în faţa suferinţei. Este important *la cine* apelează copilul atunci când este supărat, *cui* îi împărtăşeşte secretele lui, pe umărul *cui* plânge şi *în cine* are încredere să-i călăuzească paşii. Copiii au nevoie să înţeleagă, să simtă şi să vadă clar mesajul că părinţii cred în ei şi că se pot baza pe părinţi. Părinţii trebuie să confirme faptul că suferinţa face parte din viaţă şi că răspunsul este să te ţii aproape de cineva care-ţi este alături. Atunci când copiii simt că sunt importanţi pentru părinţii lor, contează mai puţin ce cred alte persoane. Sarcina noastră nu este de a ne salva copiii de lumea vătămătoare în care trăiesc – acest lucru este imposibil. Sarcina noastră este să ne asigurăm că nu-i trimitem în această lume cu mâinile goale. La baza tăriei de caracter, a vulnerabilităţii emoţionale şi a inimilor blânde stă un adevăr simplu: *acea persoană* căreia copilul îi încredinţează inima sa are puterea de a o proteja cu propria sa inimă. Trebuie să preluăm conducerea în dansul ataşamentului pentru a deveni scuturile de care au nevoie inimile blânde ale copiilor noştri.

3. Părinţii ca moderatori

Copiii mici nu au un autocontrol intern asupra emoţiilor lor, din cauză că sunt imaturi. Un sistem emoţional matur le va permite să înţeleagă şi să comunice mai responsabil cu lumea, dar pentru asta este nevoie să atingă un anumit nivel de dezvoltare al creierului. Atunci când vine vorba de copii mici, provocarea constă în faptul că ei simt o singură emoţie la un anumit moment dat. Până nu li se maturizează creierul şi până când emoţiile nu au fost identificate individual, copiii nu au capacitatea de a amesteca şi integra sentimentele. Prin urmare, nu au capacitatea de a se controla singuri atunci când se confruntă cu emoţii puternice. Pentru impulsivitatea emoţională a copilului mic, rezolvarea este ca el să se ataşeze de un adult care are autocontrol şi care poate acţiona ca moderator pentru energia emoţională a copilului.

Cuvântul *moderator* se referă la o forţă care neutralizează sau contrabalansează, mediază, modifică, diminuează, atenuează, reduce, uşurează sau îmblânzeşte. Este cuvântul perfect pentru a descrie acţiunile părinţilor atunci când se confruntă cu emoţiile puternice ale copiilor lor. Rolul de moderator este unul activ şi nu plasează responsabilitatea emoţiilor pe umerii copiilor. Pentru a modera emoţiile copilului este necesar să înţelegem starea lor emoţională şi să determinăm cea mai bună cale de a direcţiona copiii către stabilitate şi echilibru emoţional. Provocarea adulţilor constă în a nu se rătăci în răspunsul emoţional al copiilor sau în a nu-şi pierde cumpătul pe traseu.

Imaginea care-mi vine în minte atunci când mă gândesc la viteza şi puterea emoţiilor manifestate de copiii mici este cea a unui tren. Atunci când sunt foarte tulburaţi, copiii pot avea energia unui tren care fuge pe şine cu viteza maximă. Cu excepţia sistemului de frânare, este aproape imposibil de oprit – să nu menţionăm şi riscul deraierii! Atunci când se confruntă cu o asemenea energie emoţională, părinţii se simt paralizaţi şi de obicei le spun copiilor să se oprească, să înceteze, fără ca acest lucru să aibă prea mare efect. O mamă m-a întrebat la o prezentare: „Ce ar trebui să fac atunci când copilul meu mă loveşte şi aruncă în mine cu lucruri?" Prietena ei, care stătea lângă ea, a răspuns: „Trebuie să te fereşti şi să te dai la o parte din drum". Deşi am râs cu toţii, realitatea este că această acţiune ar putea preveni lovirea părintelui, dar nu va insufla încredere în abilităţile sale de îngrijitor, nici nu va proteja persoanele vulnerabile de manifestările de frustrare ale copilului. Ştim că energiei emoţionale trebuie să i se permită să pună stăpânire pe copil, dar cum ne asumăm responsabilitatea pentru îngrijirea lui?

Este menirea părinţilor să preia conducerea atunci când trebuie decis când, unde, cum şi cine va gestiona emoţiile copilului. Acesta este rolul moderatorului: înţelege copilul şi analizează care este, în condiţiile date, cea mai eficientă strategie care îi va permite copilului să se exprime, să simtă şi să fie readus la o stare de echilibru emoţional. *Când* ar trebui abordate emoţiile copilului ar putea însemna dacă acum sau mai târziu, când mai scade intensitatea sau amândouă. *Unde* sunt abordate emoţiile copilului poate fi un spaţiu privat sau public. De exemplu, ai putea decide să-i distragi atenţia cât sunteţi la cumpărături, dar să-l inviţi să se exprime când reveniţi acasă. *Cum* îţi călăuzeşti copilul către sentimentele de vulnerabilitate ar putea însemna să vorbeşti cu el direct, să-i citeşti o carte cu poze ori să-l ajuţi să se exprime prin joc. Există multe persoane care pot ajuta copilul când e vorba de sentimentele lui, dar părintele trebuie să decidă *cine* are o relaţie suficient de matură cu copilul pentru a scoate la suprafaţă sentimentele de vulnerabilitate.

Energia emoţională trebuie să curgă; nu este ceva negociabil, ci este responsabilitatea fiecărui părinte de a crea odihnă prin contrabalansarea şi neutralizarea emoţiilor copiilor mici. De exemplu, mama lui Kai povesteşte că a comandat nişte machete de avioane pentru fiul ei în vârstă de 4 ani. De cum a aflat despre avioane, Kai s-a arătat foarte entuziasmat şi întreba întruna când sosesc. După 48 de ore, mama şi-a pierdut răbdarea. „Ţi-am zis deja de o sută de ori, mai durează o săptămână, nu mă mai bate la cap cu aceeaşi întrebare! Nu înţelegi că trebuie să aştepţi?" Dar Kai nu avea capacitatea de-a fi răbdător, deoarece aceasta presupune amestecarea a două sentimente – frustrare şi afecţiune. Dorinţa lui de a-şi primi avioanele era chinuitoare. Kai simţea doar o dorinţă arzătoare; şi îi lipseau lacrimile cauzate de faptul că trebuia să aştepte pentru ceva ce-şi dorea imediat. Tatăl său a fost cel care a răspuns întrebărilor continue ale lui Kai, fiindu-i alături la supărare: „Știu că adori avioanele și că ești entuziasmat că urmează să le primești prin curier. Este foarte greu să auzi că trebuie să aștepți. Te simți frustrat că nu au venit". Această abordare a avut menirea de-a transforma frustrarea lui Kai în lacrimi. În timp ce plângea, Kai a înțeles că este inutil să întrebe întruna când urmează să vină avioanele și s-a oprit.

Povestea lui Kai exemplifică faptul că la vârste mici copiilor le lipsește capacitatea de a-și face ordine în sistemul emoțional atunci când se simt foarte tulburați. Când îi spunem copilului să înceteze, riscăm să reducem sau să alterăm exprimarea în loc să-l ajutăm să-și înțeleagă sentimentele și să le gestioneze. Acesta este motivul pentru care părinții trebuie să devină moderatori și să renunțe la abordări de tipul „Încetează!", înlocuindu-le cu unele care au un efect de neutralizare asupra energiei emoționale a copilului.

Ceea ce ar trebui noi să înțelegem cu adevărat, pentru binele micuților noștri, este că lipsa maturității emoționale poate duce la un comportament agresiv, nepăsător și egocentrist. Ei au nevoie de ajutor și îndrumare pentru a atinge maturitatea emoțională și a putea să relaționeze cu celelalte persoane într-o manieră responsabilă. Asta înseamnă că adulții trebuie să aibă o relație cu sentimentele copiilor lor. Părinții trebuie să-și ajute copiii să învețe un limbaj al inimii, să tragă de timp pentru ei până când reușesc să-și controleze impulsurile generate de conținutul emoțional și să le modereze reacțiile intense. Copiii nu pot evolua și nu se pot dezvolta ca ființe emoționale în lipsa relațiilor cu adulții care să acționeze ca un scut și să le conserve blândețea inimilor.

7

Lacrimi și crize de afect
Să înțelegem frustrarea și agresivitatea

Dumnezeu știe că n-ar trebui să ne rușinăm niciodată de lacrimile noastre, căci sunt ca ploaia peste praful orbitor al pământului, căzând ca un balsam pe inimile noastre împietrite. După ce am plâns, m-am simțit mai bine decât înainte – mai plin de regrete, mai conștient de nerecunoștința mea, mai îmbunat.

CHARLES DICKENS[1]

În toiul unei întâlniri de afaceri, atenția lui Elise a fost distrasă de mesajul furios al soacrei sale, care avea grijă de fiul ei, Nathan, în vârstă de 3 ani și jumătate. Folosind un ton controlat, din care răzbătea totuși panica, bunica a povestit că nepotul ei are „o criză“ pe trotuar, țipând, plângând și refuzând să se miște. Atunci când Elise a întrebat ce se întâmplase, bunica a spus: „Încercam să-l scot pe Nathan la prânz la sushi, așa cum ai zis, dar el vrea altceva… țipă că vrea «ham-ciurgări». Am făcut greșeala de a trece pe lângă un restaurant la care au și acum nu vrea să mă mai asculte… Te rog, poți să vorbești tu cu el?“ Elise i-a răspuns: „Nu e nevoie decât să-i zici nu și să-l consolezi. E-n regulă să plângă“. Soacra a făcut o pauză, în care Elise și-a auzit fiul urlând: „Vreau cartofi prăjiți, vreau ham-ciurgări", apoi bunica a revenit la telefon: „E foarte vocal și foarte supărat. Nu pot să-i zic asta. Mi se rupe inima să-l aud plângând și să-i zic nu. Pot să ți-l dau la telefon ca să-i zici tu nu".

Auzind plânsul fiului său și disperarea din glasul bunicii, Elsie și-a dat seama că este inutil să încerce sushi la prânz. Nu putea rezolva situația de la distanță, dar nu putea nici să riște să-i demonstreze lui Nathan că soacra ei nu poate să se descurce cu el. Așa că Elise i-a oferit cea mai bună opțiune din acel moment: „Spune-i lui Nathan că te-ai răzgândit și că și ție ți-e foarte poftă de hamburgeri. Spune-i că-ți folosești titlul de Bunică și decizi să-l duci acolo". În timp ce bunica răsufla ușurată, Elise spera că această variantă va fi suficient de bună pentru a-l convinge pe Nathan că cineva era în continuare la conducere ca să-l scoată din impas.

Puterea frustrării unui copil mic îl poate determina pe adult să cedeze și să se ascundă, dar asta va afecta capacitatea adultului de a conduce copilul și de a-l determina să accepte limite și restricții. Când se confruntă cu lacrimi și crize de afect, adulții trebuie să știe când să le ofere copiilor o schimbare, când să-i ajute să accepte lucrurile care nu pot fi schimbate și să aibă înțelepciunea de a vedea diferența.

Forța antepreșcolarului și uraganele preșcolarului

Copiii mici sunt niște agenți ai schimbării feroce și tenaci, care se luptă să obțină ce-și doresc indiferent de prețul plătit. Cererile lor sunt alimentate de emoții, dar sunt deconectate de constrângerile realității. Dacă un fursec a fost gustos, atunci punga întreagă sigur e „și mai gustoasă". Dorințele și cererile lor nu sunt afectate de cunoaşterea faptului că nu pot obţine mereu ce-şi doresc şi nici de neştiinţa a ceea ce e bine pentru ei. Ei pot argumenta asemenea avocaţilor, pot negocia ca agenţii de vânzări şi pot demonstra că plânsul bâzâit este cel mai enervant sunet perceput de urechea umană, mai rău decât sunetele ascuţite produse de un ferăstrău circular.[2] Nu-i o glumă proastă făcută părinţilor, ci o caracteristică foarte utilă a dezvoltării, care le permite părinţilor să ajute copiii să se adapteze la lumea în care trăiesc. Copiii nu se nasc cu informaţii presetate referitoare la limite şi restricţii, dintr-un motiv foarte bun: pentru a permite flexibilitate, reversibilitate şi maleabilitate în adaptarea la mediul lor. Provocarea constă în faptul că adulţii trebuie să fie cei care le prezintă copiilor futilitatea vieţii şi care le sunt alături când simt frustrare, până ajung să accepte. În caz contrar, pot apărea probleme alfa şi o lipsă de flexibilitate atunci când copiii se confruntă cu dificultăţi.

Când trăiesc sentimente de frustrare, copiii mici pot răbufni în moduri inconfundabile, care includ ţipete, urlete, lovituri, muşcături, lovit cu capul de suprafeţe, zgârieturi, ciupituri, vomă sau o combinaţie din cele de mai sus. Aşa cum zicea un tată, „Din secunda în care nu primeşte ce vrea – o ciocolată, scaunul pe care s-a aşezat sora lui, o jucărie, diverse obiecte din casă precum coada câinelui – fiul meu în vârstă de doi ani începe să lovească, să muşte şi să arunce cu tot ce-i pică-n mână. Şi-n acelaşi timp ţipă foarte tare. Mai şi plânge, dar sunt lacrimi de furie". Ironia face ca modul în care este cel mai predispus un copil la a-şi exprima frustrarea brută să coincidă adesea cu ceea ce i se pare cel mai insuportabil adultului care-l îngrijeşte. Părinţii care au fobie de vomă se trezesc cu copii care vomită, iar părinţii sensibili la zgomote au parte de urlători. O femeie care a adoptat un bebeluş chiar la naştere m-a întrebat: „Noi nu ţipăm şi nu urlăm la noi în casă. Eu şi soţul meu suntem cei mai paşnici părinţi, dar fiica mea a început să se trântească pe podea şi să ţipe din toţi rărunchii. Sunt îngrijorată – are probleme de sănătate mintală?“ Deşi am asigurat-o că în rândul copiilor mici sunt frecvente crizele de afect, ea a insistat: „Și eu ce ar trebui să fac când ea se comportă astfel?“

Părinţii vor confirma că primii ani de viaţă ai copiilor reprezintă nişte vremuri violente, deoarece copiii mici nu-şi pot controla impulsurile şi nici emoţiile puternice. Aşa cum afirmă Gordon Neufeld, „Norocul nostru este că au trupuri mici şi ţinta proastă“.[3] Frustrarea lor poate erupe într-o secundă, aducând cu sine provocări neaşteptate şi comportament necivilizat. Părintele poate fi cuprins de nelinişte când îşi vede copilul dezlănţuindu-se, aşa cum mi-a dezvăluit o mămică în cadrul unei conversaţii telefonice: „Azi, după ce am refuzat să-i cumpăr ceva, fiica mea de trei ani mi-a tras un pumn în cap, ţipând şi lovind cu picioarele în timp ce o scoteam din magazin. Atunci mi-am dat seama că am nevoie de o strategie mai bună ca să-i pot face faţă!“ Vestea bună este că reacţiile brute ale copilului ar trebui să înceapă să se diminueze în contextul unei dezvoltări ideale, în jurul schimbării de la 5-7 ani. Formele de agresivitate fizică ar trebui să înceapă să fie verbalizate, iar copilul, chiar dacă va trece prin episoade de tremurat şi scuturat, va avea tot mai rar ieşiri agresive. Întocmai cum zicea un copil în vârstă de 5 ani care se simţea prost din cauză că ţipase: „Am încercat să mă controlez, dar gâtul şi gura mea n-au mai rezistat“.

Odată cu schimbarea de la 5-7 ani, apare *amestecarea sentimentelor și a gândurilor*, care aduce o rezolvare firească frustrării brute a copiilor. Atunci când un copil se simte atât *frustrat* din cauza cuiva, cât și *panicat* la gândul că ar putea răni respectiva persoană, conflictul dintre aceste sentimente îi va afecta reacția. Atunci când va reuși să simtă în același timp atât *impulsul de a ataca* pe cineva, cât și *dorința de a nu răni* pe cineva, va putea da dovadă de o mai bună stăpânire de sine. Amestecarea sentimentelor și a gândurilor îi stăpânește ieșirile, permițând cuvintelor să exprime frustrarea. Având îndrumarea adulților, cuvintele vor căpăta, la rândul lor, forme mai civilizate de exprimare – „Față de caca ce ești, te urăsc, tati“ se va transforma în „Mă simt frustrat. Nu-mi place răspunsul tău“.

Frustrarea este adesea percepută ca o emoție problematică, din cauză că este asociată cu atacuri energice și cu gesturi agresive. Cu toate acestea, frustrarea nu este ceva ce trebuie dezvățat; este o emoție importantă, cu care oamenii vin echipați din motive bine întemeiate. Este o forță puternică și are o sarcină bine determinată – frustrarea este emoția schimbării. E menită să ne dinamizeze și nu este un lucru de care putem fugi sau pe care să-l putem face să dispară. Le facem un bine copiilor noștri dacă le putem struni puterea aducând-o într-un sistem de intenționalitate și luare a deciziilor până când ajung tineri adulți. Vor avea capacitatea de a merge înainte și de a efectua schimbări într-o manieră civilizată și responsabilă. Vor avea posibilitatea de a-și asuma răspunderea și de a-i face și pe alții să-și asume răspunderea pentru ce nu funcționează și ce trebuie să se schimbe. Trebuie să ajutăm copiii să înțeleagă acest rezervor puternic de energie emoțională care sălășluiește în interiorul lor. Frustrarea stă la baza capacității noastre de-a schimba lumea din jurul nostru, dar și pe noi, pe măsură ce ne maturizăm.

Frustrarea este o emoţie puternică, care îi determină pe copiii mici să schimbe ce nu le convine. Cu toate acestea, trebuie să fie pregătiţi să trăiască într-o lume în care nu pot schimba mereu situaţia după dorinţă. Pentru a face asta, adulţii trebuie să accepte că nu e nimic în neregulă cu copiii mici care-şi doresc şi cer lucruri - precum fursecuri la micul dejun sau o oră mai târzie de culcare. Este imperativ ca adulţii să nu cedeze şi să nu uite că este responsabilitatea lor să prezinte futilităţile vieţii, care sunt numeroase, şi să ajute copiii în vârstă de 3 ani să adoarmă atunci când aceştia spun „Nu vreau să merg la culcare. Sunt o fiinţă nocturnă, ca hamsterul meu".

Pentru a ajuta copiii să accepte futilitatea unei situaţii, *nu* este necesar un proces logic, ci unul *emoţional*. Ei nu au capacitatea de-a evalua ce este futil şi au nevoie de ajutor pentru a înţelege cărui demers să-i dea curs şi la ce demers trebuie să renunţe. Pot fi de neoprit în încercarea de a obţine ceva, iar adulţii trebuie să joace un rol activ ajutându-i să evite demersurile inutile. Eforturile de a convinge un copil mic să se răzgândească apelând la o manieră raţională sunt, de obicei, sortite eşecului. Trebuie să facem apel la inima lor, nu la mintea lor, pentru a-i face să înţeleagă futilitatea. Ei trebuie *să simtă* că se confruntă cu limite şi restricţii în viaţă. Trebuie să-i facem să înţeleagă *cu inima* că nu se va întâmpla ceea ce vor ei. Trebuie să-i ajutăm să ne audă spunând „nu" şi să-i convingem să accepte refuzul la nivel *emoţional*. Ca într-un labirint, copilul mic trebuie să simtă unde este o fundătură, ca să poată găsi o altă cale. Întocmai cum i-a zis un copil în vârstă de 4 ani tatălui său atunci când şi-a dat seama că acesta nu urmează să se răzgândească: „Tati, nu-mi place că-mi zici nu. O să te spun lui mami".

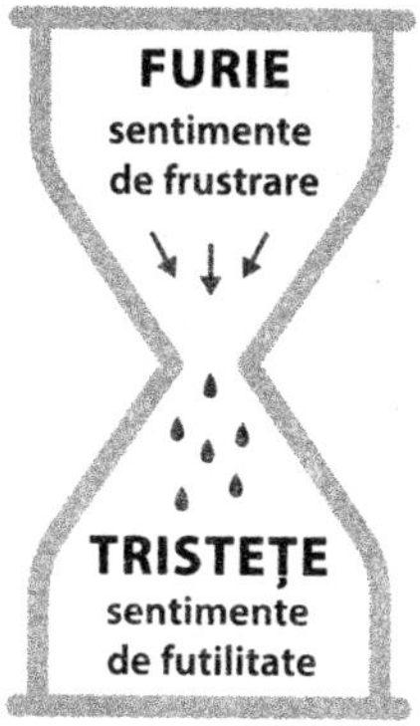

FIGURA 7.1 Adaptare din cursul
Neufeld Making Sense of Aggression

Copiii pot accepta că ceva este futil numai dacă sunt îndemnați să simtă tristețe, dezamăgire și pierdere atunci când nu pot face schimbări. Dacă inima copiilor este blândă și poate percepe sentimente de vulnerabilitate, furia ar trebui să se transforme în tristețe. Sentimentele de frustrare ar trebui să se transform în sentimente de futilitate. Lacrimile de tristețe (care nu trebuie confundate cu lacrimile de furie) sunt semnalul că un copil a ajuns la capătul căutării futile și creierul său a înțeles mesajul că respectivul lucru nu se va schimba. Bâzâitul neîncetat, energia plină de frustrare a copiilor mici se vor transforma, aproape ca prin magie, în tristețe sau dezamăgire. Sentimentele de frustrare ar trebui să se oprească și energia emoțională ar trebui să se transforme în capitulare – copiii se vor putea odihni. Pe măsură ce copiii acceptă ce nu pot schimba, ochii lor s-ar putea umple de lacrimi și ar putea începe să plângă. Este nevoie de lacrimi generate de tristețe sau dezamăgire față de ceea ce nu poate fi schimbat pentru ca micuții să accepte futilitățile vieții și să devină mai flexibili și mai descurcăreți.

Beatrice este o fetiță în vârstă de 3 ani îndrăgostită de dulciuri, pe care i le cerea întruna mamei, mai ales la micul dejun. După multe refuzuri, multe lacrimi și multă consolare din partea mamei, Beatrice a acceptat verdictul și a încetat să mai ceară. O lună mai târziu, mama a fost surprinsă când Beatrice a cerut iar dulciuri la micul dejun. Un pic frustrată, mama a răspuns sarcastic: „Sigur, poți mânca oricât bomboane vrei la micul dejun. Și fursecuri, și tort. Nu uita că avem înghețată în congelator – ia un castron și umple-l cu vârf!" Beatrice a făcut ochii mari și a deschis gura, dar n-a reușit să zică nimic o vreme, apoi a oftat și a spus: „Mami, așa ceva nu s-ar întâmpla decât dacă tu ai fi moartă!" Mama s-a convins astfel că Beatrice se adaptase, fără ca prin asta să-i fie zdrobit spiritul. Beatrice știa că dulciurile sunt interzise la micul dejun, dar asta nu însemna că nu are voie să și le dorească.

Importanța lacrimilor de tristețe

Lacrimile de tristețe sau de dezamăgire confirmă faptul că un copil a înțeles futilitatea. Așa cum afirmă psihologul specializat în teoria dezvoltării Aletha Solter, „Atunci când copiii plâng, răul s-a produs deja. Plânsul nu este cauzat de rău, ci de procesul de vindecare".[4] Capacitatea de a plânge când se confruntă cu probleme emoționale este specific umană, conform neurologilor, idee ce sprijină teoria lui Darwin conform căreia plânsul este o formă specială de exprimare, cu care doar noi, oamenii, suntem înzestrați. Lacrimile au fost asociate cu sentimentul de alinare, cu reducerea tensiunii și cu vindecarea. Cercetările făcute de William Frey au demonstrat că lacrimile curse la tristețe elimină substanțe toxice din sistemul circulator.[5] Atunci când sunt vărsate lacrimi, se eliberează totodată și ocitocină, hormonul atașamentului, care inhibă cortizonul, hormonul biologic al stresului. Atunci când copiii plâng și sunt consolați de figurile de atașament, le cresc nivelurile de ocitocină și le scad cele specifice stresului.[6] La copiii mici, lacrimile sunt cel mai bun indicator al unui sistem emoțional care funcționează bine.

Una dintre problemele pe care le prezintă plânsul constă în faptul că lacrimile nu sunt acceptate în mod egal în rândul băieților și al fetelor. Definițiile contemporane ale masculinității pun presiune asupra părinților să suprime lacrimile băieților și sentimentele lor de vulnerabilitate.[7] Este interesant că lucrurile nu au stat mereu așa. Cândva, lacrimile bărbaților erau considerate un semn al virtuții și al comportamentului ales.[8] Atunci când nu sunt încurajate să iasă la lumină, lacrimile pot rămâne blocate, iar frustrarea copiilor se poate transforma în forme de exprimare mai puțin vulnerabile, precum agresivitatea fizică.

În ciuda efectului revigorant pe care îl au lacrimile atât asupra fetelor, cât și asupra băieților, ele sunt amenințate într-o lume care împarte emoțiile în pozitive și negative și în care se dorește obținerea fericirii și a calmului cu prețul tristeții și al supărării. William Blake a scris că „Fericirea și durerea sunt întrețesute cu măiestrie“, sugerând că o viață împlinită presupune atât fericire, cât și tristețe. Atunci când le transmitem copiilor noștri că este greșit să fie triști, le zădărnicim atât lacrimile, cât și oportunitatea de a-și găsi liniștea în lucruri pe care nu le pot schimba. Lipsa sprijinului atunci când vine vorba de plâns afectează cultivarea adaptabilității și a flexibilității. Uneori, părinții sunt de părere că lacrimile sunt un semn că ei fac ceva greșit, când în realitate ele sunt un indicator al faptului că micuțul lor le-a încredințat inima sa.

Probabil că societatea și cultura se feresc de lacrimi din cauză că ele exprimă vulnerabilitate și dependență. Biologul evoluționist Oren Hasson afirmă că apariția lacrimilor comunică o scădere a protecției persoanei respective, care devine astfel mai receptivă la consolare și îngrijire.[10] Într-o lume care se hrănește din independență și care forțează copiii mici să se maturizeze prea repede, lacrimile vin în antiteză cu acest mesaj. Lacrimile semnalează dependență și transmit dorința de-a se lăsa îngrijit. Supraviețuirea emoțională a copiilor mici depinde de atașamentul lor față de un adult care-i îngrijește.

Copiii mici nu sunt făcuți să se îngrijească singuri de sentimentele lor; ei abia învață să le identifice și nu le pot controla. Trebuie să încetăm să mai plasăm pe umerii copiilor responsabilitatea noastră în ceea ce privește supărarea și trebuie să renunțăm la afirmații de tipul „Controlează-te", „Calmează-te", „De ce nu poți să înțelegi?", „Ți-am spus de o sută de ori...", „Nu mai fi așa", „Încetează", „Trebuie să gândești mai pozitiv" sau clasica replică „De ce plângi? Îți dau eu motiv de plâns". Trebuie să le îngrijim frustrarea și lacrimile; sunt cele mai clare semnale că un copil are nevoie de ajutor. Scopul este să ajutăm copiii să înțeleagă ce stă în spatele lacrimilor lor, dar ei nu vor să-și împărtășească lacrimile cu oricine. Abilitatea de-a ajuta copiii să plângă ne duce înapoi la dansul atașamentului și la copiii care se bazează pe îngrijitorii lor.

Frumusețea lacrimilor constă în faptul că ele caută mereu să fie exprimate, asemenea frustrării. Uneori, calea către tristețe se va deschide în cele mai ciudate feluri – un deget scrântit, o jucărie stricată sau pierdută. Unii părinți sunt surprinși de volumul și de intensitatea lacrimilor pe care le varsă copiii atunci când calea este deschisă. Când înțelegi că lacrimile așteaptă să fie exprimate, este mai ușor să empatizezi cu ei în urma unor incidente aparent banale care îi ajută să-și dea drumul lacrimilor. O mamă își amintește cum copilul ei diagnosticat cu autism a început să plângă din senin:

> „Alex tocmai depășise un an intens, plin de panică, fobii îngrozitoare, suferințe enorme, mai mult decât orice aș fi crezut că poate îndura un copil de patru ani. Într-o zi, stătea la calculator și descoperise niște muzică, un madrigal melancolic. A fost atât de impresionat de tristețea aceea frumoasă, încât a început să plângă. Un plâns blând, trist, profund – nu protestele urlătoare ale unei persoane torturate pe care le auzisem tot anul trecut. Trecuse atâta timp de când auzisem ultima dată acest tip de plâns!"

Mamei respective i-au dat lacrimile de emoție când a văzut exprimarea emoționantă a fiului ei, uimită că această melodie reușise să scoată la iveală atât de multe lucruri din inima lui, și se simțea cu adevărat recunoscătoare că se întâmplase astfel. Unul dintre cele mai bune daruri pe care le putem face copiilor noștri este să le prețuim lacrimile de tristețe și să le creăm spațiul de care au nevoie ca să curgă.

Copiii mici sunt ființe adaptive, care așteaptă să se dezvolte primind îngrijirea potrivită de la părinți. Este un proces dezordonat, zgomotos, haotic, violent, imprevizibil, obositor, dar și satisfăcător, pe măsură ce roadele adaptării prind viață sub ochii noștri. Cel mai mare dar pe care-l putem oferi copiilor mici este să-i ajutăm să-și găsească tristețea și lacrimile atunci când se confruntă cu lucruri pe care nu le pot schimba. Vor putea învăța din propriile lor greșeli, vor fi transformați de cele pe care nu le pot schimba și-și vor folosi frustrarea pentru a schimba lucrurile pe care le pot schimba. Uneori, forța emoțională din spatele frustrării poate fi domolită de renunțarea pe care numai lacrimile o pot aduce, timp în care căutările futile încetează, iar noi ne putem odihni. Lacrimile le aduc copiilor odihnă, pentru ca ei să se poată juca și dezvolta – iar noi trebuie să devenim persoanele aducătoare de lacrimi și confort de care au nevoie copiii noștri.

Futilități frecvent întâlnite în copilărie

Sentimentele de furie trebuie să se transforme în tristețe atunci când copiii noștri se confruntă cu lucruri pe care nu le pot schimba. Mai jos este o listă cu 15 dintre cele mai frecvente futilități cu care se confruntă copiii mici, alături de patru dintre cele mai dificil de gestionat.

1. *Futilitatea de-a încerca să se agațe de experiențele plăcute.* Atunci când se distrează, copiii mici nu vor ca distracția să se termine – și cine le-o poate lua în nume de rău? Plecarea de la bunici, de la o întâlnire cu prietenii sau de la o petrecere poate provoca reacții pline de frustrare din partea copiilor mici. De fiecare dată când trebuie să facă o tranziție, când trebuie să se despartă de cineva, momentul poate cauza tristețe și frustrare.
2. *Futilitatea de-a încerca să facă să meargă ceva ce nu funcționează.* Copiii mici cred că adulții pot repara orice nu funcționează, de la jucării stricate la vreme proastă. Este posibil să ne ceară soare într-o zi înnorată sau să se

deschidă un magazin care este închis. Aşteptările lor nu au nimic de-a face cu realitatea, ci cu dorinţele lor.

3. *Futilitatea de-a încerca să fie posesorul unui părinte – sau al oricărei persoane.* După ce se naşte şi este tăiat cordonul ombilical, copilul nu va mai fi niciodată atât de apropiat de altă persoană. Asta nu-l opreşte din a încerca să-şi revendice şi să posede persoane. Împărţirea persoanei iubite cu oricine altcineva este dificilă şi poate duce la lupte pentru teritoriu.
4. *Futilitatea de-a vrea să-şi trimită fratele sau sora de unde a venit.* Adaptarea la naşterea unui frate sau a unei surori implică adesea o cale plină de frustrare şi multe lacrimi pentru toate lucrurile care se schimbă, inclusiv faptul că primeşte mai puţină atenţie, este mai mult zgomot şi trebuie să împartă spaţiul. Gabriella, în vârstă de 4 ani, i-a zis mamei sale, care era gravidă: „Dacă vei naşte o fată, o s-o botez Coş-de-Gunoi şi o s-o arunc la tomberon. Dacă o să fie băiat, o să-l botez Bebe şi o să-i cumpăr un cadou special".
5. *Futilitatea de-a vrea să fie mai deştept decât altcineva.* Una dintre futilităţile cu care se confruntă copiii mici atunci când încep şcoala o constituie diferenţa dintre ei şi ceilalţi copii. Este posibil să-şi dorească să poată citi sau arunca mingea ca alt copil sau se poate încărca de frustrare atunci când îşi compară talentele. Copiii nu se nasc conştienţi de faptul că toţi suntem diferiţi, că multe lucruri se învaţă prin încercare şi eroare. Ceea ce văd copiii mici este distanţa dintre locul în care se află şi locul în care doresc să ajungă.
6. *Futilitatea de-a dori să fie perfect sau să evite eşecul.* Copiii mici se pot umple de frustrare atunci când fac

greşeli sau când ce-şi imaginează ei nu prinde viaţă conform viziunii lor. Turnuleţele se năruie şi desenele arată mai bine în imaginaţia lor, ducând la erupţii pline de frustrare. Confruntarea cu imperfecţiunea umană este frustrantă şi impune vărsarea de lacrimi.

7. *Futilitatea de-a încerca să controleze circumstanţele.* Există multe evenimente pe care nu le putem controla în viaţă, precum trecerea timpului sau pierderea lucrurilor care ne plac. Copiii mici pot percepe astfel de lucruri ca fiind foarte frustrante şi alarmante. O mamă a scris:

„Îmi amintesc de fiica mea atunci când ne-am luat prima dată pui de găină. Am avut unul mic, care nu părea prea sănătos. Fiica mea l-a botezat Humphrey. În următoarele trei zile ne-am zbătut să-l ţinem în viaţă. Ea a plâns anticipându-i moartea, deoarece era evident că nu se simte bine. Atunci când puiul a murit, mi-am dat seama că o parte din mine a vrut să se poarte de parcă nu s-ar fi întâmplat, să spun că «a plecat» sau că «a murit peste noapte» şi să îndepărtez toate dovezile morţii lui pentru a evita s-o supăr. În schimb, l-am lăsat acolo, ca ea să-l vadă mort dimineaţa. A plâns mult. L-am îngropat pe Humphrey cu o mică ceremonie şi ea a plâns iarăşi. Multe luni după aceea am tot vorbit despre Humphrey, iar ea tot mai plângea. Data următoare când am pierdut un pui – cam la un an distanţă –, Jasmine a plâns un pic, dar apoi a zis «A doua oară e mai uşor».“

8. *Futilitatea de-a încerca să dea timpul înapoi sau să revină asupra unui fapt consumat.* Copiii mici se răzgândesc adesea şi încearcă să-şi schimbe decizia retroactiv. Îşi mănâncă îngheţata de ciocolată, ca apoi să spună că de fapt îşi doreau una de vanilie. Ideea permanenţei şi a imposibilităţii de-a reveni asupra actului

consumat este greu de cuprins pentru copiii mici şi creează frustrare.

9. *Futilitatea de-a încerca să facă magie sau să înfrângă legile naturii.* Copilăria timpurie reprezintă un moment în care se învaţă legile naturii. Tatăl unui băiat mic mi-a povestit că fiul lui explodează de frustrare de fiecare dată când mingea este undeva în aer şi el îşi doreşte ca ea să rămână acolo şi se supără atunci când cade pe pământ. Conştientizarea abisului dintre imaginaţia lor şi realitate poate fi frustrantă.
10. *Futilitatea de-a dori să câştige de fiecare dată.* Atunci când se joacă, copiii mici vor adesea să câştige – cu orice preţ, chiar şi trişând. Ei schimbă regulile pentru a le face să corespundă nevoilor lor sau inventează reguli noi pe parcurs. Am auzit copii zicând „Dacă câştigi înseamnă de fapt că pierzi şi dacă pierzi înseamnă de fapt că eşti câştigătorul". O mamă a fost îngrozită când am sugerat că copiii mici n-ar trebui să câştige de fiecare dată. Ea a întrebat: „Adică n-ar trebui să-mi las fiul să mă bată la şah de fiecare dată când jucăm? E şi el mic". Am întrebat-o unde consideră că este mai bine ca fiul ei să înveţe că nu poate fi tot timpul câştigător. Ea s-a gândit la întrebare şi a conchis că probabil are de jucat un rol în pregătirea fiului ei pentru eşecurile de la locul de joacă sau de la şcoală.
11. *Futilitatea de-a dori să fie mai mare decât este.* Atunci când se compară cu alţii, copiii şi-ar putea dori să fie mai înalţi, mai în vârstă sau mai masivi. Un copil în vârstă de 5 ani şi-a întrebat tatăl: „Pot să spun că am şase ani, chiar dacă nu-i aşa?" Atunci când tatăl l-a întrebat de ce, el a răspuns: „Pentru că toţi din clasă sunt mai mari ca mine

și vreau și eu să am șase ani". Tatăl i-a răspuns cu înțelepciune: „Tu ești cine ești și nu poți schimba asta".

12. *Futilitatea de-a vrea să fie cel mai bun și primul în orice.* Copiii mici au instincte alfa care caută un mod de exprimare, își doresc să fie primii și cei mai buni și să-i întreacă pe toți. „Ofticoșii" sunt acei copii care nu au fost ajutați să accepte că zadarnic se așteaptă să fie ei mereu primii. Lupta care se dă între copii pentru supremație transpare din felul cum se înghesuie copiii unul în fața celuilalt când se încolonează la școală. Este important să fie împiedicați copiii mici în a fi primii tot timpul și să fie ajutați să înțeleagă că pot supraviețui atunci când se întâmplă asta.
13. *Futilitatea de-a vrea să fie dorit acolo unde nu este dorit.* Uneori, copiii mici nu sunt invitați la petreceri prilejuite de ziua de naștere a cuiva sau la întâlniri; uneori, fratele sau sora lor refuză să se joace cu ei. Uneori, adulții trebuie să-i ajute pe copii să-și găsească tristețea și lacrimile atunci când se confruntă cu respingerea. Adesea, adulții se grăbesc să rezolve problemele care apar între prieteni, insistă că toți copiii ar trebui să fie prieteni, în încercarea de-a evita sentimentele rănite. Deși este de înțeles, mai ales în cazul copiilor care sunt adesea respinși de colegi, pentru copiii mici este de asemenea important să poată intui unde nu sunt bineveniți și să răspundă în consecință.
14. *Futilitatea de-a vrea să cunoască viitorul.* Uneori, copiii mici vor să știe ce urmează să se întâmple, de exemplu în prima zi de grădiniță, adesea ca urmare a sentimentelor de panică și nesiguranță. Dacă ajutăm copilul să plângă pentru schimbările care se anunță și-l încredințăm că va

fi îngrijit, îi vom diminua panica și frustrarea ce-și au izvorul în situațiile imprevizibile și necunoscute.

15. *Futilitatea de-a dori să evite supărarea.* Copiii mici își doresc adesea să evite supărări precum tristețea sau plictiseala. Uneori încearcă să se distreze singuri, alteori pretind stimulare. O parte a rolului de părinte este să-i ajute să gestioneze supărările inevitabile în viață, precum pierderea unui balon sau înghețata care cade pe asfalt, și să nu încerce să le prevină în totalitate.

Patru dintre futilitățile cel mai greu de gestionat

1. *Futilitatea în fața limitelor și a restricțiilor.* De îndată ce copiii mici încep să umble, interesele și dorințele lor prind viață și sporesc pe măsură ce ei își explorează lumea. De obicei, copiilor nu le plac limitele și restricțiile care li se impun, preferând să facă orice doresc. Ei vor insista că preferă să se joace în loc să doarmă, să iasă din casă fără jachetă sau să golească dulapurile și sertarele. De fiecare dată când adultul setează limite sau restricții pentru copiii mici, este de așteptat să apară și ceva frustrare. Este important să nu folosim mereu distragerea atenției sau alte măsuri pentru a evita supărarea și să-i ajutăm să-și găsească lacrimile.
2. *Futilitatea de-a încerca să controleze acțiunile și deciziile altor persoane.* Atunci când nu reușesc să controleze ce fac alte persoane, copiii mici pot deveni frustrați de inabilitatea lor de a influența rezultatele. O fată în vârstă de 4 ani i-a cerut prietenului ei să nu-i mai facă dezordine pe masă în timp ce se joacă de-a casa cu jucăriile lor de pluș. El n-a ascultat, în ciuda tentativelor ei repetate de

a-i cere să se oprească. Din disperare, ea a țipat la el și a început să-l lovească cu tacâmurile din plastic. A început și el să țipe, incapabil s-o oprească de la a-l mai împunge: „N-am fost eu, jucăria de pluș a făcut-o!" În acest moment, ea a început să-i lovească ursulețul cu furculița. Este dificil atunci când copiii încep să priceapă că nu pot controla acțiunile celorlalți.

3. *Futilitatea ce ia naștere din propria natură a cuiva.* Copiii mici își doresc adesea să stăpânească lucruri pe care corpul lor încă mai învață să le facă, precum legatul șireturilor, fixarea centurii de siguranță, escaladarea unui perete de cățărare, coloratul în contur sau scrierea propriului nume. Uneori copii au dizabilități care îngreunează mișcarea sau învățarea. Limitările fizice sau emoționale pot fi frustrante și e nevoie de lacrimi pentru a se produce adaptarea la posibilități. Copiii sensibili au adesea nevoie să plângă mult din cauza lucrurilor pe care nu le pot realiza.
4. *Futilitatea neîmplinirii.* Împlinirea ia naștere din obținerea unui rezultat pe care îl dorim, dar nu este mereu posibil din punct de vedere realist. Uneori, copiii mici nu obțin ce vor, precum cățelul sau pisoiul pe care i l-au cerut Moșului de Crăciun. Ei au dorințe, planuri, solicitări și nevoi care rămân nesatisfăcute, iar asta va crea frustrare. Un băiat a exclamat: „Ziua de naștere a fratelui meu e cea mai rea zi din viața mea!" Una dintre futilitățile cel mai greu de suportat pornind de la nevoi neîmplinite este separarea de cineva de care copilul dorește să fie apropiat, de pildă, de un părinte. Lucrul acesta va declanșa o alarmă, pe lângă faptul că micuțul va începe să caute persoana dorită; mai multe pe acest subiect, în capitolul 8.

Cum ajutăm copiii să se adapteze la futilităţile vieţii

Cum putem ajuta copiii atunci când frustrarea lor erupe şi se revarsă? Cum dezvoltăm o relaţie cu frustrarea lor într-o manieră care îi ajută să se adapteze la futilităţile vieţii lor? „Intersecţia frustrării" la Neufeld demonstrează trei rezultate posibile ce reies în urma frustrării şi modul în care părinţii pot ajuta copilul să se adapteze la ceea ce nu poate schimba. Frustrarea are trei rezultate posibile atunci când este stârnită: (1) copiii încearcă *să schimbe* ce nu le convine, (2) copiii *se adaptează* la ce nu pot schimba sau (3) copiii trec la *atac*.

Intersecţia frustrării lui Neufeld

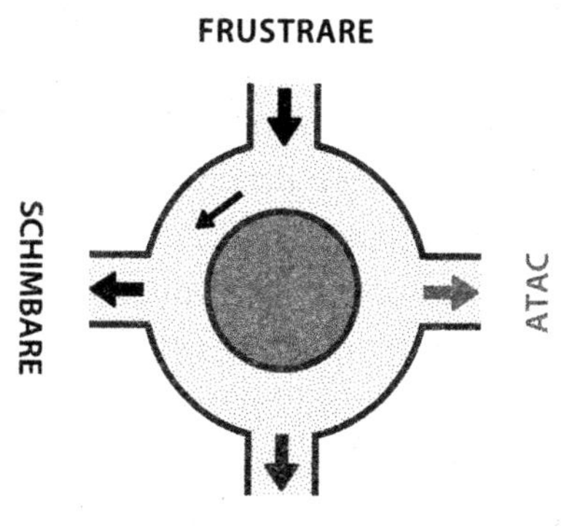

FIGURA 7.2 Preluată din cursul *Neufeld Making Sense of Aggression*

1. Copiii încearcă să schimbe ce nu le convine

Atunci când copiii sunt frustraţi, unul dintre primele lucruri pe care vor încerca să le facă este să producă o schimbare milogindu-se, implorând sau bâzâind. Frustrarea lor va dispărea dacă părintele cedează în fața rugăminților, dar aceasta este o decizie subiectivă pe care o ia fiecare părinte în parte de fiecare dată când se confruntă cu acest tip de situații. Criteriile avute în vedere în luarea deciziei includ temporizarea, contextul situației, cine va spune nu și se va confrunta cu potențiala supărare. Părinții nu ar trebui să spună nu doar pentru a demonstra ceva. Capacitatea copiilor de-a se adapta va fi afectată atunci când sunt obosiți, înfometați sau bolnavi și, prin urmare, în astfel de momente frustrarea poate pune stăpânire pe ei cu mai multă ușurință.

Dacă cei mici nu pot accepta un refuz pe un anumit subiect, de exemplu cel al dulciurilor la micul dejun, atunci părinții ar putea încerca să reprezinte futilitatea pe acest subiect, până când copiii reușesc să accepte limitele și restricțiile. Dacă părinții cedează de fiecare dată, le distrag atenția sau îi mituiesc pentru a evita supărarea și lacrimile, copiii vor avea prea puține experiențe pentru a se adapta, ceea ce va avea un impact negativ asupra capacității lor de-a fi flexibili. La copiii care observă că părinții sunt mereu temători sau nesiguri când trebuie să le gestioneze frustrarea pot apărea și probleme alfa. Este important ca părinții să înțeleagă copiii și situația pentru a determina când e cazul să spună nu și când să îndeplinească dorințele copiilor.

Dacă părinții nu sunt dispuși să îndeplinească anumite cereri ale copiilor, este posibil ca frustrarea să fie direcționată către tentativele de-a convinge părinții să se răzgândească, începând cu întrebări de tipul „De ce nu am voie?“ Copiii mici pot fi neobosiți agenți ai schimbării, care nu acceptă să fie refuzați. Ajunși în acest punct, greșeala fatală pe care o putem face este să le spunem *de ce* îi refuzăm. Părinții pot fi prinși în capcana unei conversații logice cu copiii mici, cu argumente și contraargumente, cu oferte propuse și refuzate. În fața avalanșei de „De ce?“-uri a copiilor mici, părinții pot afirma simplu că este frustrant să nu primești răspunsul pe care ți-l dorești.

Doi părinți au venit la mine din cauză că aveau dezbateri interminabile cu copilul lor mic de fiecare dată când îi spuneau nu, ceea ce ducea la crize de afect extinse. La o privire mai atentă, a devenit clar că erau captivi într-o conversație logică circulară.

TEDDY: „Te rog, tati, îmi mai dai un fursec? Sunt tare gustoase.“
TATA: „Nu, tocmai ai mâncat unul și ai mai mâncat și mai devreme.“
TEDDY: „Dar ai zis că pot primi unul după cină.“
TATA: „Și ți-am dat unul după cină. Ajunge.“
TEDDY: „Dar de ce nu-mi mai dai unul? Sunt prea mici.“
TATA: „Pentru că așa spun eu. Fursecurile nu-ți fac bine.“
TEDDY: „Mi-am mâncat toate legumele. Te rog, îmi dai unul?“
TATA: „Gata cu fursecurile. Ți-am zis că nu sunt bune înainte de culcare.“
TEDDY: „Mami mă lasă să mănânc mai multe fursecuri. Mai vreau unul.“

Le-am cerut părinților să încerce să-l refuze pe un ton ferm, dar blând și să evite să-i explice care sunt argumentele lor. El nu reușea să-i audă zicând „nu“, deoarece, atunci când îi aduceau argumente, avea impresia că există totuși o șansă de a-i face să se răzgândească. Ambii părinți au început să râdă când m-au auzit și au zis „Deb, amândoi suntem avocați, asta facem toată ziua – aducem argumente, dezbatem, avem explicații logice. E greu să venim acasă la un preșcolar. Ne trebuie cu totul alte aptitudini“. Le-am dat întru totul dreptate și i-am încurajat să refuze fără să negocieze, pentru a-l ajuta pe Teddy să înțeleagă când situația devine futilă.

2. Copiii se adaptează la ce nu pot schimba

Dacă vrem să ni se adapteze copiii la ceva ce nu pot schimba, atunci trebuie să blocăm accesul la schimbare și să deschidem calea către adaptare. Blocarea accesului la schimbare înseamnă să oferim un refuz categoric la cererea lor, cu cât mai puține explicații. Dacă răspunsul are impact și futilitatea este înregistrată emoțional, copiii pot fi îndemnați să se adapteze, pot simți dezamăgire sau tristețe și ar putea chiar să înceapă să plângă. Lacrimile de tristețe semnalează deschiderea căii către adaptare, iar imposibilitatea de-a obține un lucru produce o schimbare în copii. În urma acestor lacrimi vor lua naștere flexibilitatea și inventivitatea. De îndată ce copiii acceptă răspunsul părinților și se adaptează, părinții își pot argumenta răspunsul, deoarece copiii nu mai sunt tentați să aducă contraargumente.

Intersecția frustrării lui Neufeld

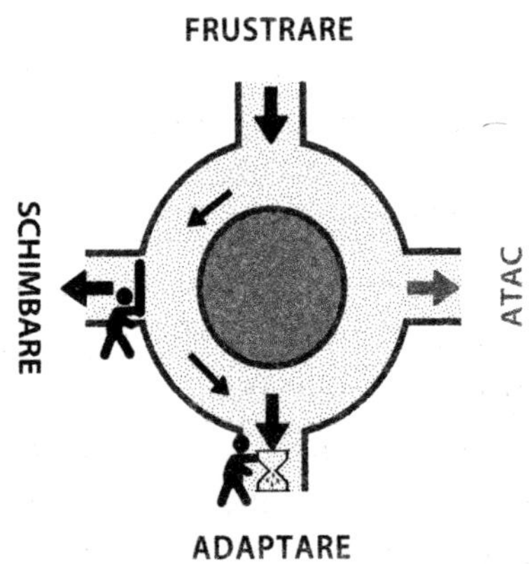

FIGURA 7.3 Preluată din cursul *Neufeld Making Sense of Aggression*

Atunci când copiii sunt frustrați și nu pot produce o schimbare, scopul este să-i schimbăm din furioși în triști. Ca acest lucru să se întâmple, copiii trebuie să poată plânge de tristețe și să aibă o relație bună cu un adult afectuos, care să-i ajute în acest sens.

Adulții trebuie să controleze frustrarea copiilor până când aceștia sunt pregătiți să se adapteze. Este mai mult o artă decât o știință și implică o mișcare de dans în trei pași, în care părintele devine agent dublu, atât al futilității, cât și al consolării.

PASUL UNU. Pentru a prezenta ce este futil, părinții trebuie să fie categorici referitor la ce nu poate fi schimbat. De exemplu, „Nu, n-o dăm înapoi pe sora ta și nici n-o vom boteza Coș-de-Gunoi".

PASUL DOI. Pentru a controla frustrarea copiilor este nevoie s-o scoatem la iveală și în același timp să le stăm alături copiilor, fără contraziceri, desconsiderări sau pedepse. De exemplu, „Știu că ți-e greu să ai o soră mai mică. Vrei ca lucrurile să revină la cum erau". Copilul ar putea răspunde: „Da! Nu-mi place sora mea – du-o înapoi!" Din nou, trebuie să-i arătăm copilului că este inutil să încerce să schimbe ceva ce nu poate fi schimbat: „Ba nu, o păstrăm pe sora ta. Știu că toate aceste schimbări sunt frustrante". Este extrem de important ca părinții să nu încerce să convingă copilul să-i placă de fratele său ori să-l convingă de faptul că trebuie să fie un frate bun sau că trebuie să ajute cu bebelușul. Discuția aceasta nu trebuie să încerce să-i scape de frustrare, ea trebuie să încerce să le transforme frustrarea în tristețe față de ceea ce nu pot schimba.

PASUL TREI. Atunci când copiii par mai receptivi și aparent au înțeles futilitatea situației, încearcă să scoți la iveală tristețea: „Știu că te simți trist din cauza acestor schimbări. Îți plăcea să fim doar noi doi, iar acum suntem trei". Copiii s-ar putea lamenta: „Du bebelușul înapoi, te rog. Nu vreau să fiu soră mai mare", și în același timp să înceapă să plângă. La modul ideal, părintele ar trebui să poată vedea semnele că frustrarea se domolește și că în locul ei se instalează acceptarea. Oricare ar fi ingredientul care-i ajută pe copii să depășească acest obstacol, părinții ar trebui să încerce să-l ofere – o îmbrățișare, o atingere, tăcere, răbdare sau cuvinte precum „Sunt aici și ți-e greu".

Dansul de la furie la tristețe este diferit pentru fiecare copil în parte, deoarece emoțiile lor variază în intensitate și vulnerabilitate. Părinții trebuie să vadă indiciile, să aibă încredere că furia se va transforma în tristețe și să mențină direcția cât durează furtuna. În timpul unui curs de parenting despre provocările care apar în caruselul frustrării, mama unui copil de 4 ani ne-a spus următoarea poveste:

DANSUL ADAPTĂRII ÎN TREI PAȘI

- **PASUL UNU:** Prezinți futilitatea
- **PASUL DOI:** Păstrezi poziția
- **PASUL TREI:** Scoți la iveală tristețea

FIGURA 7.4 Preluare din cursul *Neufeld Making Sense of Aggression*

„Totul a început când Chloe l-a împins pe fratele ei de pe scaun, susținând că este al ei. Ben a început să plângă, așa că l-am ridicat și i-am zis lui Chloe că nu poate lua scaunul. Ea a izbucnit într-o criză de furie și s-a aruncat pe podea, țipând «Vreau eu scaunul ăla!» Eu o las să țipe, dar era și soțul meu în apropiere, care mi-a zis «Ce faci? Nu poți s-o lași să facă așa». Eu i-am zis «E frustrată și are nevoie să se calmeze». I-am zis lui Chloe că sunt acolo pentru ea dacă are nevoie de o îmbrățișare și că înțeleg cât este de frustrant. Soțul mi-a șoptit: «Ai de gând s-o îmbrățișezi pentru asta?» Era greu, dar am rezistat la plânsete, bocete, bufnituri, lovit cu palma în podea, până când am auzit semnalul că ne apropiem de sfârșit – «Mami, mami, vreau acasă». Este ca și cum aș auzi rotițele începând să se învârtă invers în capul ei. Încep să-i curgă lacrimile de tristețe, iar eu pot în sfârșit s-o îmbrățișez. Nu mă pot gândi decât la asta: «Dulcea capitulare, în sfârșit – slavă Domnului!» și apoi îmi dau seama cât sunt de obosită. Știu că soțului meu îi este greu să înțeleagă ce trebuie să facă atunci când ea este atât de supărată; el încă învață să controleze ce simte în timpul unei crize de afect. Când ea este atât de supărată, eu aștept cu jind apariția lacrimilor și îmi dau silința să-i fiu aproape în frustrare fără a înrăutăți lucrurile."

Părinții din grup au recunoscut cât de epuizant este să gestionezi frustrarea copilului, precum și nevoia emoțională de autocontrol. Mama care povestise a adăugat că, deși nu avea mereu atâta răbdare cât și-ar dori, e surprinsă de cât de bine se simte știind că-și poate ajuta copilul să-și găsească lacrimile.

Pentru a deschide calea către adaptare, copilul are nevoie de un loc în care să plângă în siguranță și de o persoană alături de care să se simtă în siguranță pentru a putea plânge. Există multe motive pentru care adulții au dificultăți în a-i ajuta pe copiii mici să-și găsească lacrimile, cele mai frecvente fiind faptul că nu înțeleg ce este necesar ca să se întâmple asta, lipsa sprijinului cultural și a înțelepciunii privind emoțiile intense, teama de supărare sau teama de reacțiile copilului, o nevoie obsesivă de a face lucrurile să meargă după dorința copilului, dependența exagerată de argumentarea rațională și lipsa unei relații suficient de puternice pentru a declanșa plânsul copilului. Atunci când sunt frustrați și se confruntă cu ceva ce nu pot schimba, copiii mici au nevoie de agenți ai consolării, care să le fie aproape până când își pot transforma frustrarea în tristețe sau dezamăgire.

Este important să menționăm că, dacă copiii nu au o inimă blândă sau nu pot plânge într-un mod vulnerabil, menținerea frustrării va degenera în energie agresivă. Primul lucru care trebuie făcut este să le redai copiilor vulnerabilitatea emoțională, așa cum am discutat în capitolele 4, 5 și 6, înainte de-a merge mai departe în a-i ajuta să se adapteze la futilitățile vieții. Mai mult, părinții nu pot prezenta un lucru ca fiind futil dacă nu pot controla circumstanțele din jurul lui. În zone precum deprinderea folosirii toaletei, hrănirea, somnul sau igiena este nevoie de cooperarea copiilor, prin urmare este dificil de menținut caracterul futil al situației. Conflictele din jurul acestor categorii de activități sunt abordate în capitolul 9. Și mai important, părinții nu sunt obligați să spună nu de fiecare dată când copiii se confruntă cu futilitatea și pot decide dacă e cazul să facă lucrurile să meargă după dorința copiilor.

3. Copiii trec la atac

Atunci când nu pot simți futilitatea de a schimba ceva și nu apar lacrimile, copiii vor trece la atac. Există multe tipuri de ofensivă, în funcție de complexitatea la care au ajuns copiii, inclusiv lovitul, mușcatul, aruncatul pe jos, crizele de afect, țipatul, umilirea, insultarea, sarcasmul, reducerea la tăcere sau chiar, în cazul copiilor sensibili, autovătămarea. Adulții intervin adesea întrebând copilul ofensiv de ce este atât de furios – „De ce ai aruncat jucăria?“ sau „De ce ţi-ai lovit fratele?“ –, ceea ce constituie un apel la logică şi raţiune. Copiii se simt îndemnaţi să devină ofensivi de emoţia frustrării; acesta este punctul în care părinţii trebuie să se concentreze. O mamă a descris modul în care a fost prinsă în comportamentul ofensiv al copilului ei şi nu a înţeles cât de frustrat era el de fapt:

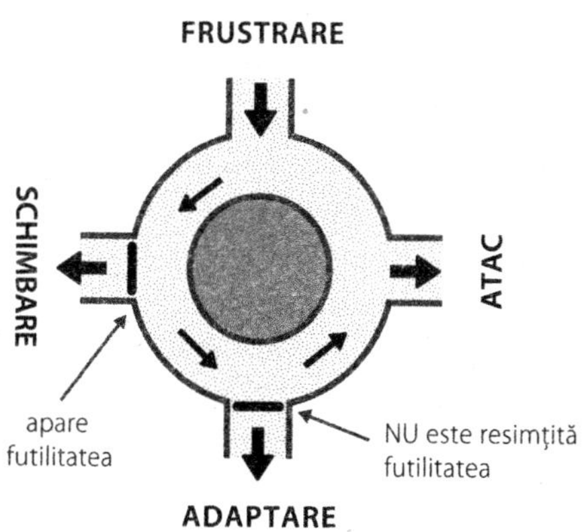

FIGURA 7.5 Preluată din cursul *Neufeld Making Sense of Aggression*

„Atunci când avea vreo trei ani, fiul meu a început să zgârie copii la întâmplare. Nu se întâmpla des, dar eram îngrijoraţi din cauza acestui comportament şi nu înţelegeam de unde vine. Am încercat abordarea clasică pentru a-l face să înceteze, «Nu este acceptabil», dar fără rezultat. Eram jenată, frustrată şi nu reuşeam să înţeleg. Privind înapoi, înţeleg că era foarte frustrat şi că aceasta era răbufnirea lui atunci când se simţea copleşit.“

Atunci când vorbim despre agresivitate, cel mai adesea problema este că ne concentrăm pe comportamentul lor ofensiv, nu intuim care este frustrarea ce-l generează. Asta duce adesea la folosirea consecinţelor neplăcute şi a izolării pentru a determina copiii să se oprească. Acest tip de măsuri disciplinare nu va face decât să crească frustrarea copiilor. Mama unui copil în vârstă de 5 ani ne-a povestit că i s-a întâmplat ca un răspuns bine-intenţionat să aibă un efect invers şi să accentueze comportamentul ofensiv al fiicei ei:

> „Eram la magazin, Alice a cerut nişte abţibilduri, iar eu am refuzat-o. A făcut o criză teribilă. O doamnă mai în vârstă a venit la noi cu intenţia de-a ne ajuta. A început să vorbească cu Alice şi i-a zis că dacă nu tace, Moş Crăciun nu-i va aduce niciun cadou. Alice a scos un urlet feroce. Ce-o apucase pe femeia aia să folosească ameninţări pentru a gestiona frustrarea fiicei mele? Nu-şi dădea seama că nu face decât să pună gaz pe foc? Acum Alice credea că nu primeşte nici abţibilduri, NICI cadouri de Crăciun! Eram atât de frustrată, încât era să fac eu însămi o criză de furie în faţa doamnei. În schimb, i-am zis lui Alice că Moşul vine mereu la noi acasă şi că este în regulă să se simtă frustrată."

Atunci când copiii mici sunt încărcaţi cu energie ofensivă, scopul este de a-i aduce din nou în intersecţia frustrării, direcţionându-i către ieşirea spre adaptare. Putem face asta permiţând energiei ofensive să se elimine, fiindu-le alături copiilor în frustrare şi făcându-i să simtă că sunt în siguranţă. Scopul este de a-i conduce înapoi spre tristeţe sau lacrimi. Dacă şi-au pierdut lacrimile sau dacă nu sunt semne că ar exista sentimente de vulnerabilitate, precum afecţiunea şi tristeţea, atunci scopul va fi să depăşim incidentul păstrând intactă demnitatea tuturor părţilor implicate. De exemplu, părinţii ar putea spune „Aşa nu merge. Va trebui să schimbăm ceva" sau „Înţeleg că eşti frustrat/ă. Vorbim despre asta mai târziu". Atunci când lacrimile sunt blocate, atenția *trebuie* îndreptată către restabilirea sistemului emoțional înainte de a continua cu adaptarea.

Dacă răspund cu frustrare la comportamentul ofensiv al copiilor, părinții vor spori agresivitatea copiilor și vor închide calea către adaptare. Energia ofensivă a copiilor mici este o provocare pentru părinți și le stârnește răspunsuri emoționale. Un părinte a povestit un astfel de moment, în care ar fi putut răspunde diferit la frustrarea fiicei ei:

> „De Crăciun, cumpăraserăm o bucătărie de jucărie scumpă pentru copiii noștri în vârstă de patru și doi ani. Suntem strâmtorați cu banii, dar ne-am gândit că asta i-ar fi bucurat mult. Într-o clipă se uitau la ea, se bucurau de ea, o atingeau, o explorau. În clipa următoare, cu o expresie de frustrare pe față, fata cea mare a împins bucătăria. Eram teribil de frustrată. Am interpretat gestul ei ca pe unul de nerecunoștință. Fiica mea încercase să deschidă o ușă sau un sertar care nu se putea deschide. Era foarte frustrată, așa că a împins bucătăria. Nu era «nerecunoscătoare», ci foarte frustrată. Îmi pare rău să zic că n-am făcut o treabă prea bună când m-am confruntat cu frustrarea și agresivitatea ei, nici n-am lansat o invitație elegantă pentru toate sentimentele ei. Cred că mulți părinți se zbat astfel – să-și descopere propriile sentimente contradictorii pentru a putea invita tot ce se manifestă în copiii lor, chiar dacă este frustrare brută."

Atunci când copiii sunt plini de energie ofensivă, există trei principii relaționale pe care nu trebuie să le pierdem din vedere pentru a ne conserva relația cu ei:

1. *Depersonalizează atacul.* Atunci când copiii lovesc, țipă sau mușcă, a le spune că sunt răi, proști, o dezamăgire și așa mai departe nu va face decât să le sporească frustrarea și energia ofensivă. Depersonalizarea atacului îndreaptă

atenția asupra comportamentului fără a-l judeca – de exemplu, „Picioarele nu sunt pentru a lovi" sau „Dinții nu sunt pentru a mușca oameni".

2. *Concentrează-te asupra frustrării pentru a conserva demnitatea și pentru a le fi alături.* Alăturându-te sentimentelor copiilor, poți ajuta la neutralizarea frustrării și la direcționarea lor în intersecție către adaptare. De exemplu, părinții ar putea spune „Dinții tăi ar vrea să muște pentru că te simți frustrat/ă. Te voi ajuta să-ți treacă". Este important să conservăm demnitatea copiilor atunci când explodează, pentru a evita să adăugăm și panică la frustrare.
3. *Spune-le că relația poate suporta greutatea emoțiilor lor.* Atunci când copiii atacă, cea mai mare amenințare pe care o percep este pierderea contactului și a apropierii cu părinții. Când le explică ce nu e bine, părinții trebuie să le spună că relația este încă intactă. Asta ar putea însemna să spună „Știu că treci printr-un moment greu. Eu sunt încă aici" sau „Nu suntem certați. Știu că ești supărat/ă. Vom trece peste asta". Părinții trebuie să-și asume responsabilitatea pentru conservarea relației, fără a folosi contactul și apropierea ca monede de schimb până când își cer copiii iertare. Folosirea separării ca răspuns al părinților la atacul copiilor va intensifica frustrarea celor mici și va crește probabilitatea unui atac.

Frustrarea și lacrimile copiilor sensibili

În cazul copiilor sensibili, crizele de afect pot fi mai intense, prelungite și poate fi mai dificil să-i facem să-și găsească lacrimile. Dorințele și sentimentele lor intense îi pot predispune la dezamăgiri imense. Adesea, ei își imaginează lucruri mult exagerate față de cum sunt ele în realitate și se lasă repede frustrați de imperfecțiunile lor umane. Sentimentele lor pot fi mari, copleșitoare și pot să scape de sub control. Ei au nevoie de îngrijitori puternici, care să-i ajute să depășească aceste furtuni, oferindu-le odihnă și o pauză de la lumea care îi copleșește. Provocarea constă în faptul că acești copii sensibili au adesea sentimentul că sunt o povară pentru părinții lor, au reacții exacerbate și îi pot copleși ușor pe cei din jur. Este crucial ca îngrijitorii să răspundă în moduri care transmit faptul că îi pot îngriji și că pot face față comportamentului și emoțiilor lor, precum și să îi asigure că nu este folosită separarea pe post de consecință neplăcută sau de pedeapsă.

Este util de avut în vedere trei lucruri atunci când gestionăm frustrarea și lacrimile copiilor sensibili:

1. *Ferește-i de experiențe copleșitoare.* Atunci când mediul, relațiile și experiențele devin prea solicitante pentru copiii sensibili, îngrijitorii lor trebuie să înțeleagă situația și să-i protejeze în consecință. De exemplu, părinții înscriu copilul la un curs de muzică, iar acesta o ia la fugă spre ușă de fiecare dată când începe zgomotul. Este posibil ca unii copii să fie copleșiți de stimulii vizuali sau auditivi și, prin urmare, ar trebui să petreacă perioade mai scurte în aceste medii, sau chiar deloc. Dacă le sunt forțate limitele, copiii sensibili ajung de obicei fie să se închidă în sine, fie să explodeze de supărare. În orice caz, este important ca adulții să știe de ce sunt capabili copiii lor, chiar și în doze mici, și să nu îi menajeze complet.
2. *Ghidează-i prin zonele vulnerabile.* Copiii sensibili evită experiențele supărătoare sau înfricoșătoare. Este posibil

ca ei să fugă de poveștile triste din cărți sau să se sperie dacă se uită la unele emisiuni TV pentru copii. Părinții trebuie să îi îndrume cu blândețe în aceste direcții atunci când este necesar și să-i invite să exprime ce simt, în loc să-i împingă de la spate. Copilul sensibil ar putea încerca să distragă atenția de la sentimentele sale, ceea ce înseamnă că înțelegerea indiciilor despre ce-i e copilului mai dificil ajută adultul să înțeleagă ce îl tulbură cel mai tare. Atunci când apar supărări, este posibil să aibă nevoie de o perioadă de calmare, pentru a reduce intensitatea experienței. După aceea, va putea vorbi mai bine despre ce l-a tulburat, dar probabil va avea nevoie de un adult care să-l ghideze până acolo. Acceptarea sentimentelor sale, denumirea și identificarea lor îl ajută pe copil să-și formeze o relație mai bună cu lumea sa interioară, care i se pare adesea prea copleșitoare și aglomerată.

3. *Comentați situațiile copleșitoare abia după ce incidentul a luat sfârșit.* Atunci când discutați o problemă de comportament, este cel mai bine să faceți asta la un moment exterior incidentului, în contextul unei relații calde, și să abordați problema cu blândețe. Cel mai bine este ca discuțiile să fie amânate până se potolesc sentimentele intense. În focul evenimentelor, părintele poate informa simplu copilul: „Comportamentul tău nu este potrivit și vom vorbi despre asta mai târziu". Poate copilul va răspunde: „Nu vreau să vorbesc despre asta", la care părintele ar trebui să răspundă că va avea grijă să fie o conversație cât mai ușoară, rapidă și nedureroasă, dar că uneori lucrurile trebuie lămurite. Atunci când explică ce nu a funcționat, părintele trebuie să se asigure că transmite și mesajul că relația este încă intactă.

8

Speriat de deconectare
Ora de culcare, separarea și anxietatea

Și Max regele tuturor sălbăticiunilor s-a simțit singur și și-a dorit să fie acolo unde el era cea mai iubită ființă dintre toate.

MAURICE SENDAK[1]

„Nu-mi place să dorm!“ a țipat Sadie, în vârstă de 4 ani, în toiul pregătirilor pentru ora de culcare. „Nu e drept, voi dormiți unul cu celălalt și eu dorm singură!“ Emily și Dan ajunseseră să se teamă de luptele de la ora de culcare a lui Sadie și se simțeau prizonieri în fiecare seară. Se străduiau din răsputeri să respecte un ritual de culcare și să aibă răbdare, dar culcarea lui Sadie devenise un coșmar.

Atunci când i-am rugat să descrie cum decurg luptele, Emily a povestit că, de obicei, ea lucrează seara de acasă, iar Dan se ocupă cu ritualul de culcare. Lui Sadie îi plăcea să asculte povești și să fie ținută în brațe, dar nu-i plăcea să fie lăsată singură. Într-o seară, totul a mers bine până în clipa în care Dan a încercat să iasă din camera lui Sadie, iar ea a început să sară în pat și i-a cerut să rămână. Dan i-a zis: „E ora de culcare și trebuie să dormi. Dacă nu dormi, mâine vei fi obosită". Sadie l-a rugat: „Nu, tati, te rog, rămâi! Nu-mi place întunericul!" Dan i-a aprins lampa de veghe şi i-a zis: „Trebuie să te culci. Eu am nişte treabă de făcut, la fel şi mami". A aşezat-o iar pe Sadie în pat şi i-a promis că vine să o verifice. Ieşise din cameră de cinci minute, când a auzit-o alergând pe hol ca să-i ceară mamei să-i dea apă. Când a văzut-o, i-a spus: „Ţi-am zis că o să vin să te verific. Treci înapoi în pat, Sadie, e timpul să dormi. Nu poţi continua astfel. Trebuie să-ţi linişteşti trupul şi să te culci". Sadie a protestat intens în timp ce era condusă din nou în pat, iar odată ajunsă acolo a implorat: „Tati, te rog, nu pleca. Te vreau aici! Unde e mami? O vreau pe mami!" Dan a povestit că era atât de frustrat, încât i-a zis simplu să rămână în pat şi a ieşit din cameră. Sadie a început să plângă, dar părea că se liniştise, când Dan a auzit o bubuitură din camera ei. A fugit să vadă ce se întâmplase și a găsit-o pe Sadie pe podea. S-a grăbit s-o ridice și a întrebat-o: „Sadie, eşti bine? Ce s-a întâmplat? De ce eşti pe podea?", iar ea i-a răspuns: „Tati, jucăriile mele de pluş m-au aruncat din pat!" Exasperat, Dan a băgat-o iar pe Sadie în pat, dar i-a fost greu s-o mai calmeze.

Emily şi Dan erau disperaţi. „Ce e-n neregulă cu ea?" au întrebat ei. „Ce putem să facem? Suntem atât de obosiţi şi de frustraţi!" Eu le-am răspuns: „Copiii mici nu fac faţă separării. Separarea îi sperie. Atunci când ieşiţi din camera lui Sadie, ea nu simte decât absenţa voastră. Ora de culcare reprezintă un interval de până la zece ore în care îi păreţi inabordabili din cauză că nu este conştientă. Nimeni n-o aşteaptă să fie cu ea în visele ei. Este singură, şi asta o sperie. Rutina de la ora de culcare este o reflectare a dansului ataşamentului pe care îl ai cu copilul. Modul în care te separi de el este la fel de important ca modul în care îl inviţi să se ataşeze de tine – separarea şi ataşamentul se întrepătrund, atunci când vine vorba de conectare umană". Dan şi Emily s-au gândit şi au întrebat: „Şi atunci, cum facem să schimbăm ritualul?", iar eu am răspuns: „Trebuie s-o ajutaţi să se odihnească la ora de culcare îndreptându-i atenţia către conectare, nu către separare".

Copiii mici nu sunt făcuţi pentru separare

Ataşamentul este uşa care se deschide către separare; ataşamentul şi separarea sunt două feţe ale aceleiaşi monede. Conectarea umană este cea mai mare nevoie a noastră; prin urmare, separarea reală sau anticipată este una dintre cele mai intense experienţe. Ora de culcare, despărţirile şi tranziţiile reprezintă un tip de plecare şi acesta este motivul pentru care copiii mici se luptă cu ele. Copiii mici se confruntă cu deconectarea din clipa în care le este tăiat cordonul ombilical. Trebuie să-i facem să se dezvolte în fiinţe independente, sociale şi distincte, care se pot culca şi juca singure, care merg la şcoală şi, în cele din urmă, se mută de acasă. Soluţia nu este să-i învăţăm să se separe, ci să facem în aşa fel, încât să le fie uşor să se separe. Ei se vor desprinde de noi atunci când vor simţi că îi ţinem bine. Cu alte cuvinte, dacă separarea constituie o problemă, ataşamentul este soluţia.

Deconectarea reprezintă o provocare pentru copiii mici deoarece capacitatea lor de relaţionare nu este complet dezvoltată. Sunt necesari şase ani de dezvoltare puternică pentru a ajunge la capacitatea de a avea relaţii profunde, aşa cum am discutat în capitolul 4. Copiii mici se află în cursul dezvoltării sinelui, ceea ce-i face să depindă în foarte mare măsură de adulţii care-i înconjoară. Cu cât este mai imatur şi mai dependent un copil, cu atât este mai dificilă separarea. Nu ar trebui să le reproşăm dorinţa de contact şi de apropiere, ci să fim recunoscători că-și doresc contact și apropiere de noi. Dacă un copil mic nu poate fi cu noi, trebuie să ne asigurăm că există în locul nostru un alt adult, care să cultive o conectare intensă cu el. La ora de culcare, trebuie să-i atragem atenția către anticiparea momentului când va fi iar cu noi, pentru a reduce separarea care îl așteaptă.

Ce este frica de separare?

Frica este una dintre cele mai vechi emoții umane, dintr-un motiv bine întemeiat. Conform neurologului Joseph LeDoux, creierul este un sistem de alarmă sofisticat, activat de frică pentru a ne determina să acționăm cu prudență.[2] În calitate de sistem de alarmă, creierul este vigilent și foarte sensibil la amenințări. Atașamentul este nevoia noastră cea mai importantă; prin urmare, separarea este percepută drept cea mai mare amenințare și poate activa un răspuns de panică intens.[3] Copiii mici, la fel ca puii tuturor speciilor de mamifere, au un țipăt de separare numai bun să-și aducă aproape îngrijitorul.[4] Această reacție de panică nu este o greșeală sau o problemă, ci este parte a unui sistem sofisticat menit să aducă laolaltă adultul și copilul. Sistemul emoțional al copiilor mici este preocupat să știe că există cineva care să-i îngrijească. Atunci când se confruntă cu separarea, se agață, se țin strâns, gesturile lor sunt frenetice, sonore, posesive, acțiunile lor au ca scop reducerea distanței dintre ei și figurile lor de atașament. Dacă nimeni nu vine consecvent în ajutorul lor, li se vor activa protecții emoționale care să amorțească și să amuțească suferința.[5]

Confruntarea cu separarea poate fi copleșitoare pentru copiii mici și nu contează dacă separarea este reală sau anticipată. De îndată ce-și dă seama că trebuie să plece la grădiniță, la culcare sau la casa celuilalt părinte, copilul ar putea avea o ieşire de panică sau de frustrare generată de anticiparea deconectării. Experienţa separării depinde de modul în care se ataşează copiii şi are o natură subiectivă. Aşa cum am discutat în capitolul 4, copiii se ataşează secvenţial prin simţuri, asemănare, sentimentul de apartenenţă şi loialitate, semnificaţie, iubire şi prin a fi cunoscuţi. Frica de separare îşi are rădăcinile în pierderea contactului şi a apropierii într-unul dintre aceste şase moduri de ataşament.

Frica de separare apare atunci când există ameninţarea de-a nu fi cu cineva, de-a nu fi ca cineva, de-a nu simţi apartenenţa, de-a nu conta, de-a nu fi iubit sau de-a nu fi cunoscut. De exemplu, o mamă mi-a povestit cum fiica ei s-a speriat atunci când n-a putut rămâne aproape de ea prin *simţuri*:

„Fiica mea devine uneori extrem de anxioasă seara şi vrea să mă aibă aproape fizic. Are nevoie să ne audă prin casă sau

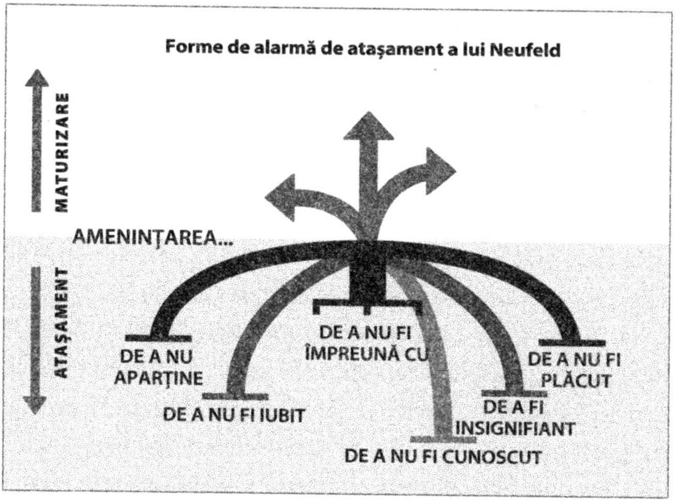

FIGURA 8.1 Preluată din cursul *Neufeld Making Sense of Anxiety*

să ne vadă. Într-o zi, după ce ea adormise, eu citeam la parter. S-a trezit și m-a căutat speriată. Fiindcă citeam, în casă era prea liniște și ea a crezut că plecasem de acasă fără ea. Acum citesc mereu la etaj și las pornit televizorul sau radioul ca să fie un zgomot de fond."

O mătușă aflată în vizită la nepotul ei în vârstă de 2 ani încerca să se conecteze cu el prin *asemănare* și, în momentul în care i-a arătat diferențele dintre ei, a observat frica lui:

> „S-a apropiat greu de mine, dar când am început să-i citesc, i-am zis «Semănăm foarte mult. Amândurora ne place să citim cărți». El mi-a mai cerut o carte și după ce a ales-o i-am zis «Asta-i una dintre favoritele mele». Mi-a zâmbit radios și m-a întrebat ce-mi mai place. La un moment dat, m-a întrebat «Îți plac bezelele?» Uitasem pentru o clipă de forma de atașament prin «asemănare» și i-am răspuns «Nu prea». Dezamăgirea și frica de pe chipul lui mi-au frânt inima și am revenit rapid la discuția despre toate asemănările dintre noi, care i-a readus zâmbetul pe chip."

Copiii mici se tem adesea de întuneric, de-a fi lăsați în urmă, de-a fi uitați. Toate aceste teme reprezintă separarea de persoanele de care se simt cel mai atașați. Într-o seară, la cinci minute după ce s-a dus la culcare, Maggie, în vârstă de 4 ani, a început să plângă și să țipe după mama ei. „Mami, am visat urât. Acoperișul era smuls, și eu am fost trimisă pe Jupiter, și tu nu puteai să vii după mine". Răspunsul la teama lui Maggie de-a călători în spațiu nu este unul logic, ci unul emoțional, care are legătură cu frica de separare. Din fericire, mama ei nu a intrat în polemici despre călătoriile interplanetare, spunându-i doar atât: „Eu știu mereu unde ești și voi avea mereu grijă de tine". Copiii mici au nevoie să audă mereu că există un adult care nu-i părăsește – mai ales la ora de culcare, cea mai mare deconectare a zilei.

Există multe surse potențiale de separare în viața copiilor mici, precum venirea pe lume a unui frate, serviciile părinților, școala, schimbarea adresei, creșa, divorțul sau adopția. Există totodată și surse ascunse de separare, precum dezvoltarea într-o personalitate distinctă și obținerea independenței. Pe măsură ce copilul evoluează, devenind o ființă distinctă, apare frica la gândul că va pleca din grija părintelui și va căpăta abilitatea „fac eu singur". Pentru a le reduce frica de separare, părinții trebuie să lucreze fără încetare la obținerea unui atașament mai profund și la a-și încuraja copiii să depindă de ei.

Copiii mici se confruntă cu separarea în multe moduri care îi pot înfricoșa. De exemplu, frica de-a nu fi dorit sau de-a nu fi ales, de-a nu fi favoritul sau de-a nu fi înțeles. Atunci când se confruntă cu aceste dorințe futile înspăimântătoare, este posibil să aibă nevoie de ajutor pentru a-și găsi lacrimile și pentru a ajunge să se odihnească. Una dintre futilitățile cel mai greu de acceptat o reprezintă trecerea timpului și iminența morții. Unii copii mici declară că nu vor să fie mai mari atunci când vine ziua lor, poate se supără când le cade un dinte sau le spun părinților că vor să rămână mici pentru totdeauna, de parcă astfel ar putea împiedica trecerea timpului. Totodată, pot deveni conștienți de probleme existențiale precum natura limitată a vieții, în urma pierderii animalului de companie sau a unui membru al familiei extinse. Aceste evenimente le îndreaptă atenția către separarea supremă și pot duce la întrebări precum „Vei muri și tu?" Copiii sensibili pot intui repede posibilitatea separării și, prin urmare, pot fi destul de tulburați. Mama unui copil sensibil în vârstă de 4 ani a observat că fiica ei părea mai speriată după petrecerea de ziua ei și după ce a aflat că a murit câinele vecinilor.

> „După ce Matilda s-a culcat, m-am dus s-o verific și am observat niște gâlme sub pătură în dreptul picioarelor. Am ridicat pătura și am văzut că era încălțată cu noii ei pantofi negri. Am întrebat-o de ce și ea a început să plângă: «Vai, mami, nu vreau să-mi crească picioarele. O să-mi cumperi alții când îmi cresc?» I-am zis că da și apoi i-am zis că nu va fi niciodată prea mare ca să mai am grijă de ea. Matilda a devenit foarte tăcută și m-a întrebat: «Mami, după ce vei muri, mă vei iubi și din rai?» Am reușit să-i răspund «Da, voi fi mereu alături de tine. Nu va exista nicio zi în care să fii separată de iubirea mea».“

Cel mai bun mod de-a ne ajuta copiii să se confrunte cu unele dintre cele mai înfricoșătoare futilități ale vieții, precum trecerea timpului și moartea, este de-a le îndrepta atenția către atașament. Îi putem asigura că vom fi mereu părinții lor, că-i vom iubi mereu și că suntem doar la un gând sau la un sentiment distanță. Atunci când copilul pierde pe cineva drag, îl putem ajuta să păstreze legătura cu persoana respectivă prin povești, fotografii și lucruri care i-au aparținut.

Una dintre cele mai bune metode de-a ajuta copiii mici să înțeleagă separările înfricoșătoare ale vieții este să le prezentăm într-o manieră care nu e înfricoșătoare. De exemplu, natura, plantele, animalele, anotimpurile, fazele lunii și ale soarelui, toate reprezintă trecerea timpului sau cursul ritmic al vieții. Cea mai bună pregătire pentru separarea care se întrezărește la orizont, cum ar fi pierderea unui bunic, este prin reprezentări naturale ale vieții și ale morții. Animalele de companie sunt, desigur, de mare ajutor pentru copii când trebuie să înțeleagă futilitățile ce fac parte din viață. O mamă povestea: „Am luat un acvariu cu mulți pești guppy, dar mureau pe capete. Copiii se supărau foarte rău de fiecare dată când mai murea câte un pește. Într-o zi, l-am găsit pe fiul meu în vârstă de patru ani stând în genunchi pe podea și rugându-se pentru peștii din rai. Le-am spus că probabil cumpărasem niște pești foarte, foarte bătrâni și că acesta era motivul pentru care tot mureau".

Trebuie să-i învățăm pe copiii mici despre lucrurile care îi pot speria sau care le pot sugera că nu le putem asigura siguranța. De exemplu, putem să facem simulări în caz de cutremur sau să exersăm evacuarea de urgență în școli. Cea mai bună metodă de a-i pregăti este prin abordări care nu-i înfricoșează. Trebuie să le dăm instrucțiuni simple, cum fac însoțitoarele de bord, oferindu-le informații privind siguranța într-o manieră realistă, prietenoasă. Nu vrem să adăugăm o panică suplimentară atrăgându-le atenția asupra unei separări prea mari; sunt mult prea imaturi pentru unele dintre cele mai înfricoșătoare separări care se petrec în viață. În cazul copiilor mici, provocarea constă în faptul că nevoia lor de atașament este mare, lipsa maturității îi face să fie dependenți, iar ei trăiesc într-o lume plină de separări.

Copiii mici și anxietatea

În zilele noastre, tulburările care au la bază anxietatea și frica se numără printre cele mai frecvente probleme de sănătate mintală în rândul copiilor mici.[6] Semne ale unui nivel crescut al fricii pot include crize de afect excesive, evitarea anumitor situații sau stimuli, greață, dureri de stomac sau de cap, refuzul de a dormi singuri, de a merge la creșă sau la grădiniță și chiar refuzul de a vorbi.[7] Copiii care suferă de anxietate pot avea coşmaruri dese, pot fi prea temători sau prea neînfricaţi, pot avea fobii şi obsesii, pot fi neatenţi, pot avea spasme musculare sau ticuri nervoase, energie debordantă, agitaţie sau reacţii exacerbate de surprindere. Este posibil să se lanseze în comportamente obsesive pentru reducerea anxietăţii, precum suptul, molfăitul, rosul unghiilor, răsucirea părului, frecarea organelor genitale, mâncatul sau căutarea continuă a confortului venit din partea unui obiect de tranziţie precum o jucărie de pluş.

Atunci când copiii mici sunt foarte speriaţi, poate fi dificil pentru adulţi să determine care este separarea cu care se confruntă copilul şi care îl tulbură. Atunci când ceva înfricoşător sau dureros se manifestă o perioadă prea lungă de timp, sistemele de apărare emoţională ale creierului pot ajunge să inhibe sentimentele şi percepţia de vulnerabilitate. De exemplu, un copil nu mai poate să vorbească despre agresorul care îl chinuie la grădiniţă sau la şcoală şi ar putea chiar începe să se joace cu respectivul copil, în ciuda faptului că este tratat urât. Copilul va fi în continuare speriat, dar nu va mai şti prea sigur din ce motiv. Adevărata sursă a fricii lui ar putea fi blocată minţii conştiente, pentru a-i permite copilului să funcţioneze într-o situaţie sau într-un mediu înfricoşător. Atunci când sistemele de apărare emoţională ale creierului protejează copilul pentru a nu vedea adevărata cauză a fricii lui, este posibil să spună că îi este frică fără a putea identifica adevărata cauză, sau va inventa una. Pe scurt, anxietatea înseamnă să-ţi fie frică fără a şti din ce cauză. Scopul nostru nu este de-a schimba gândurile sau sentimentele copilului referitoare la frică, ci de-a identifica sursa/sursele de separare şi de-a face schimbările necesare pentru a stârni plânsul atunci când este nevoie. Copiii mici nu ar trebui să fie responsabili pentru a-şi crea senzaţia de siguranţă sau pentru a-şi menţine inimile blânde. Aceasta este responsabilitatea persoanelor care-i îngrijesc.

Există multe surse de separare care stau la baza creşterii nivelurilor de anxietate sau de frică la copiii mici din zilele noastre. Printre cele mai frecvente se numără anticiparea cronică a separării şi folosirea metodelor de disciplinare bazate pe separare. Copiii orientaţi către prieteni şi copiii alfa pot afişa de asemenea niveluri ridicate de anxietate, aşa cum am discutat în capitolele 4 şi 5.

1. Anticiparea cronică a separării

Copiii mici se confruntă cu un grad fără precedent de separare când vine vorba de persoanele de care sunt ataşaţi, nu doar din cauza probabilităţii ca părinţii să lucreze în afara locuinţei, ci şi din cauza numărului crescut al divorţurilor, din cauza mobilităţii geografice şi din cauza lipsei accesului la familia extinsă. Totodată, este mai probabil ca aceşti copii să fie plasaţi în programe de învăţare timpurie şi activităţi structurate, care îi îndepărtează de cele mai apropiate figuri de ataşament la vârsta la care au cea mai mare nevoie de relaţionare.[8]

Atunci când analizăm dacă un copil se confruntă cu separarea la nivel cronic, trebuie puse următoarele întrebări:

1. Câtă vreme petrece copilul separat de persoanele de care este cel mai ataşat?
2. Cine îngrijeşte copilul? Este copilul ataşat de respectiva persoană? Şi dacă da, în ce fel?
3. Copilul primeşte îngrijiri constante, care oferă o invitaţie generoasă la ataşament din partea adultului/adulţilor?
4. Care este capacitatea evolutivă a copilului de-a nu renunţa la părinte când sunt despărţiţi?

5. Cât de sensibil este copilul și în ce măsură reprezintă separarea o provocare pentru el?

Un copil în vârstă de 5 ani care se atașează de părinții lui prin iubire este capabil de o separare mai mare decât un nou-născut care se atașează prin simțuri. Nou-născutul va avea nevoie de îngrijiri constante și de un îngrijitor generos, care este dedicat dezvoltării unui atașament profund. Cum realizează asta părintele în contextul vieții lui personale? Sau poate să împartă responsabilitatea cu un îngrijitor suplinitor care poate oferi același lucru?

Este de netăgăduit faptul că fiecare familie se confruntă cu propriile-i provocări și că familiile au niveluri diferite de suport și resurse și, prin urmare, au opțiuni diferite atunci când vine vorba de îngrijirea copiilor, angajare în câmpul muncii și aranjamente ale traiului de zi cu zi. Mulți părinți trebuie să împartă sarcina creșterii copilului cu alți adulți. Părinții vor fi nevoiți să cultive sate întregi de atașament în care să-și crească copiii, despre care vom vorbi mai departe în discuțiile referitoare la *crearea de punți* și la *pețit* pentru a gestiona frica de separare.

2. Folosirea metodelor de disciplinare prin separare

Folosirea metodelor de disciplinare prin separare, precum time-outurile, confiscarea obiectelor dragi copilului sau deconectarea emoțională de adult, erodează atașamentul și pot duce la creșterea fricii de separare a copiilor. La copii, anticiparea separării din cauza comportamentului lor poate duce la nesiguranță, deoarece nu pot avea certitudinea că nevoia lor de contact și apropiere va satisfăcută. Părinții amenință adesea cu separarea la locurile de joacă, atunci când copiii nu cooperează și refuză să plece. Uneori, părintele îi spune copilului „Păi, la revedere. O să te las în parc, dacă nu vii cu mine acum", ceea ce activează frica de separare a celui mic şi este probabil să-l facă să se ducă fugind către părinte. Folosirea constată a disciplinării prin separare poate surmena sistemul de alarmă al copiilor şi poate declanşa sisteme de protecţie emoţionale care amorţesc suferinţa.

Alicia şi Stephen m-au consultat în legătură cu fiul lor în vârstă de 5 ani, care făcea crize de furie regulate acasă şi la şcoală, nu dormea bine, era mereu agitat şi avea dificultăţi de concentrare. Seth încălca toate regulile de la grădiniţă şi era frecvent trimis în biroul directorului, dar îi spunea profesoarei lui „Nu-mi pasă". Profesoara încerca să folosească un sistem de recompensare printr-un grafic cu abţibilduri pentru a-l determina să se poarte frumos, dar pe el nu-l interesau abţibildurile ei. Analizând sursele de separare din viaţa lui Seth, a devenit evident că disciplinarea era o astfel de sursă importantă, prin folosirea frecventă a time-outurilor şi a retragerii emoţionale şi abuzul de consecinţe nedorite. Seth pierduse multe lucruri de care era ataşat, de la bicicletă la fotbal, activitatea lui favorită. Folosirea frecventă a disciplinei prin separare îi erodase relaţia cu părinţii şi degenerase în sentimente de frică şi frustrare. Cu cât exprima mai multă frică şi frustrare, cu atât primea mai multe sancţiuni, care alimentau problema separării.

Atunci când părinţii lui Seth au încetat să mai folosească metode de disciplinare bazate pe separare, au început să-l colecteze şi au făcut loc pentru exprimarea emoţională, el a avut multe lacrimi de vărsat. Lacrimile nu s-au oprit o vreme, Seth a început să caute tot mai mult apropierea de părinţi şi, în acelaşi timp, să refuze tot mai rar instrucţiunile lor. Atunci când i s-a spus că nu va mai fi niciodată trimis în time-out şi nici nu-i vor mai fi confiscate lucrurile favorite pe post de pedeapsă, Seth s-a dus imediat și a adus bilețele adezive, și-a scris numele pe fiecare și a început să le lipească pe obiectele lui favorite din casă. Creierul lui primise mesajul că se putea reconecta în siguranță cu lucrurile, dar și cu persoanele. A fost nevoie de timp și de răbdare pentru a restabili relația cu Seth, dar pe măsură ce părinții făceau asta, el a început să se odihnească în grija lor, să se joace singur, să-și asculte profesoara și să fie mai puțin agitat. Despre alternative la disciplina bazată pe separare vom discuta în capitolul 10.

Cum să folosești atașamentul pentru a gestiona frica de separare

Răspunsul la prea multă separare este să direcționezi copilul către antidot – atașamentul. Trebuie să-i comunicăm că nu-l abandonăm, pentru ca el să se poată odihni lăsându-se în grija noastră. Putem face asta în mai multe feluri: prin (1) reducerea separării, (2) crearea de punți care să elimine distanța, (3) pețit și (4) reducerea fricii prin lacrimi și cultivarea rezilienței.

1. Reducerea separării

Atunci când copilul se confruntă cu prea multă separare, este important să căutăm modalități de-a o reduce atât fizic, cât și psihologic. Părinții ar putea fi capabili să reducă timpul petrecut la creșă sau la grădiniță, dacă ar fi justificat. Totodată, ar putea elimina activități neesențiale, care nu hrănesc relația cu copiii sau care chiar interferează cu crearea uneia, precum evenimentele structurate sau întâlnirile pentru joacă. Părinții pot căuta moduri prin care să invite dependența prin ajutarea copiilor la îmbrăcat, împărtășirea unei pasiuni sau mersul în excursii. Este, de asemenea, imperativă înlocuirea disciplinării bazate pe separare cu practici orientate către un ataşament sigur şi mai prietenoase din punctul de vedere al dezvoltării. Dacă există ataşament nedezvoltat cu un adult important din viaţa lui, de exemplu, un copil în vârstă de 5 ani care se ataşează prin asemănare (potrivit vârstei de 1-2 ani), atunci întărirea acestei relaţii va ajuta la reducerea separării. Atunci când copilului îi este frică, adultul va trebui să facă loc pentru sentimentele copilului şi să-l îngrijească, de exemplu, stând cu el până adoarme sau ţinându-l în apropierea sa când sunt acasă împreună. Indiferent cine este persoana responsabilă pentru copil, ea va trebui să adopte o puternică poziţie alfa, înţelegând nevoile copilului şi preluând conducerea în satisfacerea lor.

2. Crearea de punţi care să elimine distanţa

Crearea de punţi este un ritual de ataşament care atrage atenţia copiilor către conectare. În loc să se concentreze asupra separării, copiii sunt încurajaţi să se gândească la ceva ce reprezintă ataşamentul de persoanele de care sunt apropiaţi. Atunci când creăm o punte, ajutăm copiii să se concentreze la ce rămâne neschimbat şi la ce ne conectează, în ciuda golului care a apărut între noi. Punţile pot fi create de fiecare dată când apare separarea, fie că e vorba de dormit, de mersul la şcoală, de naveta între două locuinţe sau de rezolvarea unei probleme de comportament. Punţile vor fi eficiente în reducerea fricii de separare doar atunci când copiii au relaţia potrivită cu adulţii. Dacă frica este cauzată de orientarea către prieteni sau de problemele alfa, readucerea copiilor în relaţia potrivită cu adultul este prima problemă care trebuie rezolvată.

Crearea de punţi implică să le oferim copiilor ceva tangibil de care să se ţină în timpul separării, precum şi să le îndreptăm atenţia către următorul moment de conectare. De exemplu, o mamă i-a dat fiului ei în vârstă de 4 ani o fotografie cu ea, pusă într-o pungă de plastic, pe care să o țină în buzunarul de la spate al pantalonilor. I-a zis că va sta la el în buzunar, în caz că i se va face dor de ea cât stă la grădiniță. Într-o zi, când s-a întors acasă, copilul și i-a zis: „Mami, mi-a fost atât de dor de tine azi, încât te-am scos din buzunar și te-am pupat pe față". O altă mamă i-a dat fiicei ei un medalion cu o fotografie de familie, spunându-i: „Dacă ți se face vreodată dor de noi, găsești în medalion o infinitate de pupici și îmbrățișări". Mama măsura cât de mult dor a simțit fiica ei în fiecare zi întrebând-o de câți pupici și de câte îmbrățișări a avut nevoie.

Uneori, creșele și grădinițele atârnă în clase fotografii de familie, astfel încât chipurile celor dragi să le fie aproape copiilor. Bilețelele puse în sufertașe sunt și ele punți. Când lași copilul la grădiniță, poți ajuta la reducerea fricii de separare prin atragerea atenției asupra revederii și asupra a ceea ce veți face împreună: „După ce te iau, mergem acasă să meșterim ceva împreună".

Atunci când părinții sunt nevoiți să lipsească de lângă copii din cauza unei călătorii, a serviciului sau a divorțului, există câteva modalități prin care să-i ajute pe perioada despărțirii. O mamă povestea: „De fiecare dată când copiii mergeau acasă la tatăl lor sau în excursii, le scriam bilețele, pe care le puneam în plicuri sigilate și datate. Primeau câte unul pentru fiecare zi". O altă mamă a povestit că în zilele grele, în care copiilor le era foarte dor de tatăl lor, care era la serviciu, „îi compuneam împreună un meniu pe calculator, apoi mergeam și cumpăram toată mâncarea din meniu. Când el venea acasă la cină, fiecare lua câte un meniu și se alinia la ușă ca la intrarea în restaurant". Un alt părinte povestește că, atunci când soția sa lucrează în ture de 12 ore, copilului în vârstă de 3 ani i se face foarte dor de ea, așa că „facem «corespondența mamei» și îi lăsăm scrisorile în cutia de scrisori. Apoi îi trimitem un mesaj și îi spunem să ridice corespondența când vine acasă". Atunci când îi ajută pe copii să rămână aproape de persoanele pe care le iubesc prin intermediul punților, adulții reușesc totodată să le insufle încredere în îngrijitorul care este disponibil.

PUNȚILE PENTRU ORA DE CULCARE

Una dintre provocările separării din timpul nopții o constituie faptul că nu există niciun îngrijitor căruia să-i fie lăsat în grijă copilul. Somnul și starea de inconștiență reprezintă cea mai mare separare a copilului pe durata unei zile, perioada cea mai lungă în care nimeni nu-l îngrijește în mod direct. Este totodată un moment în care își poate face apariția frica de separare acumulată în cursul zilei. Dacă un copil se confruntă cu niveluri cronice de separare, este posibil să fie mai tulburat la ora de culcare.

Atunci când Emily și Dan m-au consultat în privința lui Sadie, era evident că fetiței îi era dor de mama ei din cauză că aceasta trebuia să lucreze noaptea. Din fericire, mama a avut posibilitatea să reprogrameze anumite proiecte, astfel încât să devină disponibilă la ora de culcare. Asta a ajutat la liniștirea lui Sadie, care a încetat să-și mai caute mama, a dus la întărirea atașamentului și a redus din frica de separare.

Totodată, Emily și Dan au muncit din greu la a o ajuta pe Sadie să simtă că sunt conectați în cursul nopții și că n-o părăsesc. Au preluat conducerea, ajutând-o să se odihnească, iar atunci când Sadie zicea „Nu pot să dorm, nu sunt obosită", ei îi răspundeau „Somnul nu e problema ta. Pentru asta există mami și tati". Și-au schimbat poziția și, în loc să se simtă luați prizonieri în fiecare seară, au adoptat o abordare mai generoasă. În loc s-o grăbească și să facă presiuni asupra ei să se ducă la culcare, parcurgeau rutina de culcare încercând să transmită încântare, bucurie și căldură. Au preluat conducerea ajutând-o să se liniștească, aprinzând lumina de veghe înainte ca ea să apuce s-o ceară și discutând planurile pentru ziua următoare, oferindu-i îmbrățișări, pupici și masaje bonus. Apoi plecau din camera ei doar pentru cinci minute și se întorceau aducându-i o inimă de hârtie, pe care s-o țină cu ea în pat. Lui Sadie îi plăceau inimile și era nerăbdătoare să le primească la fiecare cinci minute, zece minute și așa mai departe. Dimineața, când se trezea, Sadie găsea un teanc de inimi pe marginea patului, de două ori mai mare decât cel pe care-l avea când se dusese la culcare. Părinții îi spuneau că o verificaseră toată noaptea și, fiind doar un copil de grădiniță, Sadie îi credea!

Există multe metode de-a crea punți pentru noapte, inclusiv legarea de sfori invizibile între paturile voastre sau între inimile voastre. Poți pune fotografii de familie în camera copilului sau îi poți pune un album cu fotografii sub pernă, să le privească dimineața. Îi poți spune că vă veți întâlni în vis. Pentru un copil mai mic, ar putea fi de ajutor să doarmă cu o bluză cu parfumul lui mami sau al lui tati, ca să-i aibă aproape prin simțuri. Scopul este de-a prelua conducerea în dansul atașamentului și de-a îndrepta atenția copiilor către modurile prin care le rămâneți aproape toată noaptea.

Poate ar fi util ca, în loc să ne simțim frustrați în fiecare seară când micuții noștri protestează că nu vor la culcare, să derulăm pe repede înainte până la momentul din viitor în care nu vor mai avea nevoie de noi să-i învelim și să le masăm spatele, când nu le vom mai auzi picioarele fugind pe hol și nici vocile care ne spun că se tem de monștri. Poate ar fi util să ne gândim la modul în care inevitabil se vor separa de noi, fiindcă vor evolua devenind persoane independente. Asta ar trebui să le reamintească inimilor noastre cât de greu este să fii departe de cineva pe care îl iubești atât de mult. Poate ar fi util să simțim tristețea de a-i vedea crescând prea repede pentru a putea găsi generozitatea de care au nevoie atunci când se confruntă cu greutatea de-a fi singuri noaptea.

3. Pețitul

Pețitul este un ritual al atașamentului care cultivă relațiile dintre copiii mici și adulții din viața lor. De la frați și bunici la îngrijitori, medici, polițiști și profesori – trebuie să preluăm conducerea în cultivarea relațiilor dintre copiii noștri și persoanele din satul lor de atașament. Cea mai mare nevoie a copiilor noștri este să simtă că există o matrice invizibilă de adulți care-i înconjoară cu scopul de a-i îngriji.

Copiii sunt ființe care au nevoie de atașament, iar instinctul timidității ar trebui să li se activeze atunci când intră în contact cu persoane pe care nu le cunosc – chiar dacă le sunt rude. Copiii pot fi sociabili și vorbăreți acasă, dar se pot retrage, ținându-se aproape de părinți, când se află printre străini. Timiditatea nu constituie o problemă, deși adesea este astfel percepută în contexte în care este prețuit stilul extrovertit de relaționare. Rolul instinctului de timiditate este de-a ține copiii aproape de îngrijitorii lor și de-a nu le permite altor persoane să-i conducă. Copiii nu ar trebui să se simtă confortabil când vorbesc cu persoane pe care nu le cunosc și care nu sunt aprobate oficial de adulții care îi îngrijesc. De exemplu, așa cum povestea un tată:

> „Fiica mea, în vârstă de trei ani și jumătate, adoră să danseze acasă și la grădiniță. La sfârșitul anului, a avut loc un

recital la care au fost invitaţi toţi părinţii să-şi vadă copiii dansând. Ea a refuzat să danseze în faţa tuturor, a stat în poala mea şi şi-a privit colegii. Îi tot spuneam să se ducă să danseze, dar a refuzat. N-am vrut să o forţez – este destul de sensibilă –, dar chiar nu înţeleg de ce nu a vrut să danseze, dacă tot îi place atât de mult."

Vulnerabilitatea de a se produce pe scenă în faţa unor străini a fost prea mult de suportat pentru acest copil sensibil, iar răspunsul tatălui a fost unul generos.

Adaptarea treptată la creşă şi la grădiniţă este o metodă utilă prin care copiii se acomodează cu o persoană nouă. Pentru a lega o relaţie bună cu profesorul sau cu îngrijitorul său, copilului i se face cunoştinţă cu persoana respectivă, moment în care i se arată asemănările cu ea, apoi trebuie ajutat să petreacă timp împreună cu acea persoană. Peţitul ar trebui să îndrepte atenţia copiilor către ataşamentul faţă de un adult, care ar trebui prezentat ca soluţie la frica de separare. Părinţii pot sprijini relaţiile noi vorbind frumos despre profesor sau îngrijitor şi comunicându-şi aprobarea faţă de această relaţie de ataşament. De exemplu, mama unui copil în vârstă de 4 ani care începea grădiniţa povestea:

„Băiatul meu avea emoţii pentru începerea grădiniţei, aşa că, atunci când ni s-a ivit ocazia ca el să-şi întâlnească profesoara înainte de începerea grădiniţei, am profitat pentru a ajunge să se cunoască mai bine. Am luat cu noi câteva dintre cărţile lui preferate şi, după ce le-am făcut cunoştinţă, i-am încurajat să citească împreună. Profesoara s-a purtat excelent. I-a spus că este şi una dintre poveştile ei preferate. Apoi el i-a arătat ce avea în ghiozdan, iar pe ea a interesat-o tot ce a avut el să-i spună. A fost minunat să-i văd conectându-se."

CELE TREI ETAPE ALE PEȚITULUI

- **PASUL UNU:** Fă-le cunoştinţă celor două părţi implicate şi pregăteşte cadrul potrivit ca să zâmbească şi să-şi exprime dorinţa de a se afla unul în prezenţa celuilalt.
- **PASUL DOI:** Pregăteşte conectarea prin atragerea atenţiei asupra unui element pe care-l au în comun, cum ar fi anumite preferinţe.
- **PASUL TREI:** Creează situaţii regulate, structuri, ritualuri şi tradiţii în care îi poţi reuni, precum sărbătorile, serbările, mesele, întâlnirile, plimbările, ieşirile în aer liber, jocurile şi interacţiunile.

FIGURA 8.2 Preluată din cursul *Neufeld Intensive I: Making Sense of Kids*

Pe măsură ce copiii se ataşează de adulţii care îi vor îngriji, cum sunt bunicii sau profesorii, frica lor de separare ar trebui să se diminueze.

Tatăl lui Austin, în vârstă de 5 ani, făcea zilnic eforturi deosebite pentru ritualul peţitului şi pentru a i-l prezenta pe fiul său îngrijitoarei de la creşă. Începea prin a spune că micuţul este un rege, apoi zicea: „Ţi-l încredinţez pe moştenitorul meu, primul născut, cea mai mare comoară a mea, pentru restul zilei". Apoi îi lua mâna lui Austin și i-o punea în palmă îngrijitoarei, spunându-i: „O să vin să te iau mai târziu și o să te duc acasă la castelul tău, ca să primeşti alinare de la mama ta. Ziua bună, fiul meu". Austin adora maniera jucăușă prin care tatăl său îl preda în grija îngrijitoarei în fiecare dimineaţă și care făcea ca separarea să fie mai puţin înfricoșătoare.

4. Reducerea fricii prin lacrimi şi cultivarea rezilienţei

Atunci când copiii mici se confruntă cu o experienţă înfricoşătoare pe care nu o pot schimba, cel mai bun mod de-a progresa este să-i ajutăm să se descarce prin plâns. Atunci când sunt la grădiniţă şi le este dor de părintele lor, plânsul alături de îngrijitor îi poate ajuta să se acomodeze în casa lor departe de casă. Nu trebuie să-i convingem pe copii să renunţe la fricile lor, ci să-i ajutăm să găsească moduri prin care să exprime ce nu le convine şi să treacă la tristeţe sau dezamăgire.

Ca să poată plânge pentru separările din viaţa sa, copilul are nevoie de ajutor din partea adultului, care-l poate ajuta în experienţa de-a simţi dorul până la instalarea tristeţii. Asta necesită o relaţie cu un adult bazată pe încredere, dar mai este nevoie şi de timp şi răbdare pentru a ajunge la un rezultat. Atunci când am văzut cum a reuşit îngrijitoarea copiilor mei să consoleze alţi copii cărora le era dor de părinţii lor, am fost impresionată de compasiunea ei. După ce am văzut cât de delicată şi caldă era, mi-a fost mai uşor să-mi las copiii în grija ei. Din păcate, un alt îngrijitor mi-a zis:

> „Copiii mici au nevoie să plângă, ştiu asta, dar este greu, fiindcă mă tem că părinţii mă vor judeca şi vor zice că nu mă pricep să am grijă de copiii lor dacă aceştia sunt nefericiţi. Ştiu că le este dor de părinţii lor, dar uneori mă tem că, dacă-i las să plângă, doar asta vor face toată ziua. În acelaşi timp, ştiu că, dacă nu-i las să plângă, vor fi mai frustraţi, şi mai agresivi unul cu celălalt."

Atunci când trebuie să ne luăm la revedere de la un copil mic, cel mai bine este să abordăm situaţia ca pe un dans în trei paşi. Trebuie să-i oferim copilului o punte de care să se ţină, întâmpinând îngrijitorul şi asigurându-l că poate colecta copilul, iar apoi, la plecare, amintindu-i copilului când urmează să vă revedeţi. Scopul este de-a nu tulbura copilul făcând separarea un iad şi tărăgănând despărţirea. În acelaşi timp, este esenţial ca acel copil să fie ataşat de adultul în grija căruia este lăsat. Este nevoie de timp pentru a cultiva relaţii-substitut de îngrijire şi este esenţial ca adultul să poată să colecteze copilul şi să-l consoleze. Cei trei paşi către despărţire reprezintă recomandări, nu instrucţiuni. Rolul lor este de-a oferi o idee despre cum să creăm o structură şi o rutină previzibile, care pot ajuta copiii mici să se confrunte cu conectarea în timp ce sunt separaţi de părinte.

TREI PAŞI PENTRU DESPĂRŢIRE

- **PASUL UNU:** Părintele colectează copilul şi îi oferă un obiect-punte de care să se agaţe, precum o fotografie, un bileţel, un breloc sau un lănţişor.
- **PASUL DOI:** Părintele salută îngrijitorul, se poartă prietenos, astfel încât copilul să vadă că există o relaţie între ei, şi se asigură că micuţul este colectat de îngrijitor.
- **PASUL TREI:** Părintele îi spune copilului când urmează să se revadă şi pleacă după ce îl sărută sau îl îmbrăţişează.

FIGURA 8.3 Adaptare din cursul
Neufeld Intensive I: Making Sense of Kids

Adulţii pot reduce frica pe care o experimentează copiii la despărţire arătându-le că au încredere în ei că se vor descurca. Poate fi util să-i pregătim în avans şi să-i avertizăm că este posibil să se simtă trişti din cauza separării, dar că noi credem că se vor descurca. De exemplu, mulţi părinţi sunt îngrijoraţi la începerea grădiniţei, dar le pot spune copiilor: „S-ar putea să ţi se facă dor de mine azi la grădiniţă. Şi eu mă voi gândi la tine. Ştiu că te vei descurca şi voi aştepta cu nerăbdare să ne revedem mai târziu şi să-mi povesteşti aventurile tale". Atunci când iau copiii de la grădiniţă, părinţii ar putea invita tristeţea copiilor spunându-le: „Ţi-a fost vreun pic dor cât ai fost astăzi la grădiniţă?" Pe măsură ce copiii se confruntă cu separarea şi reuşesc să plângă de tristeţe când le este dor de cei dragi, se va forma rezilienţa, fiindcă ei învaţă că pot face faţă separării şi că-i pot supravieţui. Copiilor mici le este dificilă separarea şi nu ar trebui să-i învinovăţim pentru asta. Trebuie să preluăm conducerea atrăgându-le atenţia către conectare de fiecare dată când avem şansa să facem asta şi să-i ajutăm să plângă atunci când sunt plini de dor.

9

„Nu ești tu șeful meu“
Să înțelegem de ce se împotrivesc

Oricând vezi o pancartă pe care scrie „Intruşii vor da socoteală“, încalcă imediat proprietatea.

LESLIE STEPHEN
citat de fiica lui, Virginia Woolf[1]

Susan şi Charlie erau agitaţi când au venit să-mi vorbească, la sfârşitul unui curs de parenting. Susan mi-a zis: „Avem multe probleme în a-l învăţa deprinderea toaletei pe fiul nostru în vârstă de trei ani şi jumătate. Începuserăm bine, dar apoi totul s-a stricat. Blake folosea toaleta, dar acum refuză. Nu vrea decât să poarte scutece“. I-am rugat să-mi dea mai multe detalii despre refuzul lui Blake. Charlie a zis: „I-am spus că acum este băiat mare şi i-am luat scutecele, dar nu-i pasă şi face pipi pe el“. Cu o voce panicată, Susan a continuat: „Trebuie să deprindă folosirea toaletei fiindcă începe grădiniţa – nu-l vor primi dacă nu renunţă la scutec“.

I-am rugat să-mi povestească cum s-au desfăşurat lucrurile, iar Susan mi-a zis: „De fiecare dată când folosea toaleta, îl lăudam şi-i spuneam că a făcut o treabă grozavă. Nu ştiu ce s-a întâmplat. Pe Blake a început brusc să nu-l mai intereseze, aşa că am început să-i oferim mici recompense“. Charlie a intervenit: „Acum, când îi spunem să meargă la toaletă, se preface că nu ne aude. Am încercat chiar să-l mituim. I-am zis că-i cumpărăm o bicicletă dacă folosește toaleta, dar tot refuză".

Le-am pus mai multe întrebări, pentru a afla ce stă la baza împotrivirii lui Blake, apoi am conchis: „Problema este că Blake vă ascultă, dar nu vi se supune. Copiii mici sunt alergici la constrângeri, iar dorința voastră ca el să se deprindă cu toaleta este mai mare ca a lui. Trebuie să reduceți constrângerea și să-i faceți loc dorinței lui să reapară". „Cum facem asta?" a întrebat Susan. Iar eu i-am răspuns: „Cred că trebuie să reveniți la scutece, temporar, fără să faceți mare caz. O faceți pur și simplu, și opriți și recompensele, laudele, pedepsele sau frustrarea. Când îi schimbați scutecul, creați un moment de conectare, în care-i arătați încântare, bucurie și căldură". Atât Susan, cât și Charlie au rămas uluiți. Susan a zis „Serios? Trebuie să regresăm?", iar Charlie a răspuns: „Ai schimbat vreodată scutecul unui copil de trei ani și jumătate? E dezgustător". Am admis că ceea ce le propusesem părea contraproductiv, dar i-am rugat să acorde puțină încredere planului meu. Susan a zis: „Cred că n-avem de ales. Nu mai avem altă opțiune – nu vrea să facă asta nici măcar pentru o bicicletă". S-a întors către Charlie: „Va trebui să te prefaci că scutecele sunt pline cu budincă de ciocolată". Evident, Charlie n-a fost deloc încântat.

Susan și Charlie au continuat să vină la cursul de parenting săptămânal. Îi întrebam de fiecare dată cum merg lucrurile, iar Charlie ridica din umeri și zicea „E budincă de ciocolată, Deborah, multă budincă de ciocolată". Susan zicea: „Nu se văd semne de schimbare, dar Blake e fericit să aibă iar scutec. Încerc să-l colectez și să-i cânt de fiecare dată când îl schimb, ca atunci când era mai mic". Am repetat că trebuie să-și mențină poziția și să mai aștepte. Trei săptămâni mai târziu, Susan m-a anunţat: „Cred că începe să funcţioneze. A venit în fugă la noi în dormitor ieri-dimineaţă la şase şi a ţipat «Am nevoie la caca». Am pregătit lucrurile să-l schimb, dar s-a uitat la mine sfidător şi mi-a zis «Nu, fac caca în oliţă – fac singur!» şi a fugit la toaletă!" Eu i-am răspuns: „A revenit «Fac singur»-ul – sunteţi pe drumul cel bun".

Copiii mici sunt alergici la constrângeri

Atunci când îi spui unui copil mic să se grăbească, este posibil să înceapă să-şi târşâie picioarele sau poate chiar să se oprească. Este posibil ca atunci când îi dai instrucţiuni explicite să constaţi că el face exact pe dos. Mama unui copil în vârstă de 3 ani povestea: „Kiefer a desfăcut un şurub de la fereastra de la baie şi m-am speriat, şi i-am zis să nu-l piardă. S-a uitat ţintă la mine şi l-a aruncat afară!" Copiii mici pot deveni rapid interesaţi de tabuuri, deci atunci când le spui să nu vorbească urât, ei sunt tentaţi să repete încontinuu cuvinte urâte. Fără nicio avertizare, pot deveni neascultători, îndărătnici, încăpăţânaţi, pot să opună rezistenţă, să fie certăreţi, combativi, ostili, incorigibili, necooperanţi şi sfidători. Mama unui copil în vârstă de 3 ani i-a spus fiicei sale: „Dacă ai fi fost un dinozaur, ai fi fost dintre cei încăpăţânaţi". Ca să-i confirme spusele, fiica ei a răspuns: „Ba nu-i adevărat".

Copiii mici posedă un instinct numit *contravoinţă*, care li se poate declanşa de fiecare dată când se simt controlaţi sau constrânşi de alţii.[2] Ajunşi la vârsta de 2 ani, ei pot deveni sensibili la cerinţele şi dorinţele celor din jurul lor şi pot răspunde împotrivindu-se. Uneori, părinţii se întreabă ce s-a întâmplat cu copiii lor agreabili, mulţumiţi de sine şi cooperanţi, care acum erup, debordând de sfidare şi rezistenţă.

Părintele unui copil în vârstă de 2 ani spunea: „Indiferent care este întrebarea, primul lui răspuns este mereu NU. Chiar dacă îl întreb dacă vrea ceva de băut sau un fursec, primul lui răspuns este mereu NU! E posibil să se răzgândească imediat, dar întâi zice nu. Dacă trebuie să se așeze în scaunul lui de mașină, întâi zice nu, apoi țipă NU! Țipă încontinuu, chiar dacă încerc să-l lingușesc, să-l înduplec sau îi ofer un desert". Împotrivirea copiilor poate fi interpretată ca fiind într-adins ori manipulativă, sau o încercare intenționată de a-și enerva părinții, când, în realitate, ei sunt controlați de instinctul de contravoință. Abilitatea de-a spune „nu" ar putea fi problematică pentru adulți, dar este totodată o achiziție în procesul dezvoltării care ar trebui omagiată.

Instinctul de-a opune rezistență are una dintre cele mai neînțelese dinamici în relațiile adult-copil. Contravoința nu este un răspuns învățat, ci o reacție emoțională care joacă un rol esențial în conservarea sinelui și în dezvoltarea într-o persoană distinctă. Motivul pentru care copiii mici sunt alergici la dorințele altor persoane este că ei încă mai încearcă să-și dea seama care sunt propriile lor dorințe, de unde și replica lor favorită: „Fac singur". Cu cât un copil își dezvoltă mai mult propria voință, cu atât mai puțin se va simți obligat să opună rezistență voinței altora. Contravoința copiilor mici izvorăște din dorința lor nedezvoltată, care încă se maturizează. Este nevoie de o viață de om pentru a înțelege valorile, obiectivele și motivele cuiva. În cazul copilului mic, a-și înțelege propriile preferințe, cerințe, dorințe, priorități și decizii este ceea ce se întâmplă atunci când e odihnit și se joacă. Atunci când vor căpăta un sine mai coerent, copiii mici nu vor depăși aceste instincte, ci doar nevoia de a acționa mânați de ele.

Provocarea constă în faptul că nimic nu enervează mai rău un adult decât copilul care opune rezistență, mai ales dacă părintele are un plan bine pus la punct sau o voință puternică. Planurile zilnice pot deveni factori declanșatori ai reacțiilor de contravoință din partea copiilor mici: îmbrăcatul, culcatul, folosirea toaletei, spălatul dinților și al părului sau mâncarea sănătoasă. O bunică nerăbdătoare ca nepotul în vârstă de 4 ani să guste plăcinta de dovleac a primit replica „Nu, îmi pare rău, eu nu mănânc plăcintă de dovleac, Buni. Eu sunt vegetarian". Angajarea în bătălii ale contravoinței cu copiii mici îi poate umple pe părinți de regrete, așa cum a descoperit o mamă:

> „Atunci când fiica mea avea vreo cinci ani, ne pregăteam să ieșim la un restaurant foarte pretențios împreună cu familia extinsă, pentru o ocazie specială. I-am zis că trebuie să se îmbrace frumos. La vârsta aceea, îi plăcea la nebunie să se îmbrace frumos, așa că m-am gândit că o să savureze momentul. Ei bine, nu! Pe atunci nu auzisem de contravoință. Era indignată că «trebuie» să se îmbrace frumos, că un restaurant poate impune vestimentația clienților și că ea nu are niciun cuvânt de spus în această privință. Am crezut că e pur și simplu ostilă și dintr-odată am început să pun sub semnul întrebării modul în care am crescut-o, făcându-mi griji că fusesem prea îngăduitoare cu ea și de aceea refuză acum să urmeze o cerință simplă. Și eram frustrată! Am crezut că trebuie să fiu mai fermă – mult mai fermă. Ei bine, poți să-ți imaginezi bătălia contravoințelor care s-a iscat în timp ce eu insistam cu și mai multă fermitate să facă ce-i cerusem. Ne-aș fi scutit pe amândouă de multă angoasă și mâhnire în seara aceea, dacă aș fi știut despre contravoință."

Unii părinți au reacții puternice atunci când copilul este sfidător, crezând că, dacă nu se poartă astfel, copilul va deveni și mai neascultător. Atunci când adulții impun cooperarea indiferent de costuri sau încearcă să înăbușe comportamentul care opune rezistență, motivele instinctive și emoționale care determină copilul să opună rezistență sunt pierdute din vedere, făcute de rușine sau zădărnicite. Credința că trebuie dezvățat copilul de-a rezista și-a se opune (a) nu recunoaște sau nu prețuiește beneficiile evolutive de-a avea propria voință și (b) nu reușește să aprecieze ce este necesar să ajutăm copilul să evolueze pentru a depăși împotrivirea, nu să-l pedepsim ori să-l învățăm să se comporte altfel. Adulții pot determina copiii să capituleze în fața cererilor lor dacă au suficientă forță, dar asta duce adesea la resentimente și confuzie, care erodează atașamentul. Psihanalistul Otto Rank, care a scris detaliat despre contravoință, a afirmat că reacțiile exagerate ale părinților la vederea manifestărilor ei reprezentau una dintre cele mai importante cauze ale nesiguranței copiilor.[3] Pentru a conserva relația cu copiii mici, trebuie să înțelegem modul în care contravoința servește dezvoltării, cum să evităm provocările și cum s-o gestionăm atunci când este cazul.

Forme de constrângere și control

Convingerea că un copil mic nu vrea să facă nimic dacă nu este constrâns nu denotă încredere în dorința intrinsecă a copilului de-a fi bun pentru adulții din viața sa. Ea nu ia în considerare puterea atașamentului și faptul că la vârste mici copiii îi urmează instinctiv pe cei de care se simt conectați. Prin urmare, adulții folosesc din greșeală forme de control sau constrângere, fizice, comportamentale, emoționale sau cognitive, pentru a-și forța copiii să fie cooperanți, în loc să apeleze la strategii de atașament.

Există situaţii în care adulţii manipulează *fizic* copiii, ridicându-i sau împingându-i. E un lucru mai lesne de făcut atunci când copiii sunt mici, dar devine tot mai dificil pe măsură ce ei cresc. Copiii pot răspunde la constrângerile fizice distrugând lucruri, ţipând sau înmuindu-se. Odată, un tată şi-a prins fiul într-o priză de fotbal american şi a ieşit fugind cu el din restaurant, iar copilul a început să ţipe „Ajutor! Ajutor! Să mă ajute cineva. Am fost răpit!" Atunci când copiii sunt forţaţi să facă un anumit lucru, este previzibil ca forţa cu care se împotrivesc să fie direct proporţională.

Încurajările negative reprezintă o formă de constrângere *comportamentală* care are ca scop reducerea probabilităţii ca anumite acţiuni să se mai repete. Cu toate acestea, atunci când unui copil mic i se spune că va avea probleme sau că anumite comportamente îi sunt interzise, poate creşte probabilitatea ca el să se poarte în acel mod. De exemplu, în studiul clasic cu jucăria interzisă, cercetătorii au formulat fie o ameninţare severă, fie una uşoară, pentru cazul în care copiii se joacă cu o anumită jucărie.[4] Cu cât era mai severă ameninţarea, cu atât îşi doreau mai mult copiii să se joace cu ea, în ciuda avertismentelor. Copiii nu-şi conştientizează acest instinct şi se poartă aşa fără a înţelege când li se spune să *nu* facă ceva. O mamă îmi povestea: „Când eram la grădiniţă, înainte de-a urca pe scenă la concertul de Crăciun, mama mi-a zis să nu-mi arăt chiloţii. Fără să-mi dau seama, am ajuns în mijlocul scenei cu poalele fustei ridicate în cap, arătându-mi chiloţii la public".

Formele *comportamentale* de constrângere includ totodată încurajări pozitive, prin care copiii sunt recompensaţi sau lăudaţi pentru a încuraja comportamente similare. Multe persoane nu-şi dau seama în ce măsură pot percepe copiii mici recompensa ca fiind coercitivă, probabil din cauză că recompensele sunt considerate pozitive. Cu toate acestea, recompensele dezvăluie dorințele altora, care pot păcăli sau diminua propriile intenții ale copiilor. Un studiu clasic asupra motivației la copiii mici a demonstrat că cei care erau lăudați pentru folosirea cariocilor magice erau mai puțin interesați să se joace cu ele decât cei care nu primeau recompense.[5] Alfie Kohn, autorul cărții *Pedepsiți prin recompense*, afirmă că recompensele extrinseci au efect pe termen scurt și diminuează motivația intrinsecă a copilului.[6] Recompensele oferite pentru a obține cooperare pot altera dorința nativă a copilului de-a învăța sau de-a fi sincer afectuos cu cei din jur.

Formele *emoționale* de constrângere includ umilirea copiilor sau încercările de a-i face să se simtă vinovați pentru impulsurile lor și pentru gesturile lor imature. Adulții folosesc emoțiile copiilor pentru a le controla comportamentul prin formulări de tipul „Dacă ai fi un frate bun, nu ți-ai mai lovi sora", „Dacă ți-ai iubi mama, ai ajuta-o strângându-ți jucăriile" sau „Vezi ce-a făcut Eva? Nu-i așa că este o prietenă bună fiindcă a sărit în ajutor?" Afirmațiile coercitive din punct de vedere emoțional insinuează că este ceva fundamental în neregulă cu copilul. Constrângerile emoționale nu doar rănesc relația copilului cu adulții, dar creează și un mediu umilitor.

Formele *cognitive* de constrângere includ situațiile în care copiilor li se spune ce să creadă; a fi în acord cu adulții ajunge să fie o formă de supunere. Copiii mici ar trebui să fie înclinați nativ să-și înțeleagă lumea și să-și formeze propria impresie asupra ei. De exemplu, o fată în vârstă de 4 ani i-a zis fratelui ei: „Știai că ai gândaci gustativi pe limbă?" I-a mai spus și că „Există viermi-cuțitari în grădină, care mănâncă toate legumele. De-aia sunt pline de găuri". Un alt copil în vârstă de 4 ani i-a zis tatălui său: „Mi se face piele de găină pe frunte". Atunci când tatăl i-a desconsiderat experiența, corectându-l „Nu ți se face pielea de găină decât pe brațe și pe picioare, atunci când ești entuziasmat sau speriat", băiatul i-a spus „Bine, atunci, e varicelă*".

Cele două fețe ale contravoinței

Instinctul contravoinței este esențial în dezvoltarea copilului din două motive: (1) protejează atașamentul opunându-se influențelor și indicațiilor exterioare și (2) pavează calea către funcționare separată și independență. Este important să menționăm că există și alte motive care îi pot determina pe copii să opună rezistență, precum frica, anxietatea, furia, frustrarea, ostilitatea și lipsa încrederii. Nesupunerea poate fi, de asemenea, rezultatul disfuncțiilor, curiozității, uitării sau lipsei de înțelegere, nu al instinctului contravoinței. Înainte de-a gestiona opoziția copiilor este util să analizăm ce a provocat-o.

1. Contravoința protejează atașamentul

Instinctul contravoinței protejează locul de drept al părinților în viața copiilor, și anume cel de conducător și de îngrijitor. Copiii mici nu ar trebui să permită ca oricine să le spună ce să facă: acesta este motivul pentru care le opun rezistență străinilor. Mama a doi copii mici mi-a cerut părerea cu privire la următorul incident:

---

* N.trad: Joc de cuvinte: „chickenpox" (varicelă), este format din „chicken" (pui) și „pox" (iritație infectată, care lasă cicatrice după vindecare).

„Eram la cumpărături, iar o doamnă în vârstă s-a apropiat şi a încercat să le vorbească pe un ton prietenos copiilor. Le spunea că sunt drăgălaşi şi îi întreba cum îi cheamă şi ce vârstă au. Nu era rău intenţionată, dar băiatul cel mare, care are patru ani, a scos limba şi s-a strâmbat la ea. Apoi s-a pitit în spatele meu şi a refuzat s-o mai privească. Am fost foarte jenată. I-am spus doamnei că e timid, dar mă întreb de ce a reacţionat astfel."

INSTINCTUL CONTRAVOINŢEI

1) este o reacţie defensivă ca răspuns la control şi constrângere
2) ajută ataşamentul prin protejarea împotriva influenţelor şi a îndrumărilor din exterior
3) ajută dezvoltarea prin netezirea drumului către funcţionarea autonomă

Primul pas spre găsirea propriei voinţe este de-a opune rezistenţă şi a contesta voinţa celorlalţi.

FIGURA 9.1 Preluată din cursul *Neufeld Making Sense of Counterwill*

Contravoinţa este un instinct natural de ataşament al cărui rol este să prevină influenţarea copiilor de către persoane care nu au fost validate de părinţi ca făcând parte din satul ataşamentului.

Şi ajungem astfel la întrebarea de ce opun copiii rezistenţă la indicaţiile părinţilor, din moment ce există o relaţie între ei. Rezistenţa în faţa părintelui izvorăşte din lipsa integrării creierului la copiii mici – ei se pot ataşa de o singură persoană sau lucru la un moment dat. Dacă părintele îi dă o indicaţie sau o instrucţiune fără a se conecta la instinctele lui de ataşament, copilul se poate simţi constrâns şi controlat, provocând, prin urmare, un răspuns al contravoinţei. De exemplu, dacă copilul mic este angajat într-un joc singur sau cu un prieten sau un frate, instinctul lui de atașament nu este orientat către părinte. Tatăl unui copil în vârstă de 2 ani și jumătate și al unuia de 4 ani ne-a povestit următoarele:

> „Soția mi-a cerut să iau copiii, care se uitau la televizor, și să venim la cină. Nici măcar nu s-au uitat la mine, de parcă nici n-aș fi fost acolo, așa că am oprit televizorul. Cu asta chiar am reușit să le atrag atenția. Au început să țipe: «Nu! Nu-l închide!» și «Deschide-l la loc!». Le-am zis că e timpul pentru cină, iar ei au țipat «Nu! Nu vrem cină». Apoi a țipat soția mea la mine: «Nu i-ai colectat înainte să le dai instrucțiuni? Trebuie să-i colectezi înainte să le spui ce să facă!». În momentul acela erau trei persoane care țipau la mine. Era crunt. Mai târziu, i-am spus soției mele că nici ea nu mă colectase înainte să-mi spună ce să fac."

Colectarea copiilor este una dintre cele mai bune metode de-a le antrena instinctul de atașament, iar pentru a face asta este nevoie să te așezi în fața lor într-o manieră prietenoasă și să-i faci să te privească, sau poate să-ți zâmbească (așa cum am discutat în capitolul 4). Este important să colectezi copiii mici înainte de-a le trasa comenzi, obligații, de-a le comunica așteptări sau cereri ori înainte de a insista ca ei să facă ceva, deoarece modul în care funcționează ei implicit este de-a opune rezistență. Atașamentul este cel care-i face pe copiii mici să fie receptivi la îngrijirea noastră și îi determină să fie mai agreabili când se conformează dorințelor noastre, să dorească să ne facă plăcere, să amâne, să compare și să fie buni în ochii noștri. Pe scurt, contravoința și atașamentul au o relație de tip balansoar. Atunci când atașamentul e puternic, contravoința e slabă sau nu se manifestă deloc. Când atașamentul e slab, reacțiile de contravoință vor fi puternice.

Ce-ar fi putut face acest tată pentru a-și colecta copiii? În primul rând, ecranele au o forță de captivare formidabilă, dat fiind faptul că reușesc să mențină trează atenția copiilor și să-i stimuleze. Pentru a-i colecta, tatăl ar fi trebuit să aibă deja cu copiii o relație care să funcționeze. Ar fi putut să se așeze alături de ei, poate să-i întrebe la ce se uită, să încerce să le atragă privirea sau să se arate interesat pentru câteva minute de emisiunea la care se uitau. Dacă ar fi reușit să le capteze atenția, iar ei ar fi protestat că nu vor să meargă la masă, probabil ar fi fost nevoie ca el să facă loc lacrimilor pricinuite de dezamăgire. Dacă tatăl a încercat în mod repetat și fără succes să le capteze atenția și să le trezească instinctele de atașament, ar fi important să se gândească dacă nu cumva există o problemă de relaționare între el și copii.

PROBLEMELE LEGATE DE CONTRAVOINȚĂ APAR ACOLO UNDE EXISTĂ PROBLEME DE ATAȘAMENT

Atunci când contravoința copiilor pare mai degrabă cronică și persistentă decât fluidă, ar putea să existe o problemă de relaționare. Există câteva probleme de atașament care determină copiii să opună rezistență la indicațiile venite din partea adulților care îi îngrijesc, între acestea numărându-se orientarea către prieteni și problemele alfa (vezi capitolele 4 și 5).

O altă problemă de atașament care dă naștere la probleme legate de contravoință la copiii mici este lipsa unei relații cu adulții care îi îngrijesc. Dacă copiii nu sunt atașați de profesorii lor de la creșă sau de la grădiniță, modul lor implicit de relaționare va fi contravoința. Titlul sau „rolul" adultului în viața copiilor nu are influență asupra relației de atașament a copilului cu respectivul adult. O mătușă care avea grijă de nepoata ei povestea: „Am rugat-o să mă ajute să strângem jucăriile, dar ea m-a refuzat și mi-a zis că nu sunt șefa ei. I-am zis că trebuie să vină să mănânce și m-a refuzat din nou. I-am amintit că sunt mătușa ei, dar n-a contat pentru ea". Problemele de contravoință apar mereu acolo unde apar probleme de atașament.

O altă problemă de atașament o constituie relația cu un adult care nu este suficient de profundă pentru a putea slăbi instinctul de contravoință. Uneori copiii sunt atașați prea superficial, prin simțuri, asemănare sau sentimente de apartenență, care nu le oferă îngrijitorilor lor o influență suficientă asupra copiilor. Mai mult, dacă emoțiile copiilor au rămas blocate și există câteva semne ale unor sentimente de vulnerabilitate, dezvoltarea lor poate fi întârziată, făcându-i mai predispuși la reacții de contravoință cauzate de imaturitate.

Atunci când copiii rămân blocați în reacții de contravoință, este mai probabil să ajungă să se confrunte cu constrângeri sporite și cu un mai mare control din partea adulților din viața lor. În schimb, ei se vor simți tot mai presați și prin urmare vor opune și mai multă rezistență. Atunci când copiii rămân blocați în poziția din care opun rezistență, este probabil ca adulții să rămână blocați în poziția din care fac presiuni, ceea ce erodează suplimentar relația. De obicei, copiii sunt percepuți ca fiind cei care au o problemă, fiindcă opun rezistență, și este posibil să fie etichetați ca opozanți, necooperanți sau sfidători. Se pierde din vedere *motivul* pentru care copiii mici nu sunt atașați de adulții prezenți în viețile lor.

Atunci când problemele de atașament au determinat blocarea copilului în răspunsuri de contravoință, acel copil nu mai este motivat să fie loial, să se ridice la înălțimea așteptărilor, să participe și să asculte, să privească admirativ sau să facă lucruri mulțumitoare pentru adult. El se va orienta negativ către părinte și se va strădui să conducă, să sfideze, să contrazică, să enerveze sau să irite.

CICLUL BLOCAJULUI DE CONTRAVOINȚĂ

O tragedie în trei acte

- **ACTUL I:** Când copilul se blochează, adultul începe să facă presiuni.
- **ACTUL II:** Când se simte presat, copilul acționează frânele.
- **ACTUL III:** Când copilul rămâne blocat în rezistență, adultul are tendința de a rămâne blocat în insistență.

FIGURA 9.2 Adaptare din cursul *Neufeld Making Sense of Counterwill*

Singura modalitate de-a schimba aceste răspunsuri este ca adultul să conducă prin cultivarea unei relații mai puternice, fără a se lăsa înstrăinat. Crearea de punți peste comportamentul problematic și renunțarea la a gestiona incidentele reprezintă două strategii care pot ajuta la prevenirea degradării suplimentare a relației. (Vezi capitolul 10.)

2. Contravoința pavează calea către funcționare separată și independență

Contravoința reprezintă un mecanism natural de apărare împotriva voinței altora de a-i crea loc copilului să-și descopere preferințele, cerințele, dorințele, țelurile și aspirațiile. Copiilor le trebuie o invitație pentru atașament și totodată le trebuie o invitație pentru a deveni independenți. Un părinte mi-a spus: „Eu și mama aveam o relație grozavă până când am împlinit trei ani și mi-a apărut voința proprie. N-a putut să facă față noii situații, în care aveam propria mea voință, diferită de-a ei, așa că din acel moment am început să ne chinuim".

Acele caracteristici etalate de copiii mici care îi fac dificil de îngrijit sunt aceleași după care părinții vor tânji atunci când copiii lor vor deveni adulți – să spună nu, să dezaprobe și să aibă propriile lor idei, planuri și intenții. Nu ne putem încuraja copiii să aibă o voință proprie doar când aceasta nu intră în contradicție cu a noastră. În același timp, adulții trebuie să conducă și să fie responsabili pentru îngrijirea copiilor lor.

Copii au nevoie să se nască și psihologic, iar contravoința creează un pântece în care se poate dezvolta sinele și în care se pot forma limitele. Identitatea este un proces al creșterii integrității, al fuziunii gândurilor și sentimentelor pentru a forma un „EU". Deși este esențială pentru dezvoltare, dezvoltarea identității nu este inevitabilă și apare spontan, după aproximativ trei ani de atașament împlinit. Această creștere devine evidentă atunci când începem să auzim copilul zicând „fac eu" și „fac singur". Pediatrul Donald Winnicott a scris că, atunci când copilul este pregătit să se identifice prin limbaj în termeni precum „EU SUNT", începe o fază esențială în dezvoltarea umană.[7] Contravoința are rolul de a proteja identitatea în curs de dezvoltare a copiilor de ideile, planurile, intențiile, judecățile, așteptările, cererile, valorile și dorințele altor oameni. Reacțiile puternice ale contravoinței au rolul de-a susține tranziția pe măsură ce se dezvoltă identitatea. Începând de la vârsta de 2 ani, reacțiile de contravoință ale copiilor mici pot deveni necuviincioase și nemoderate, dar, pe măsură ce cresc și încep să aibă sentimente amestecate, copiii vor avea mai multă putere de autocontrol asupra modului cum reacționează.

Într-o zi, când eram în parc cu copiii, prietena mea m-a rugat să am grijă de copilul ei în vârstă de 3 ani, Simon, cât se ocupa ea de alt copil. Simon încerca cu disperare să se suie pe o rață care se balansa pe un arc metalic mare. Văzând că se chinuie, m-am dus spre el să-l ajut, dar m-a privit amenințător și a zis „Nu, fac eu!“ M-am retras suficient de mult cât să-i las loc să se chinuie, dar suficient de aproape cât să pot interveni dacă avea nevoie de mine. S-a mai chinuit o vreme, dar s-a uitat iar la mine și a văzut că nu mă dădusem suficient de departe. S-a năpustit cu pumnii asupra mea și m-a împins de lângă rața lui. Mama lui l-a văzut și i-a cerut să nu mă mai împingă. Am intervenit și i-am zis că Simon dorește doar să se suie singur pe rață, iar eu îi stau în drum. Ce nu putea Simon să spună era: „Lucrez la dezvoltarea identității pentru a deveni o ființă separată, iar voința ta o împiedică pe-a mea să se dezvolte“. Fără limbaj și discernământ, copiii în vârstă de 3 ani vor folosi orice mijloc au la îndemână pentru a reuși să-și transmită mesajele izvorâte din instinctul contravoinței.

Reflectând la necazurile cu deprinderea toaletei pe care le aveau Susan și Charlie, este clar că intenția lor de-a scăpa de etapa scutecelor era mai arzătoare decât a lui Blake. Îl lăudaseră și îl recompensaseră când se comportase în concordanță cu planurile lor, dar asta nu lăsa loc pentru dorințele lui Blake și pentru nevoia lui de-a conduce. „Eu vreau“ se transformase în „eu trebuie“ și, în loc să-și folosească inițiativa pentru a încerca ceva nou, se simțea apăsat de așteptările părinților lui. În loc să simtă ajutor ca să-și găsească propriul scop și propria motivație pentru a renunța la scutec, el avea de-a face cu presiuni și indicații. Interesul lui de-a folosi toaleta era umbrit de stimulente, care îi diminuau dorința de „a face singur“. Cu cât Blake opunea mai multă rezistență, cu atât mai mari erau insistențele părinţilor lui, iar reacţiile de contravoinţă deveneau tot mai intense de ambele părţi. Atunci când Susan şi Charlie au luat decizia tactică de-a se retrage pentru a reface ataşamentul cu el şi au încetat cu presiunile, individualitatea în curs de dezvoltare a preluat conducerea şi copilul a reînceput să folosească toaleta. Strategia când vine vorba de copii mici este de-a evita să-i lăsăm să vadă sau să simtă că dorinţa noastră, a părinţilor, este mai mare decât a lor, a copiilor, mai ales atunci când avem nevoie de cooperarea lor – de exemplu, cu dormitul, hrănirea, îmbrăcarea, deprinderea toaletei şi acţiunile zilnice de igienizare.

Atunci când se dezvoltă în fiinţe separate, copiii devin curioşi, doresc să încerce lucruri noi, se gândesc la sine, încep să vadă opţiuni şi alegeri în viaţă, vor să fie diferiţi şi caută independenţa. Nu trebuie să facem presiuni sau să forţăm copiii spre autonomie, ci să le permitem instinctelor de contravoinţă să netezească drumul. Când un copil vede că are opţiuni şi poate lua decizii, ar trebui să înceapă de la sine să se simtă responsabil pentru acestea, simţind totodată vină faţă de modul în care acţiunile lui îi afectează pe alţii. Nu este nevoie să le impunem copiilor noştri aceste lecţii; creşterea şi dezvoltarea sănătoasă vor netezi calea spre funcţionarea responsabilă. Pe măsură ce voinţa li se dezvoltă şi se întăreşte în anii adolescenţei, copiii ar trebui să simtă atât libertatea, cât şi autonomia pe care o aduce aceasta, precum şi responsabilitatea morală şi vina inerente atunci când eşti o persoană distinctă.

Cum facem deosebirea între cele două feţe ale contravoinţei

Părinţii se întreabă adesea cum să facă deosebirea între cele două forme ale contravoinţei. Problema principală care trebuie avută în vedere este *ce a fost înainte* de răspunsul de contravoinţă. Dacă instinctele de ataşament ale copiilor nu erau angajate activ înainte ca părintele să încerce să le dea indicaţii, atunci contravoinţa rezultă din faptul că părintele nu are suficientă influenţă relaţională. De exemplu, un părinte a avut probleme fiindcă nu-şi colecta fiul înainte de-a încerca să-l convingă să plece împreună:

„Băiatul meu se juca cu avioanele lui când i-am zis că trebuie să strângem jucăriile ca să putem pleca s-o luăm pe sora lui de la grădiniţă. El m-a ignorat până când am ridicat vocea şi i-am zis să se încalţe fiindcă trebuie să plecăm. A ţipat «Nu!», eu m-am apropiat de el, iar el a început să zică «Nu, nu, nu, nu, nu» şi m-a împins. I-am adus pantofii şi am încercat să-l încalţ, dar el dădea întruna din picioare şi-mi era imposibil. În cele din urmă, am decis să-l scot în căruţ fără pantofi, fiindcă era mult prea dificil."

Dacă ar fi considerat că reacţia fiului este una de contravoinţă, părintele ar fi putut încerca o retragere strategică, în loc să se lupte cu el. Ar fi putut încerca să-l colecteze înainte de-a încerca să-l încalţe.

Dacă răspunsul de contravoinţă vine *după* o perioadă de ataşament satisfăcător cu copilul, atunci este posibil ca reacţia să servească scopului copilului de-a deveni o persoană independentă. De exemplu, mama unui copil în vârstă de 3 ani şi jumătate a fost surprinsă într-o dimineaţă când fiica ei s-a răzvrătit:

„O colectasem pe Jessica, îi citisem cărţi, discutaserăm despre ziua noastră. Când m-am apucat s-o îmbrac, a început să opună rezistenţă. În loc să continue să se poarte frumos, s-a uitat la mine şi a început să zică «Nu, nu-mi place bluza aia». S-a uitat la toate bluzele din sertar, a ales una, s-a răzgândit, apoi a ales alta şi tot aşa. Era groaznic. Atunci când i-am zis

«Haide, lasă-mă să te ajut să te îmbraci», s-a întors către mine și a zis «Nu, cucoană, fac eu singură!». Uneori mă uimește comportamentul ei oscilant între Jekyll și Hyde."

În acest caz, Jessica se simțea împlinită, iar individualitatea ei în curs de dezvoltare, deși imatură, începuse să se arate. În ambele exemple de contravoință, adevărul este că nimic nu poate uimi, deruta și sfida logica adultă mai mult decât un copil mic care opune rezistență.

Strategii pentru a gestiona contravoința și împotrivirea

Secretul pentru a gestiona contravoința este să nu iei lucrurile personal – o cerință aparent imposibilă atunci când și contravoința adultului a fost activată. Copiii mici ajung constant într-un punct mort. Cheia este ca, atunci când se ajunge în impas, adultul să preia conducerea fără să distrugă conectarea. Provocarea constă în a nu reacționa folosind și mai multă forță și condiționare pentru a controla copilul; asta nu va face decât să amplifice și mai mult rezistența și/sau să afecteze relația.

În funcție de cauza care a provocat răspunsul de contravoință, există trei strategii care pot fi folosite pentru a risipi și-a gestiona rezistența și opoziția manifestate de copiii mici: (1) crearea de punți pentru contravoință și sporirea atașamentului, (2) reducerea constrângerii și a controlului și (3) crearea de spațiu în care să se desfășoare voința copilului.

1. Crearea de punți pentru contravoință și sporirea atașamentului

Unul dintre mesajele esențiale de transmis în toiul unei reacții de contravoință este că relația este în continuare intactă, în ciuda rezistenţei opuse. Adulţii trebuie să găsească o cale de a-şi menţine poziţia alfa atunci când se confruntă cu rezistenţa copiilor fără a-şi impune voinţa în faţa copiilor. Mai multe strategii sunt utile pentru crearea de punţi peste comportamentul problematic şi pentru conservarea relaţiei:

- *Nu folosi separarea pe post de consecinţă.* Ataşamentul este cea mai mare nevoie a copiilor. Prin urmare, time-outurile, confiscarea bunurilor sau retragerea privilegiilor vor fi interpretate ca fiind provocatoare. Cel mai probabil, aceste acţiuni vor spori rezistenţa opusă de copii şi vor adăuga frustrare şi frică.

- *Anticipează şi aşteaptă-te la reacţii de contravoinţă.* Dat fiind faptul că, atunci când sunt mici, copiii sunt imaturi şi identitatea nu le este complet formată, ar trebui să le anticipăm reacţiile de contravoinţă atunci când avem de-a face cu ei. Scopul este de-a nu le interpreta acţiunile ca fiind personale, deliberate sau manipulatoare, ci ca fiind generate de instinct şi emoţii. Deşi este posibil să nu înţelegem ce stă la baza împotrivirii lor, dacă o anticipăm reducem riscul unei reacţii exagerate şi al înstrăinării.

- *Nu face caz de comportament.* Atunci când copiii opun rezistenţă, adulţii pretind adesea ca ei să-şi schimbe comportamentul înainte de-a se putea întâmpla orice altceva. Asta sporeşte rezistenţa opusă de copii şi le amplifică reacţia. De exemplu, dacă un copil refuză să se încalţe, iar părintele răspunde pretinzându-i să se încalţe înainte de orice altceva, ambele părţi implicate rămân blocate în propria lor reacţie de contravoinţă.

- *Priveşte împotrivirea ca pe ceva firesc şi normal.* Atunci când copiii mici opun rezistenţă, dacă le venim alături şi le spunem că înţelegem că se simt controlaţi sau constrânşi, am putea reuşi să le disipăm reacţia. De exemplu, părintele ar putea spune „Da, ştiu că uneori nu-ţi place când îţi spun ce să faci". Asta nu înseamnă că adultul trebuie să renunţe la cerinţele sale, ci doar să recunoască posibilitatea ca ele să fie diferite de ale copilului.

- *Păstrează sub control reacţiile la contravoinţă.* Cu cât adultul se consideră în mai mare măsură a fi la conducere şi responsabil pentru copil, cu atât mai provocatoare i se poate părea contravoinţa copilului. Un tată spunea: „Pur şi simplu, simt că sunt nevoit să strivesc spiritele copiilor mei atunci când opun rezistenţă şi sunt sfidători, ca să mă asigur că nu se vor purta aşa când vor fi adulţi". Este frustrant, chiar enervant pentru părinte să fie sfidat. Contravoinţa copiilor este provocatoare, iar cheia este să nu le răspundem. Dacă părinţii reuşesc să-şi îngrijească în continuare copiii şi să rămână preocupaţi de integritatea relaţiei lor, acest lucru ar trebui să ajute la temperarea reacţiei şi să aducă răbdare şi toleranţă. Este important să găsim o cale de-a conduce prin impasuri, astfel încât demnitatea tuturor să rămână intactă.

- *Repară răul făcut de reacţiile exagerate la contravoinţă.* Atunci când ai avut o reacţie exagerată la contravoinţa copilului, repararea relaţiei este prioritară. Poate asta înseamnă că va trebui să iei iniţiativa de a-ţi cere scuze şi de a-ţi asuma responsabilitatea pentru acţiunile tale. Dacă micuţul tău se simte în continuare rănit după ce i-ai cerut scuze, este important să-i spui că are voie să fie supărat. Reacţiile emoţionale exagerate ale părinţilor, precum plânsul sau scuzele insistente, riscă să declanşeze reacţii alfa ale copiilor, deoarece ei ajung să-şi asume responsabilitatea pentru sentimentele adulţilor. Scopul este să te ocupi de răul adus relaţiei, să-ţi asumi responsabilitatea, iar apoi să mergi mai departe cu îngrijirea copilului. Parentingul nu implică să fim perfecți, ci să ne asumăm responsabilitatea pentru imperfecțiunile noastre și să continuăm de acolo.

Crearea de punți pentru reacțiile de contravoință ale copiilor mici necesită răbdare, credință și convingerea că, pe măsură ce se dezvoltă devenind o entitate distinctă, copilul va fi tot mai puțin nevoit să acționeze sub imperiul instinctului de contravoință. Între timp, cea mai bună măsură pe care o putem lua este să ne menținem prezența alfa și să nu permitem comportamentului lor să rupă conectarea.

Atunci când vine vorba de răspunsuri la contravoința copiilor mici, adulții trebuie să se perceapă pe ei înșiși drept responsabili pentru scoaterea copiilor din impas. Acest lucru se poate obține prin schimbarea subiectului sau amânarea discuției, sau dându-i reacției ceva timp și spațiu pentru a se estompa. Este important să nu identificăm copiii cu reacția lor de împotrivire, prin afirmații precum „De ce ești atât de încăpățânat/ă?" sau „Nimeni nu vrea să stea cu tine dacă te porți așa". Venind alături de ei când se simt controlați și constrânși, evităm să-i facem să se simtă umiliți pentru ceva ce este firesc. Există totodată momente în care părinții trebuie să-și folosească poziția alfa pentru a menține un anumit nivel de supărare a copiilor ca să-i facă să înțeleagă că uneori împotrivirea este futilă.

Dacă împotrivirea copiilor izvorăște dintr-o relație slabă cu adulții, atunci cultivarea unui atașament mai puternic va fi prima sarcină a adulților. Înainte de-a îngriji copiii, adulții ar trebui să se asigure că îi pot colecta, lucru ce indică faptul că au suficientă putere de atașament pentru a-și face treaba. Întărirea relației poate fi obținută prin exprimarea încântării, a bucuriei și a căldurii, precum și prin conectarea prin asemănare, sentimentul de apartenență și loialitate, semnificație sau orice alte mijloace de atașament.

2. Reducerea constrângerii şi a controlului

Reducerea în următoarele moduri a gradului de control şi constrângere pe care le percepe copilul poate ajuta la prevenirea reacţiilor de contravoinţă precum şi la gestionarea lor atunci când apar:

- *Abţine-te de la a folosi un ton impunător sau autoritar.* Atunci când le dau indicaţii copiilor mici, adulţii îşi schimbă adesea tonul, deoarece anticipează că vor întâmpina rezistenţă. Indicaţiile tind să fie transmise pe un ton mai impunător, crescând probabilitatea unei reacţii de contravoinţă.
- *Fii mai puţin explicit.* Adulţii au tendinţa de-a fi foarte expliciţi atunci când le dau indicaţii copiilor. De exemplu, părintele ar putea zice: „Încalţă-te şi pune-ţi haina. Plecăm la şcoală şi nu vreau să ajung târziu la serviciu". Natura directă şi impunătoare a acestei cereri poate cu uşurinţă să provoace contravoinţa copilului mic, în timp ce o abordare implicită ar putea fi percepută ca mai puţin provocatoare. De exemplu, în loc să-i spună să se grăbească şi să se pregătească, părintele s-ar putea concentra asupra planului zilei în timp ce îmbracă şi încalţă copilul: „Profesoara ta mi-a spus că azi veţi avea un invitat special la grădiniţă. Ştii cine ar putea fi?" Ferindu-se să se refere foarte precis la intenţiile lor, adulţii reduc probabilitatea apariţiei reacţiilor de contravoinţă. Iar o abordare mai jucăuşă reprezintă o modalitate garantată de-a reduce constrângerea şi-a face ca intenţiile părinţilor să fie mai puţin explicite.
- *Abţine-te de la a te concentra pe TREBUIE, E NECESAR şi E OBLIGATORIU.* Unele dintre cele mai autoritare cereri pe care le primeşte copilul includ *trebuie, e necesar* sau *e obligatoriu.* Aceste formulări dau naştere unor reacţii de contravoinţă deoarece sugerează că nicio altă variantă nu va fi acceptată. Mai mult, ele erodează dorinţele şi motivaţia

intrinsecă a copiilor, zdrobindu-le spiritul emergent, care e dornic să învețe și să probeze lucruri noi.

- *Folosește cât mai puțină forță și constrângere cu putință.* Formele de constrângere fizică, comportamentală, emoțională sau cognitivă vor accentua reacțiile contravoinței și vor crea o relație conflictuală. Uneori adulții sunt reticenți în a renunța la instrumentele lor de încurajare pozitivă sau negativă, apelând la ele în speranța că vor face copilul mai maleabil. Se omite faptul că atașamentul este contextul în care copiii sunt cel mai maleabili, fiind mai dispuși să-și urmeze adulții, să se conformeze dorințelor lor sau să le împărtășească valorile.
- *Renunță până reușești să obții un atașament mai bun.* Atunci când a fost provocată o reacție de contravoință, una dintre cele mai eficiente strategii este să te retragi temporar, până se reactivează instinctele de atașament. Atunci când i se opune rezistență, părintele ar putea spune: „Te las un pic să te gândești și mă întorc într-un minut" sau „M-am răzgândit. Te mai las să te joci încă cinci minute și apoi plecăm". Este important să transmitem că împotrivirea lor nici nu ne înstrăinează, nici nu ne face să renunțăm la poziția alfa. De exemplu, o mamă spunea că fiica ei s-a întors către ea, când erau în excursie cu grădinița la o fermă, și i-a zis „Cu cât insiști mai mult să nu pun mâna pe măgar, cu atât mai mult îmi vine să pun mâna". Din fericire, grupul a continuat turul ajungând la alt țarc și, în loc să răspundă direct comportamentului ei, mama și-a colectat fiica și i-a dat o gustare. După ce a colectat-o, mama a făcut apel la bunele ei intenții (vezi capitolul 10 despre disciplină) ca să asculte instrucțiunile pe care le primește.
- *Folosește structuri și rutine pentru a orchestra comportamentul.* Deoarece copiii mici sunt alergici la constrângere

şi control, structura şi rutina sunt căi minunate de-a le ordona comportamentul fără a fi nevoit „să faci pe şeful". Mă uimeşte mereu modul în care profesoara de la grădiniţa copiilor foloseşte structura şi rutina pentru a anunţa că e timpul pentru aşezarea în cerc, pentru joacă sau gustare. Începe prin a cânta o melodie despre curăţenie care avertizează copiii cu privire la tranziţia de la joacă la timp petrecut în interior – dar nu înainte de a-şi strânge jucăriile.

- *Distrage atenţia de la elementele coercitive ale situaţiei.* Cu cât o situaţie este mai coercitivă, cu atât mai mult trebuie să distragi atenţia de la elementele care ar putea provoca contravoinţa. Centurile de siguranţă, cărucioarele şi coşurile pentru cumpărături constrâng copiii şi le provoacă adesea contravoinţa. În loc să le permitem copiilor să se concentreze pe elementele care îi constrâng, părinţii ar trebui să le vorbească, să le cânte sau să-i hrănească. Unul dintre momentele în care copiii se simt constrânşi este la masă, unde li se pretinde să stea şi să mănânce. Cu cât li se concentrează mai mult atenţia asupra mâncării, cu atât va fi mai provocată contravoinţa lor. Dacă reducem caracterul coercitiv al hrănirii şi le distragem atenţia cu poveşti, distracţie sau dialoguri cu membrii familiei despre altceva decât mâncarea, nu se vor mai concentra la ceea ce percep ei ca fiind coercitiv. Cu cât repeţi mai mult „Mănâncă-ţi legumele", cu atât mai puţin va dori copilul să le mănânce.

3. Crearea de spaţiu în care să se desfăşoare voinţa copiilor

Atunci când reacţia de contravoinţă este generată de trecerea către funcţionarea independentă, este o strategie utilă să le lăsăm copiilor spaţiu pentru a-şi exprima propria dorinţă. Există câteva metode prin care putem realiza acest lucru, dar e important să nu le predăm copiilor conducerea în cazul deciziilor referitoare la îngrijirea lor sau nevoile lor de relaţionare.

- *Oferă-i ocazia să aleagă.* Atunci când copiii mici se împotrivesc solicitărilor părinţilor, să le oferim variante sau să le permitem să-şi exprime părerea, ceea ce ajută la reducerea sentimentului de constrângere. De exemplu, atunci când se pregătesc să se culce, îşi pot alege pijamaua, cartea, periuţa de dinţi sau cântecul de noapte bună.

- *Concentrează atenţia asupra voinţei copilului.* Atunci când copiii sunt ajutaţi să-şi descopere propria voinţă, iar accentul este pus pe dorinţele, obiectivele, argumentele şi semnificaţiile lor, contravoinţa s-ar putea diminua. De exemplu, părinţii ar putea spune: „Tu îţi doreşti doar ca lumea să nu-ţi mai spună ce să faci. Vrei să decizi singură". Asta nu înseamnă că micuţul ajunge să facă ce vrea el, ci este doar o validare a faptului că are şi el dreptul la o părere. Un tată povesteşte că îşi învăţa fiica în vârstă de 4 ani să împăturească haine, dar că ea s-a împotrivit indicaţiilor lui spunând „Am metoda mea de a-mi împături hainele", iar tatăl ei i-a făcut pe plac cu dragă inimă.

- *Permite-i copilului să preia iniţiativa şi să se implice.* Pentru a reduce contravoinţa, invită copilul să se implice ori să preia iniţiativa într-o anumită activitate. De exemplu, o mamă încerca să-şi ajute copilul în vârstă de 3 ani să lipească pe baloane animale decupate din hârtie. Din dorinţa de-a o ajuta, mama a început să-i spună fiicei sale unde să pună diversele părţi ale corpului şi cum ar trebui să arate totul. Fiica şi-a pierdut interesul şi a refuzat să termine proiectul. De fapt, la ora de joacă, copiii ar trebui să poată alege ce doresc să facă, sau la masa de creaţie ar trebui să poată decide cum să folosească materialele care li se pun la dispoziţie.

- *Fă apel la bunele intenţii atunci când este posibil.* Atunci când este importantă cooperarea copiilor, dacă facem apel din timp la bunele lor intenţii, putem preveni contravoinţa. Apelul la bunele intenţii necesită implicarea instinctelor de ataşament ale copiilor şi folosirea relaţiei pentru a le cere să fie cooperanţi când primesc anumite reguli de conduită. Acordul copilului permite evitarea împotrivirilor în anumite situaţii. De exemplu, o mamă trebuia să meargă cu copiii la locul de muncă al soţului ei, într-un mediu foarte profesionist. În loc să aştepte să dea instrucţiuni referitoare la comportamentul potrivit la locul de muncă al tatălui lor, riscând astfel împotrivirea, ea a făcut apel din timp la bunele intenţii ale copiilor. I-a întrebat dacă se poate baza pe ei să se poarte civilizat, „fără să fugiţi, să ţipaţi sau să vă prostiţi azi la serviciul lui tati". Ea povesteşte că au fost câteva persoane care au comentat surprinse de cât de manieraţi erau copiii.

- *Puneţi-i la conducere de fiecare dată când este posibil.* Copiii mici au nevoie de domenii în care să preia conducerea, să-şi exerseze voinţa şi să-şi dezvolte preferinţele (cu excepţia celor care au legătură cu nevoile lor de ataşament). Părinţii trebuie să găsească locuri, lucruri sau activităţi asupra cărora copiii să preia controlul, precum ora de joacă, deprinderea unei noi aptitudini sau îmbrăcatul, cu reguli precum „nu ieşim costumaţi din casă" sau „nu purtăm pijama ziua". Beth a început să se îmbrace singură, iar la 4 ani era foarte mândră de realizările ei. Făcea parada modei în faţa familiei şi o dată şi-a întrebat unchiul ce părere are despre ţinuta ei. El a răspuns cu sinceritate, zicându-i că nu-i prea convins că fucsia se asortează cu roşu, iar ea i-a răspuns: „Ba da, se asortează".

Contravoința apără copiii mici de la a urma persoane de care nu sunt atașați și netezește calea către apariția identității. Uneori împotrivirile copiilor apar pentru că adulții nu le activează instinctele de atașament înainte de-a le oferi indicații, dar totodată ar putea însemna doar că cei mici încearcă să înțeleagă singuri situația. Este important să înțelegem copiii și să luăm în calcul ce a apărut înaintea împotrivirii lor, și abia apoi să determinăm cum să procedăm mai bine. Deși ne poate părea nesemnificativ când copiii mici încep să spună „fac eu", aceste declarații constituie elemente de construcție ale dezvoltării personalității. În adolescență, ei se vor folosi de aceste „fac eu" în tranziția de la copilărie și maturitate. Pentru adulții care cresc copii mici, provocarea constă în a le permite azi să spună „fac eu", deoarece declarațiile acestea reprezintă promisiunea „EU"-ului de mâine.

10

Disciplinarea imaturilor

Cum îi oferi timp copilului să se maturizeze

Copiii vor continua să fie o pacoste, iar mamele vor continua să se bucure că au avut privilegiul de-a fi victimele lor.

D.W. WINNICOTT[1]

Mă uitam la sora mea cum își mănâncă ultima legumă din farfurie. Un borcan cu muștar iute stătea liniștit între noi. Eu i-am zis: „Legumele tale ar fi mai gustoase cu puțină chestie d-aia galbenă". „Ba nu. E muștar iute", m-a contrazis ea. Aveam 6 ani și mi s-a activat instinctul de contravoință; am luat un morcov, l-am înmuiat în muștar iute și i l-am înfipt surorii mele în gură. Timp de două secunde, sora mea, în vârstă de 5 ani, a tăcut, dar apoi țipetele și agitația ei au făcut-o pe mama să vină alergând să vadă ce se petrece. Eu am zburat la mine în cameră, știind că dădusem de necaz.

Eram în cameră și auzeam țipetele mamei și pașii apăsați ai tatei care urcau scara spre camera mea. Mă așezasem pe pat, îngrozită. Când a deschis ușa, chipul lui avea o expresie pe care n-o mai văzusem în asemenea circumstanțe: făcuse o grimasă ciudată, aproape zâmbea. O parte din mine se întreba dacă înnebunise sau dacă nu trecusem la un alt nivel al pedepselor.

Tata s-a așezat lângă mine pe pat, unde rămăsesem încremenită, prea speriată să mă pot mișca. A început să dea din cap, murmurând „Debbie, Debbie, Debbie". Îmi venea să țip „Termină odată și nu mă mai tortura cu suspansul!" Atunci el m-a luat prin surprindere începând să-mi spună o poveste: „Când eram mic, eram exact ca tine. Uneori nu-mi era ușor să am un frate. Mă enerva mult. Iar eu eram răutăcios și-mi plăcea să fac tot felul de farse, mai ales lui. Îi legam șireturile, îi ascundeam toți chiloții și-i puneam pietre în ghete". Pe măsură ce povestea, mă simțeam tot mai ușurată. Nu dădusem de necaz; eram asemenea tatălui meu și probabil că moștenisem afurisenia de la el.

Tata a simțit că mă interesau farsele lui și-a continuat: „Mă prindeau de fiecare dată. Fratele meu mă pâra, iar părinții se supărau. Nu era bine. La un moment dat, mi-am dat seama că e mai bine să nu păcălesc lumea și am început să mă ocup cu altceva". Am început să înțeleg mesajul pe care încerca să mi-l transmită tata și am consimțit cu toată inima că nu e bine să rănești lumea. L-am privit pe tata cu uimire și admirație; aș fi putut să-i ascult poveștile ore în șir.

În cele din urmă, tata s-a uitat la mine și mi-a zis: „Chiar ți-ai rănit rău sora în seara asta. E foarte supărată. Vreau să cobori și să-i ceri scuze, și să nu mai faci asta niciodată". Am acceptat bucuroasă și i-am zis: „Nu știu ce s-a-ntâmplat cu mine. Am simțit că trebuie să-i înfig morcovul în gură". Și apoi am coborât plină de remușcare și i-am cerut iertare surorii mele. Din fericire, m-a iertat, iar de atunci n-a mai fost niciodată victima planurilor mele răutăcioase.

Privind în urmă, principalul lucru pe care l-am învățat de la tatăl meu în ziua aceea a fost cât de mare este puterea pe care i-o conferă atașamentul părintelui atunci când trebuie să convingă copilul să împlinească anumite așteptări, când trebuie să mențină ordinea și să gestioneze supărarea. N-a folosit mita, amenințările sau pedepsele. Când comportamentul meu devenise extrem de tulburător, el doar a fost prezent, ca tată, și nu m-a respins, ci m-a tras mai aproape. Prin poveștile lui mi-a arătat că relația noastră e în bună stare, și astfel a valorificat iubirea ce i-o purtam, folosind-o pentru a-mi arăta cum trebuie să mă comport. Tata m-a condus prin iubire, astfel încât inima mea să fie dornică să-l urmeze.

Maturizarea este răspunsul la comportamentul imatur

Adulții își doresc copii maturi, bine educați și au impresia că disciplina îi va duce într-acolo – dar nu este așa. Adulții folosesc disciplina pentru a impune ordinea atunci când tronează dezordinea și imaturitatea. Disciplina este modul în care adulții intervin și compensează pentru maturitatea care lipsește. Adulții trebuie să folosească disciplina pentru a le oferi copiilor timp să se maturizeze. Adulții trebuie să-și asume răspunderea pentru a îndruma copiii în direcția corectă, dar trebuie să le permită să ajungă la destinație. Ei trebuie să-și mențină relația cu copiii în ciuda neascultării lor, să-și folosească cunoștințele pentru a gestiona tulburările lor și să-i ajute să-și înțeleagă mai bine universul emoțional. O educatoare de la grădiniță i-a spus unei fetițe: „Tessa, trebuie să încerci să fii mai matură, de exemplu, să-ți iei la revedere de la mama ta fără să te superi". Mama a intervenit: „Tessa va fi mai matură când se va maturiza".

Există un plan al dezvoltării care duce la maturizare, aducând cu sine și responsabilitate socială și emoțională. Sfaturile privind „ce e de făcut" cu comportamentul imatur au ajuns să fie complet rupte de programul mai amplu care are în vedere condițiile de care *au nevoie* copiii pentru a se dezvolta ajungând ființe separate, sociale și adaptive. Subiectul disciplinei a devenit un amestec de soluții superficiale, instrucțiuni izolate și răspunsuri contradictorii. Sfaturile privind disciplina s-au transformat în discuții referitoare la momentul potrivit pentru a preda lecții, strategii pentru obținerea supunerii și instrucțiuni pentru cum să-i determinăm pe copiii mici să se controleze. Părinților li se prescriu rețete pentru disciplină fără a fi făcuți să înțeleagă mecanismul metodelor, eficiența lor limitată și potențialele riscuri pentru dezvoltare. Am cunoscut o mamă care citea toate cărțile despre disciplină pe care le găsea și aplica în fiecare săptămână o nouă strategie cu copiii ei. Pe măsură ce strategiile se tot schimbau, copiii ei erau tot mai puțin convinși că mama știe cum să-i îngrijească.

Când vine vorba de disciplină în zilele noastre, o parte a problemei o reprezintă faptul că în general ea e axată pe abordări comportamentale și de învățare care au ca scop înăbușirea comportamentului, nu descoperirea sursei sale. Comportamentul bun este recompensat sau lăudat, iar comportamentul urât este pedepsit. Exprimarea emoțională este tratată ca o problemă, în loc să-i fie înțeles rolul în rezolvarea problemelor copilului. Împotrivirea este percepută ca ceva ce trebuie suprimat, în loc să se accepte că ea își are izvorul în instinctul de contravoință care conservă identitatea. Crizele de afect sunt considerate focuri ce trebuie stinse, acumulând continuu frustrarea ce le-a făcut să izbucnească. Deficitul de atenție este văzut ca o problemă a copilului, nu ca o caracteristică a unui sistem imatur care se poate concentra doar asupra unui singur lucru la un moment dat. Pe scurt, comportamentul este prețuit la valoarea sa nominală, iar emoțiile și instinctele care stau la baza lui sunt eclipsate. Atenția disciplinei a fost îndreptată cu miopie către oferirea consecințelor potrivite pentru modelarea comportamentului astfel încât să ia o formă matură. Acestor metode le scapă imaginea de ansamblu – disciplina este ceea ce facem cât timp așteptăm instalarea maturizării.

B.F. Skinner afirma că secretul pentru a avea copii buni este să-i privezi de aprobare, iar aprobarea să fie condiționată de supunere. Comportamentul bun era recompensat cu laude sau apropiere parentală, în vreme ce comportamentul urât ducea la pedepse și separare. Metodele de disciplinare contemporane au o abordare similară și folosesc retragerea temporară a afecțiunii, prin time-outuri sau separare, pentru a obține comportamentul bun – copilul este invitat să stea aproape de părinte când este bun și este îndepărtat atunci când nu este. Copiii sunt puși să muncească pentru a primi iubire și aprobare, fiind nevoiți să îndeplinească cererile părinților și fiindu-le răpită șansa de-a se odihni cu adevărat. Aceste practici disciplinare au devenit normalitatea, dar ele erodează relațiile și creează suferință emoțională în rândul copiilor mici.[2]

Este nevoie de o abordare diferită dacă părinții doresc să le ofere copiilor o invitație generoasă la *a se odihni* în îngrijirea lor, dacă doresc să deblocheze capacitatea de *a se juca* și dacă doresc să ofere condițiile care conduc la *dezvoltare*. Strategiile de disciplinare trebuie să folosească puterea atașamentului pentru a aduce copilul pe orbită și a-l face să graviteze în jurul adultului. Adulții sunt cei care trebuie să ofere ordine, să mențină copiii în siguranță și să le dea instrucțiuni atunci când sunt impulsivi, egocentrici și nechibzuiți. Așa cum a spus cândva un părinte, „Pe vremuri mă concentram pe «Ce nepoliticos e!», dar acum văd «Ce frustrat e în momentul ăsta!»

Lucrul la care mă concentrez îmi spune cum trebuie să procedez mai departe și se pare că, dacă acord atenție sentimentelor, ele mă îndrumă în direcția corectă". Disciplina care nu pune în pericol atașamentul și care este prietenoasă cu dezvoltarea protejează și conservă inimile blânde ale copiilor, precum și relațiile potrivite cu adulții care îi îngrijesc.

Cele șase caracteristici ale copiilor bine-crescuți*

Cele șase caracteristici asociate copiilor bine-crescuți nu pot fi învățate, ele trebuie dezvoltate. Copiii bine-crescuți (a) vor să fie buni, (b) se îngrijorează ușor, (c) simt futilitatea, (d) sunt atașați corespunzător de adulți, (e) sunt bine intenționați și (f) sunt stăpâni pe sine. Pe măsură ce dezvoltă aceste caracteristici, copiii devin mai ușor de îngrijit și mai maturi în comportament și în răspunsurile emoționale. Dacă un copil nu depășește personalitatea de preșcolar până la vârsta de 5-7 ani, sau 7-9 ani în cazul copiilor sensibili, și continuă să aibă probleme de comportament, atenția ar trebui îndreptată către a analiza care dintre aceste caracteristici lipsesc și de ce. Atunci când aceste caracteristici sunt absente, nu există metodă de disciplinare care să rezolve problemele apărute sau să reinstituie dezvoltarea sănătoasă.

Copiii ar trebui *să vrea să fie buni* cum le cer persoanele de care sunt atașați și să se împotrivească indicațiilor venite din partea celor de care nu sunt atașați. Dorința de-a fi buni izvorăște dintr-o relație de atașament satisfăcătoare cu adulți care îi colectează regulat și le oferă invitații generoase la

---

* Gordon Neufeld, „Theoretical construct on the six traits of well-behaved children", *Making Sense of Discipline*, curs, Institutul Neufeld, Vancouver, BC (2011).

odihnă, așa cum am discutat în capitolele 4 și 5. Pentru copiii mici, partea dificilă constă în faptul că lipsa autocontrolului îi împiedică să-și actualizeze constant dorința de-a fi buni.

Copiii bine-crescuți au, de asemenea, *sisteme de alarmă sănătoase*, care îi determină să fie prudenți atunci când se confruntă cu pericole sau când li se spune să se ferească. Astfel de sisteme de alarmă îi fac pe copii să fie conștienți și îngrijorați cu privire la acțiunile lor. Pentru ca ele să funcționeze corect, copiii trebuie să poată simți frica și să nu aibă activate sistemele de apărare emoțională. Sistemul de alarmă are de suferit atunci când apar sentimente de vulnerabilitate de care trebuie să se apere, ceea ce se întâmplă uneori în cazul copiilor orientați către prieteni și al copiilor alfa.

De asemenea, copiii bine-crescuți *simt futilitatea* atunci când se confruntă cu lucruri pe care nu le pot schimba, așa cum am discutat în capitolul 7. Ei reușesc să se adapteze când nu pot să obțină ce vor, sunt în stare să accepte deciziile adulților și se pot adapta la limitele și restricțiile din viețile lor. Capacitatea de adaptare a copiilor ar trebui să crească întruna de la 2 la 6 ani, pe măsură ce li se prezintă futilitățile vieții și sunt sprijiniți să se descarce plângând. Procesul de adaptare are nevoie de o inimă blândă și de perceperea emoțiilor într-o manieră vulnerabilă. Dacă lacrimile copilului sunt blocate și sunt active sistemele de apărare emoțională, capacitatea de adaptare a copilului se va diminua sau va lipsi cu desăvârșire.

Copiii bine-crescuți sunt *atașați corespunzător* de persoanele care sunt responsabile pentru ei. Acești adulți servesc drept model pentru copii și reprezintă valorile care îi vor ajuta să se integreze în societate într-o manieră productivă. Părinții trebuie să-și asume rolul de pețitor și responsabilitatea de-a găsi persoane compatibile cu copiii pentru satul de atașament, aşa cum am discutat în capitolul 8. Aceşti adulţi ar trebui să aibă valori similare, astfel încât să nu ajungă să scoată copilul de pe orbita pe care gravitează în jurul părinţilor. Copiii orientaţi către prieteni nu vor dori să fie buni sau să-i urmeze pe adulţii responsabili pentru ei. În schimb, ei vor încerca să le facă pe plac prietenilor, ajungând adesea să încalce regulile şi îndrumările adulţilor. Părinţii vor trebui să-şi refacă relaţia cu copiii pentru a le putea influenţa comportamentul.

ŞASE CARACTERISTICI ALE COPIILOR BINE-CRESCUŢI

1) **VOR SĂ FIE BUNI** pentru cei care sunt responsabili pentru ei.
2) Pot anticipa un necaz şi devin prudenţi **(SE ÎNGRIJOREAZĂ UŞOR)**.
3) **SIMT FUTILITATEA** atunci când se confruntă cu ea.
4) Ataşamentele de socializare sunt corespunzătoare **(ATAŞAŢI CORESPUNZĂTOR)**.
5) Au propriile lor obiective şi dorinţe **(BINE-INTENŢIONAŢI)**.
6) Sunt capabili să se gândească de două ori atunci când experimentează impulsuri supărătoare **(STĂPÂNI PE SINE)**.

FIGURA 10.1 Preluată din cursul *Neufeld Discipline That Doesn't Divide*

Copiii bine-crescuţi sunt capabili să-şi stabilească propriile obiective şi dorinţe prin intermediul *bunelor intenţii*. Contravoinţa, despre care am discutat în capitolul 9, şi jocul, din capitolul 3, sunt instincte importante care netezesc calea către această dezvoltare. Atunci când s-a format un simţ al identităţii, copiii ar trebui să avanseze către funcţionarea independentă, asumându-și responsabilitatea pentru acțiunile lor. Dezvoltarea intențiilor personale se bazează pe atașamente satisfăcătoare, care hrănesc nevoia de relaționare. Părinții pot folosi propriile intenții ale copiilor pentru a-i îndrepta spre un comportament civilizat.

Copiii bine-crescuți sunt de asemenea *stăpâni pe sine* și au autocontrol, ca urmare a integrării lobului prefrontal al creierului, așa cum am discutat în capitolul 2. Ajunși în acest punct, copiii vor putea lua în calcul nevoile celorlalți înainte de-a răspunde, se vor gândi de două ori înainte de a acționa impulsiv și vor amesteca sentimente și gânduri. Capacitatea de-a fi răbdători, iertători și perseverenți se va debloca, în același timp cu un simț coerent al identității. Atitudinea impulsivă, egocentrică și nechibzuită a copiilor mici ar trebui să se transforme în stăpânire de sine, ajutându-i să-și actualizeze dorințele și comportamentul bun.

Motivul pentru care copiii sunt bine-crescuți este acela că planul natural de dezvoltare a decurs corespunzător. Există un plan pentru comportamentul bun și trebuie să ne încredem în el. Așa cum scria un părinte:

> „Este o schimbare radicală, de la atenția acordată unui comportament la gestionarea efectivă a comportamentului respectiv. Apreciez foarte mult faptul că natura are un rol vital și că, în calitate de părinte, nu este responsabilitatea mea să fac copilul să se maturizeze. Nu știam asta atunci când abia devenisem părinte. Credeam cu sinceritate că este de datoria mea să «înăbuș răul din fașă», să «am o rezolvare pentru orice problemă, oricât de mică». Eram foarte crispat ca părinte, deoarece mă interesa doar comportamentul bun. Nu înțelegeam natura spontană a maturizării."

Trei dintre cele mai populare metode de disciplinare folosesc amenințarea atașamentului pentru a determina copiii să-și schimbe comportamentul. Deși par eficiente în a determina copiii să nu se mai comporte într-un anumit mod, adesea ele își obțin rezultatul cu prețul celei mai importante nevoi a copiilor. Prin urmare, formele de disciplinare bazate pe frică, pe separare și pe consecințe negative pot duce la suferința emoțională și relațională a copiilor mici. Există alternative pentru gestionarea incidentelor cu copii mici, dar sunt adesea uitate în goana după obținerea supunerii și a comportamentului matur. Așa cum spunea o persoană care lucrează în domeniul îngrijirii copiilor:

„Cred că această gândire cu «consecințe» este atât de incompatibilă cu intuiția părinților, încât ei trebuie să se poarte ca niște orbi pentru a putea duce la bun sfârșit ce-au început. Ei cred că fac ce e bine, acționează din iubire și afecțiune pentru copiii lor, și totuși acesta nu este un comportament iubitor. Dificultățile reale încep atunci când aceste metode încetează să mai funcționeze, dar părinții nu știu ce să facă și sunt disperați."

1. Metode bazate pe frică

Sistemul de alarmă al copiilor este conceput pentru a-i face să acționeze prudent când se confruntă cu amenințări sau pericole. Disciplinarea prin țipete, avertismente, înspăimântare și ultimatumuri apelează la sistemul de alarmă pentru a corecta comportamentul. Este posibil ca părinții să fie nevoiți să folosească tehnici de alarmare atunci când se anunță un pericol, dar această tehnică ar trebui folosită cu moderație. De exemplu, o mamă povestea: „Fiul meu în vârstă de trei ani se pregătea să traverseze strada în fugă pentru a se întâlni cu tatăl lui, iar eu nu aveam cum să ajung la el în timp util, așa că am țipat «Stop!». El a încremenit și nu s-a mișcat. Am fost atât de recunoscătoare că a ascultat!"

Sistemul de alarmă funcționează cel mai eficient atunci când nu este suprasolicitat. Atunci când adulții apelează constant la metode de alarmare care „să sperie copiii ca să se corecteze", pot fi afectate cultivarea unor relații puternice cu ei, precum și activarea sistemelor emoționale de apărare. Copiii sunt meniți să le ceară ajutor părinților, nu să fugă de ei. Un tată spunea: „Băiatul meu s-a lovit de ușa de sticlă și a spart-o. Am auzit accidentul și m-am dus să-l caut, dar el fugise să se ascundă. Când l-am găsit cu mâinile însângerate, l-am întrebat de ce n-a venit la mine să-l ajut. Mi-a răspuns că a crezut că va avea necazuri din cauză că a spart ușa". Tatăl a fost afectat considerabil când și-a dat seama că fiul lui ar fi putut fi în pericol, dar tot n-a venit să-i ceară ajutorul. Asta l-a făcut să se gândească la motivul pentru care fiul lui nu-și căutase consolarea în brațele sale și la ce-l făcuse pe băiat să se teamă de el.

Părinții se folosesc adesea de alți adulți pentru a-și speria copiii, printre favoriți numărându-se polițiștii, profesorii sau directorii instituțiilor școlare. Atunci când un copil în vârstă de 3 ani a vrut să-și scoată centura de siguranță, mama i-a zis: „Dacă nu porți centura, o să vină poliția și-o să te ia de lângă mine". Atunci când devin o sursă de frică, adulții sunt înlăturați din rolul de îngrijitori ai copilului pe care ar fi trebuit să-l joace.

O mamă m-a consultat cu privire la fiica ei în vârstă de 5 ani, care prezenta simptome de frică, inclusiv tulburări ale somnului, dureri de burtă și comportament obsesiv. „Atunci când fiica mea a refuzat să-și pună centura de siguranță, soțul meu a accelerat brusc, maşina a pornit de pe loc, iar ea a fost aruncată din scaun şi s-a lovit cu capul de scaunul din faţa ei. De atunci n-a mai făcut asta, dar mă îngrijorează metodele de disciplinare folosite de soţul meu". Dacă simt prea multă frică pentru o perioadă de timp prea lungă, copiilor li se pot declanşa sisteme de apărare emoţională care vor inhiba sentimentele vulnerabile de frică, dând naştere anxietăţii şi agitaţiei. Pe măsură ce se declanşează sistemele de apărare, va creşte nivelul de frică necesar pentru a speria copiii şi a-i determina să-şi îndrepte comportamentul; cu alte cuvinte, trebuie să ţipi mai tare sau să creşti miza. O mamă povesteşte:

> „Eram în vizită la rude când fiul fratelui meu, în vârstă de trei ani, a început să scoată toate cărţile din bibliotecă şi să le arunce pe podea. Fratele meu a început să ţipe la el să se oprească, dar el părea imun la vocea ameninţătoare. Nepotul meu a continuat, iar fratele meu a început să ţipe tot mai tare, până a ajuns să urle la el să înceteze. Reacţia lentă şi ezitantă a nepotului meu mi s-a părut extrem de tristă. Părea aproape neafectat. M-a făcut să mă întreb de câte ori se ţipase la el în felul acesta şi ce impact avea asupra lui."

Frica este concepută să stârnească prudenţa copiilor, dar atunci când adulţii abuzează de ea, copiii nu vor mai avea încredere în cei care-i îngrijesc. Acest lucru se aplică mai ales la copiii sensibili, deoarece metodele lor de alarmare pot atinge rapid cote maxime, creând un stres emoţional prea mare şi declanşând sistemele de apărare emoţională.

2. Metodele bazate pe separare

Disciplina bazată pe separare a fost introdusă ca alternativă la pedepsele fizice, dar fără să se aibă în vedere impactul pe care-l are asupra atașamentului. Disciplina bazată pe separare include metode precum time-outurile, izolarea, simularea sau amenințarea copilului cu abandonul, retragerea iubirii, tratamentul tăcerii, ignorarea și condiționarea iubirii. Aceste măsuri retrag invitația la contact și apropiere pentru a forța copiii să se conformeze așteptărilor și cerințelor. Atașamentul este cea mai mare nevoie a copiilor; prin urmare, separarea sau amenințarea cu separarea poate afecta profund copilul. Atunci când este condiționată de performanță, invitația la contact și apropiere de un părinte poate crea în copil un sentiment profund de nesiguranță. Așa cum mi-a spus un părinte: „Am fost emoționat când am aflat despre sentimentul de nesiguranță care se instalează atunci când copiii *trebuie* să fie buni pentru a păstra atașamentul. Dispare luxul de-a dori să fie buni. Sunt puși în poziția de-a păstra relația intactă în timp ce lucrează la atașament".

Cei care susțin disciplina bazată pe separare consideră că, atunci când sunt trimiși în izolare, copiii mici se gândesc la faptele lor. Capacitatea de-a reflecta nu există până la schimbarea de la 5-7 ani. Mai mult, atunci când sunt alungați, copiii sunt adesea tulburați de frustrare și de frică și nu se mai pot gândi la nimic altceva. De asemenea, time-outurile sunt considerate metode de calmare a copiilor și de sporire a stăpânirii lor de sine. Motivul pentru care unii copii (nu toți) par calmi după un time-out este că sistemul lor de alarmă apasă asupra emoțiilor pentru ca acei copii să fie din nou acceptați în relația cu adulții. Atunci când se termină time-outul, ei par dornici să facă plăcere și par plini de remușcări, deoarece se tem pentru atașament.

Amenințarea sau folosirea metodelor bazate pe separare va spori încercările copilului de-a obține contactul și apropierea cu adultul. Copilul va face aproape orice pentru a umple golul emoțional dintre el și adult, plătind cu demnitatea și integritatea sa. Asta duce la un comportament bun, dar care este prețul plătit de copil sau de relație? O persoană care îngrijește copii povestea despre un copil bine-crescut, dar cu probleme emoționale, aflat în îngrijirea ei:

> „Olivia este foarte responsabilă, generoasă, politicoasă și se poartă foarte matur pentru vârsta ei mică. Mi se pare o situație mai degrabă tristă, deoarece este foarte panicată, îi lipsește spontaneitatea, chiar și zâmbetele îi sunt forțate și-i cam lipsește curiozitatea. Olivia pare a avea opinii puternice, dar de fapt repetă opiniile părinților ei. Nu știu la ce se gândește, ce crede, ce dorește. Atunci când se joacă cu alții copii, de obicei aceștia sunt răniți. Am văzut-o împingând o fată la o întrecere. Olivia are multe frustrări și este apăsată de tristețe. Suferă constant de dureri de burtă, dar niciun doctor nu găsește diagnosticul. Olivia plătește scump pentru a fi atât de bună! Cum trebuie să se simtă, să fie mereu bună ca să-și păstreze părinții aproape, ca să se simtă iubită, ca să se ridice la înălțimea așteptărilor lor, să nu primească o invitație de a exista altfel? Cred că este cumplit."

Într-o seară, o mamă mi s-a adresat după o prezentare și a început să plângă în timp ce zicea: „Nu știu dacă ai observat, dar am plâns în timp ce povesteai cum au nevoie copiii să simtă că sunt iubiți. De fiecare dată când făceam ceva greșit, mama îmi spunea că nu mă mai dorește. Asta mă rănea foarte rău. Am încercat din greu să fiu bună pentru ea". 30 de ani mai târziu, această mamă încă mai suferea, deși între timp devenise și ea mamă și avea doi copii.

Cum îi înțelegem pe copiii pentru care time-outurile nu par eficiente? Disciplina pe bază de separare este eficientă doar atunci când miza este un ataşament de care copiilor le pasă. Dacă respectivii copii nu se simt ataşaţi de adulţii care folosesc disciplina bazată pe separare, poate creşte probabilitatea frustrării şi a comportamentului ofensiv. Copiii sensibili pot considera că separarea reprezintă o mare provocare, ceea ce poate duce la comportament exploziv şi la detaşare (vezi capitolul 7).

Disciplina bazată pe separare intervine în capacitatea copilului de-a se odihni, de-a se juca şi de-a creşte. Atunci când copiii mici sunt preocupaţi să fie buni pentru a evita separarea de cei la care ţin, le rămâne mai puţină energie pentru a se concentra la a deveni persoane independente.

3. Metode bazate pe consecinţe negative

Folosirea consecinţelor negative pentru a controla comportamentul copiilor a devenit o tehnică uzuală de disciplinare. Comportamentul bun este recompensat cu privilegii, prin intermediul abţibildurilor, al graficelor sau al laudelor. Comportamentul care nu corespunde aşteptărilor este pedepsit cu confiscarea lucrurilor, retragerea privilegiilor sau a activităţilor. Un părinte întreba: „Am voie să confisc pluşul favorit cu care doarme copilul ca să-l conving să mănânce tot din farfurie sau să se spele pe dinţi?" În primul rând, trebuie să ne gândim cu ce preţ folosim un lucru drag copilului împotriva lui pentru a-l forţa să facă ce dorim noi.

Folosirea încurajărilor – fie ele pozitive sau negative – ca metodă de disciplinare îşi are sursa în teoria behavioristă a învăţării şi foloseşte la modelarea copiilor pentru a se purta ca nişte maturi, incident după incident. Această metodă nu ia în calcul rădăcinile instinctive sau emoţionale care dau naştere comportamentului neplăcut sau caracteristicile copiilor bine-crescuţi. Ea foloseşte lucrurile dragi copiilor ca monedă de schimb, ceea ce creează o relație conflictuală. Într-adevăr, în viață învățăm suportând consecințe, dar această metodă are altă abordare. Această metodă le transmite copiilor că dependența lor de adulți va fi exploatată de fiecare dată când este necesară cooperarea lor. Așa cum i-a zis un copil sensibil, în vârstă de 4 ani, tatălui său: „Tati, poți să-mi iei lucrurile, dar eu voi decide pur și simplu să nu-mi mai pese de nimic niciodată". E fantastică precizia cu care acest copil mic a reușit să explice mecanismul de apărare care ar urma să se declanșeze și să inhibe sentimentele de vulnerabilitate atunci când se va confrunta cu separarea. Sistemele de apărare emoțională pot interveni pentru a proteja inima copilului dacă afecțiunea pe care o poartă față de cineva/ceva amenință să-l rănească. Aceste mecanisme de apărare fac ca viața să fie mai ușor de suportat, iar copiilor pur și simplu va înceta să le mai pese – de orice.

Educatorii și părinții sunt tot mai îngrijorați din cauza lipsei de afecțiune a copiilor din ziua de azi, care este demonstrată și de studiile referitoare la empatie.[3] Expresii rostite frecvent precum „Nu-mi pasă", „Nu contează pentru mine" și „Cum o fi" au devenit uzuale printre copii și tineri. Dacă nu știm unde a dispărut afecțiunea lor înseamnă că nu am reușit să analizăm metodele de disciplinare care folosesc împotriva lor tocmai lucrurile la care țin ei. Un tată povestea: „Atunci când copiii nu vor să mă asculte, pur și simplu le interzic ecranele. Funcționează de fiecare dată". O mamă mi-a zis: „Fiica mea refuză să folosească toaleta, așa că folosesc cea mai rece apă ca s-o spăl când îi schimb scutecul, ca s-o învăț minte". Un alt tată spunea: „Fiul meu nu voia să stea la masă, țipa și urla, așa că i-am zis că n-are voie să iasă la plimbare cu bunica lui". Nu reușim să ne dăm seama de legătura dintre lipsa de afecțiune manifestată de copiii noștri și lipsa de afecțiune din metodele noastre.

Metoda folosirii consecințelor negative pentru a obține cooperare este o rezolvare provizorie, menită să repare pe loc comportamentul copiilor. Această metodă de disciplină satisface adesea nevoile adultului fără a lua în considerare ce-l tulbură pe copil sau cum ar putea conserva relația între un incident și următorul. Așa cum comenta un părinte: „Este interesant cum metodele de disciplinare behavioriste le oferă părinților iluzia maturizării instantanee a copiilor, sau cel puțin iluzia că dețin controlul – nu-i de mirare că aceste metode sunt atât de convingătoare". Un alt părinte declara că a fost dezamăgit de metoda consecințelor când și-a dat seama care este miza:

> „Apelam în mod obișnuit la consecințele negative pentru a schimba comportamentul. De exemplu, dacă nu-și strângea jucăriile, fiul meu n-avea voie să vină cu mine în oraș. Au!... Nu mi-am dat seama că folosesc metoda separării pentru a-mi «grăbi» fiul. După ce-i prezentam «cauza și efectul», se grăbea, dar era atât de speriat, încât nu putea gândi limpede. De fapt, dura mai mult să-și termine treaba."

Acțiunile imature ale copiilor atrag frecvent consecințe cu care adulții responsabili trebuie să se confrunte, precum îndepărtarea jucăriilor atunci când sunt aruncate spre altcineva sau mutarea celorlalți copii într-un loc sigur dacă unul dintre ei face o criză și devine agresiv din frustrare. Există o diferență între a folosi consecințele negative *împotriva* copilului și a le folosi *ca unealtă* a îngrijitorului responsabil. Impunerea consecințelor negative este acțiunea părintelui pentru a schimba lucruri ca urmare a comportamentului copilului. Este ceea ce fac adulții responsabili ca răspuns la acțiunile egocentrice, impulsive și nechibzuite ale copiilor mici. Este ceea ce facem pentru a compensa lipsa lor de maturitate. Atunci când consecințele negative sunt folosite pentru a-i da o lecție copilului, nu facem decât să-i cerem să-și controleze un comportament pe care din capul locului nu îl poate controla. Așa cum povestea o mamă: „Fiului meu nu-i face bine să stea prea mult la calculator. Face o criză monstru când i se cere să-l închidă, așa că am preluat conducerea, dar fără să pun accentul pe comportamentul lui. Am scurtat perioada în care-i permit să se joace la calculator. Mă aștept să nu-i placă, dar sunt pregătită să-l ajut să se descarce prin plâns". Comportamentul copiilor ar trebui să-i determine pe adulți să aibă în vedere limitările copiilor cauzate de imaturitate, precum și ce trebuie să facă pentru a evita probleme, așa cum a făcut tatăl unui băiat foarte sensibil după ce l-a văzut jucând fotbal:

> „Mi-am înscris fiul la fotbal deoarece îi place foarte mult. Problema este că de fiecare dată când e frustrat, pe teren, îi e imposibil să se controleze. Într-o zi, echipa lui pierdea, un alt copil i-a pus piedică din greșeală, și l-am văzut că se înfuriase. A ridicat brațul și a trântit la pământ alt copil. Nu este pregătit să joace într-o echipă. Trebuie să mai așteptăm până reușește să-și controleze mai bine impulsurile, deoarece e prea periculos pentru ceilalți copii de pe teren."

Copiii mici nu se pot gândi de două ori înainte de-a acționa, acesta fiind motivul pentru care consecințele negative nu reușesc să le influențeze acțiunile viitoare. Înainte să arunce cu o jucărie, ei nu se gândesc că ar fi mai bine să folosească cuvinte. Sentimentele și instinctele intense care îi domină îi determină să acționeze și să reacționeze. Nicio consecință negativă nu va învăța vreodată copilul ce anume ar trebui să ofere comportamentul bun: controlul impulsurilor. Mai mult, majoritatea comportamentelor dificile afişate de copii sunt de obicei urmarea tulburărilor emoţionale şi a faptului că au pierdut controlul. Consecinţele negative accentuează adesea emoţiile care stau la baza problemelor mari, aşa cum explica un tată: „Încercam să vorbesc cu soţia mea ca să hotărâm unde mergem să mâncăm, dar fiul nostru tot sărea pe lângă noi şi nu ne lăsa să vorbim. I-am zis să înceteze şi l-am ameninţat că nu mergem la cină dacă nu se opreşte. N-a ascultat, aşa că l-am dus în camera lui şi i-am zis să stea acolo. A început să trântească lucruri pe-acolo – a explodat, pur şi simplu". Atunci când copilul este agitat, folosirea unei consecinţe negative poate turna gaz pe foc, amplificând atât frustrarea, cât şi frica.

Deşi sunt problematice atunci când sunt folosite pentru creşterea copiilor, consecinţele negative joacă un important rol social. Ele consolidează poziţia alfa a adulţilor şi setează aşteptarea că este necesară cooperarea. Şcolilor n-ar trebui să le lipsească directorii; cineva trebuie să fie perceput ca fiind responsabil cu setarea valorilor şi a regulilor de conduită. Consecinţele negative le permit adulţilor să ghideze copiii atunci când apare un conflict şi să clarifice problemele referitoare la dreptate şi corectitudine. Dacă adulţii nu preiau conducerea în situaţii dificile, copiii mici vor încerca să rezolve singuri problemele. Din moment ce pot crea probleme, de fiecare dată când sunt folosite, în încercarea de-a întreţine relaţii puternice între adulţi şi copii, consecinţele negative ar trebui să fie detaşate de persoana adultului şi percepute ca parte integrantă a regulilor generale. De asemenea, stresul relaţional şi emoţional care rezultă din consecinţele negative poate fi diminuat de adulţi prin construirea de punţi şi prin informarea copilului că dorinţa de-a avea o relaţie este în continuare prezentă.

Disciplina care nu afectează atașamentul și este prietenoasă cu dezvoltarea copilului

Ce este disciplina bună? Este ceea ce fac adulții responsabili când acționează pentru a gestiona problemele cauzate de lipsa maturității. Rolul ei este de-a proteja relația copiilor cu adulții și de-a păstra blânde inimile copiilor. Disciplina bună este ceea aplicată înainte de apariția problemelor, când eforturile adulților sunt îndreptate către anticiparea problemelor. Disciplina bună apare atunci când adulții încearcă să înțeleagă ce-l tulbură pe copii și se gândesc cum să răspundă mai bine nevoilor lor emoționale. Disciplina bună nu rezultă din a fi părintele perfect și îi face adesea pe părinți să se simtă vinovați, dând naștere intenției de-a proceda diferit data viitoare. Disciplina bună înseamnă să nu permiți comportamentului copilului să devină mai important decât relația. O mamă a descris modul în care fiica ei în vârstă de 5 ani a reușit să-i explice acest lucru:

„Fiica mea s-a întors de la grădiniță și-a început să se joace cu păpușile; le trimitea în time-out și le spunea că sunt rele. Am întrebat-o ce se petrece și mi-a zis că păpușile nu ascultă, așa că trebuie să le trimită în time-out. Am întrebat-o cum se simt păpușile când sunt respinse și mi-a răspuns că triste. Am întrebat-o de unde aflase despre time-outuri, dat fiind că nu făceam așa ceva acasă, iar ea mi-a răspuns «de la grădiniță». Am întrebat-o ce facem noi în loc de time-out, iar ea mi-a zis «Ne mai acordăm încă o șansă, mami».“

Copiii mici și-ar dori foarte mult să aibă timp ca maturizarea să le ofere capacitatea de autocontrol, ca să-și poată traduce în fapte bunele intenții. Totodată, și-ar dori sprijin în a învăța limbajul inimii, ca să nu mai fie nevoiți să-și exprime emoțiile prin lovituri și șuturi. Și-ar dori să aibă timp să-și dezvolte o imagine de sine coerentă, ca să nu se simtă constrânși și să fie nevoiți să se împotrivească indicațiilor primite de la ceilalți.

Dacă ar putea, orice copil ne-ar ruga să nu renunțăm la el, să nu interpretăm personal acțiunile lui și să-l iubim chiar dacă este imatur. Ne-ar spune că scopul său nu este de-a ne face viața grea și că nu face decât să-și urmeze instinctele și emoțiile. Din perspectiva copiilor, disciplina bună înseamnă că adulții cred în continuare în ei și știu că ei vor reuși la un moment dat. Există multe lucruri pe care le pot face adulții pentru a le transmite copiilor mici acest mesaj, dar cel mai bine este transmis atunci când părinții îi îngrijesc cu generozitate pe tot parcursul acestei etape imature a vieții lor.

Cele 12 strategii ale lui Neufeld pentru o disciplină care nu afectează atașamentul și este prietenoasă cu dezvoltarea copilului*

Următoarele 12 strategii pentru o disciplină care nu afectează atașamentul și este prietenoasă cu dezvoltarea copilului au rolul de a-i ajuta pe părinți să preia conducerea și să-și asume responsabilitatea pentru acțiunile imature ale copiilor mici. Ele sunt împărțite în trei categorii distincte: (1) cinci practici fundamentale ale disciplinei sigure, (2) trei strategii disciplinare care promovează dezvoltarea sănătoasă și (3) patru măsuri de siguranță pentru cei imaturi și dificil de gestionat. Acestea sunt urmate de recomandări pentru gestionarea conflictelor între frați.

---

* Din Gordon Neufeld, „Twelve strategies for attachment-safe and developmentally friendly discipline", cursul *Making Sense of Discipline*, Neufeld Institute, Vancouver, BC (011).

Cinci practici fundamentale ale disciplinei sigure

1. NU ÎNCERCA SĂ FACI PROGRESE ÎN TIMPUL INCIDENTULUI

Atunci când se iscă probleme care implică emoții puternice, fie la copii, fie la adulți, ar fi mai bine să nu încerci să faci progrese în acele momente. Cel mai bine este să depășești situația cu relația intactă și să abordezi problema mai târziu. Asta ar putea însemna ca în momentul respectiv să semnalezi încălcarea regulilor, de exemplu „Nu ne folosim mâinile ca să lovim, nu mușcăm oameni și n-o jignim pe mami". Apoi poți crea o punte peste problema comportamentală distanțând copilul de respectiva problemă și încercând să-i transmiți că dorești în continuare să-i fii aproape, de exemplu mâncați împreună o gustare sau citiți o poveste. Totodată, îi poți spune copilului că veți vorbi despre cele petrecute mai târziu și apoi stabiliți un moment în care veți gestiona incidentul. Atunci când copilul este cel mai agitat, atenția ar trebui să se îndrepte către protejarea relației, lucru care îi permite părintelui să gestioneze comportamentul copilului atunci când intensitatea emoțiilor se diminuează.

Una dintre cele mai mari provocări cu care se confruntă adulții în gestionarea situațiilor dificile este de-a nu periclita relația și de-a nu respinge copilul până când acesta reușește să se controleze. Mulți părinți se simt forțați să abordeze problema imediat, în loc să-și apropie copilul, principalul motiv de îngrijorare fiind că astfel copilul „va scăpa nepedepsit". Semnalând infracțiunea prin menționarea greșelii și apoi anunțând că urmează să discutați mai târziu, vă asigurați că veți ajunge să abordați problema. Teama că un copil „va scăpa nepedepsit" este o relicvă a teoriei behavioriste a învățării, pe baza căreia copiii trebuie învățați să aibă un comportament matur în loc să se maturizeze drept consecință a unei dezvoltări sănătoase.

RECOMANDĂRI PENTRU GESTIONAREA INCIDENTELOR*

În loc să încercăm să facem progrese imediate, încercăm să nu facem rău

1) Abordăm simplu infracțiunea (dacă este necesar).
2) Creăm o punte peste problema de comportament.
3) Încercăm să schimbăm sau să controlăm situația (NU copilul).
4) Programăm o ședință în care să abordăm problema.
5) Mai bine ne retragem mai devreme decât mai târziu.

* în care sunt implicate emoții

FIGURA 10.2 Preluată din cursul *Neufeld Discipline That Doesn't Divide*

O mamă explica modul în care aplică aceste recomandări pentru gestionarea incidentelor:

„Fiica mea, în vârstă de trei ani, a vărsat intenționat laptele pe podea după ce i-am zis că n-are voie să mai mănânce încă un fursec. Eram extrem de furioasă, eu i-am zis să curețe și ea a țipat «Nu!» Simțeam cum frustrarea mea ia amploare până la punctul în care îmi venea s-o bag cu nasul în laptele vărsat. M-am speriat de reacția mea intensă, așa că am zis doar atât: «Toată lumea, afară din bucătărie. Așa nu mai merge. O să cureți laptele mai târziu. Acum plecăm». Am pornit spre ieșire, iar copiii m-au urmat. Am ajuns în camera ei și am început să le citesc. Copiii s-au apropiat și s-au așezat în poala mea, iar în timp ce citeam am simțit căldura trupurilor lor și mi-am amintit cât de mult îmi place să-i îmbrățișez. Pe măsură ce-mi dispărea frustrarea, am reușit să-mi abordez fiica mai bine și i-am zis că trebuie să ne întoarcem în bucătărie și să strângem laptele împreună. A acceptat cu bunăvoință."

2. ACTIVEAZĂ INSTINCTUL DE ATAȘAMENT ÎNAINTE DE-A TRECE LA TREABĂ

Copiii mici se conectează cu o singură persoană sau un singur obiect la un moment dat, prin urmare instinctele lor de atașament nu sunt mereu orientate către adultul responsabil cu îngrijirea lor. Captarea atenției copilului înainte de a-i spune ce să facă ajută la învestirea adultului în poziția de conducător și motivează copilul să fie bun. Colectarea presupune captarea atenției într-o manieră prietenoasă, așa cum am discutat în capitolul 4. Colectarea copilului este importantă după orice separare, precum somnul, timpul petrecut la grădiniță sau cel în care copilul s-a jucat singur. În instituțiile preșcolare se practică timpul în cerc pentru a colecta copiii mici și pentru a determina cine este receptiv și cine are nevoie de atenție pentru a coopera mai bine.

CINCI PRACTICI FUNDAMENTALE ALE DISCIPLINEI SIGURE

1) Nu încerca să faci progrese în timpul incidentului.
2) Activează instinctul de atașament înainte de-a trece la treabă.
3) Hrănește și ocrotește dorința copiilor de-a se purta cum le ceri.
4) Cunoaște-ți limitele și acționează în cadrul lor.
5) Creează punți peste orice prăpastie.

FIGURA 10.3 Preluată din cursul *Neufeld Discipline That Doesn't Divide*

Colectarea copilului înainte de a-i da instrucțiuni pare ceva simplu, dar poate fi omisă cu ușurință din cauza ritmului accelerat al vieții de familie. Părinții se simt frustrați atunci când copiii mici nu vin când sunt strigați, de exemplu la cină, sau dimineața, când trebuie să plece de acasă, sau seara, când încep pregătirile pentru somn. Colectarea copilului înainte de a-i da indicații, mai ales atunci când este necesară cooperarea, reprezintă o manieră eficientă de-a evita frustrarea și împotrivirea care apar atunci când copiii mici se simt forțați și nu se simt atașați de adulți.

Mă aflam cu copiii mei la un loc de joacă în interior, când o prietenă m-a întrebat cum să-și convingă copilul să plece. Copilul ei, în vârstă de 3 ani, se distra de minune și se pierduse printre tuneluri, plase și tobogane. I-am sugerat că ar fi nevoie să-și găsească fiul și să-l colecteze înainte de a-i spune că este timpul să plece. M-a privit cu scepticism și m-a întrebat „Serios? Asta-i tot ce poți?" Am rugat-o să încerce și s-a pierdut și ea între plase și scări. Lipsea de vreo cinci minute când am văzut-o țâșnind dintr-un tobogan urmată de fiul ei. El se uita cu admirație la ea și îi accepta instrucțiunile. S-au dus să se încalțe și să-și ia hainele, ea mi-a făcut cu mâna și au ieșit pe ușă fără niciun comentariu. Mai târziu mi-a povestit că, de când începuse să-și colecteze fiul, plecarea din parc sau din alte părți devenise mult mai ușoară.

3. HRĂNEȘTE ȘI OCROTEȘTE DORINȚA COPIILOR DE-A SE PURTA CUM LE CERI

Multe dintre practicile disciplinare populare pleacă de la premisa că nu poți avea încredere în intențiile copiilor și de la credința că ei nu vor instinctiv să se poarte cum le-o cer adulţii lor. În loc să se gândească la modul în care emoţiile şi impulsurile i-au copleşit pe copii şi le-au eclipsat bunele intenţii, adulţii îi pedepsesc pentru a-i convinge să se răzgândească. Când copilul îşi vede părintele făcând o greşeală, dar crezând că încearcă să acţioneze corect, nu doar că relaţia lor va fi protejată, dar va fi conservată şi motivaţia copilului de-a persevera în direcţia corectă. Asta îi transmite copilului că părinţii au încredere că poate reuşi, îi spune că va fi iubit chiar dacă face greşeli şi protejează demnitatea tuturor. Aşa cum spunea un părinte, „Am crezut că-i un miracol prima dată când mi-am observat copilul dorindu-şi să fie bun pentru că i-am cerut-o eu. Disciplina a devenit ceva simplu şi uşor. De fapt, a devenit inutilă".

4. CUNOAŞTE-ŢI LIMITELE ŞI ACŢIONEAZĂ ÎN CADRUL LOR

O componentă a gestionării copiilor mici este să-ţi cunoşti limitele şi, la nevoie, să-ţi stăpâneşti propriile reacţii intense. Atunci când însuşi părintele îşi pierde cumpătul, mânat de sentimente contradictorii, frustrarea nu va mai fi moderată de afecţiune şi, prin urmare, părintele va avea mai puţină răbdare şi mai puţină stăpânire de sine. Atunci când se întâmplă asta, cea mai mare provocare pentru părinte o reprezintă găsirea unei variante prin care să nu rănească. Un părinte m-a întrebat: „Am înţeles că ataşamentul şi căldura sunt importante pentru copii, dar uneori nu reuşesc să le ofer asta. Sunt furios, frustrat, obosit şi sătul. Ce-mi rămâne de făcut când ajung într-o astfel de situaţie?" I-am răspuns că a le oferi afecţiune copiilor în momentele în care ne vine cel mai greu să ne conectăm cu ei înseamnă a conştientiza că am ajuns la limită și a evita să ne angajăm într-un parenting activ la momentul acela. Trebuie să găsim o cale prin care să avem grijă de noi înșine și să evităm să spunem sau să facem lucruri care ar putea răni copiii sau care ar putea duce la separare.

Părinții întreabă adesea: „Dar dacă am eu nevoie de un time-out, ca să nu-mi pierd cumpătul în fața copilului?" Secretul este să găsești o cale de-a lua o pauză fără a-l face pe copil să simtă că îți este greu să-l gestionezi. Dacă îi spui copilului că-ți trebuie o pauză departe de el, îi stârnești frustrarea și frica. Da, dacă-i spui că trebuie să te ocupi de rufe, să te duci la toaletă, să faci un ceai sau că te întorci imediat, copilul nu ajunge să simtă că reprezintă o sursă de suferință emoțională și că ți-ai pierdut dorința de-a te conecta cu el. Atunci când ajungi la limită, este un lucru responsabil să recunoști, să protejezi copilul și să găsești o cale de-a redeveni părintele de care are el nevoie.

5. CREEAZĂ PUNȚI PESTE ORICE PRĂPASTIE

Crearea de punți este un ritual al atașamentului care ajută la transmiterea mesajului că există în continuare dorința de apropiere atunci când comportamentul lor devine dificil, iar acțiunile lor trebuie discutate. De exemplu, atunci când copiii lovesc, țipă sau explodează, părinții nu pot scuza acest comportament, dar îi pot înștiința că invitația la conectare rămâne în continuare deschisă, în ciuda încălcării regulilor. Cu alte cuvinte, părintele poate acționa ferm față de comportament, dar blând față de relație. De exemplu, George era supărat că mama n-a vrut să-l lase să mai stea în parc. A insistat, s-a tânguit și a încercat s-o lovească. Ea s-a străduit să păstreze relația și i-a zis: „N-o lovim pe mami" și „Știu că ești frustrat și că vrei să mai rămâi". În timp ce el țipa, ea i-a zis: „Știu că ești supărat" și a început să meargă încet împreună cu el spre mașină. Pe când îl băga în mașină, i-a zis: „Abia aștept să ne jucăm împreună cu trenulețele când ajungem acasă". El a țipat la ea: „Nu vreau să mă joc cu tine!", dar ea i-a răspuns: „Știu că ești supărat fiindcă plecăm din parc. Ne vom juca mai târziu".

Creând punți peste comportamentul problematic, le arătăm totodată copiilor că nu este nimic în neregulă cu ei – ei nu sunt prea îngrozitori, prea răi, prea enervanți sau copleșitori pentru părinte. Neajunsurile lor nu vor deveni o sursă de rușine sau de rupere a legăturii cu părintele. Eșecurile lor nu-i expun riscului de-a pierde convingerea părintelui că sunt adorabili așa cum sunt. Punțile reprezintă totodată o metodă eficientă care asigură copiii că nu reprezintă o povară pentru părinte. Atunci când văd că părintele vrea în continuare să fie cu ei, sunt încredințați că relația este suficient de puternică pentru a face față comportamentului lor. Li se creează încrederea că părinții îi pot ghida prin situațiile dificile către forme de relaționare civilizate.

Copiii sensibili sunt mai predispuși la reacții emoționale intense atunci când este abordată problema lor comportamentală. Este util să le lăsăm spațiu și să le transmitem că dorim să-i ajutăm pentru a reduce intensitatea supărării lor. Este preferabil ca ședințele în care sunt comentate incidentele să aibă loc după ce spiritele s-au calmat, chiar și 24 de ore mai târziu în cazul unor incidente grave. Mama i-ar fi putut spune ulterior lui George că a înțeles că e frustrat din cauză că trebuie să plece din parc deși părea să se distreze bine acolo. Totodată, i-ar fi putut cere să dea dovadă de bune intenții data viitoare când vor pleca din parc.

Trei strategii disciplinare care promovează dezvoltarea sănătoasă

1. SOLICITĂ BUNELE INTENŢII

Solicitarea bunelor intenţii este o strategie disciplinară al cărei rol este să obţină cooperarea copilului şi direcţionarea lui către un anumit comportament. Este un înlocuitor minunat al consecinţelor negative, care se bazează pe corectarea comportamentului *după* ce acesta s-a petrecut. Solicitarea bunelor intenţii se petrece *înainte* ca problemele să apară şi implică cooperarea copiilor atunci când dorinţa lor de-a face plăcere este la cote maxime. Aşa cum spunea un părinte: „De fiecare dată când ies cu copiii, le solicit bunele intenţii de-a nu se îndepărta de mine şi de a mă ţine de mână. Ţin minte că o dată n-am făcut asta din timp, iar ei au făcut o criză şi urlau «nu!» în holul centrului de ştiinţă. De atunci, nu mai omit niciodată să le reamintesc regulile atunci când ieşim undeva şi să obţin acordul lor mai întâi. Funcţionează ca prin farmec".

TREI STRATEGII DISCIPLINARE CARE PROMOVEAZĂ DEZVOLTAREA SĂNĂTOASĂ

1) SOLICITĂ BUNELE INTENŢII
Convinge copilul să se îndrepte în direcţia corectă.

2) SCOATE LA LUMINĂ SENTIMENTELE CONFUZE
Ajută copilul să identifice elementele de confuzie care ar răspunde impulsurilor supărătoare.

3) COLECTEAZĂ LACRIMILE FUTILITĂŢII
Ajută copilul să descopere tristeţea şi dezamăgirea care ar trebui să apară în urma confruntării cu futilitatea.

FIGURA 10.4 Adaptare din cursul *Neufeld Discipline That Doesn't Divide*

Solicitarea bunelor intenţii ale copiilor ar trebui să fie eficace dacă există o relaţie suficient de puternică între adulţi şi copiii cu vârste cuprinse între 2 şi 3 ani. Pentru ca această strategie să dea roade, copiii trebuie să fie ataşaţi prin sentimentul de apartenenţă şi loialitate. Dacă nu sunt ataşaţi, această strategie i-ar putea determina pe copii să vrea să facă exact opusul a ceea ce li se cere, din cauza contravoinţei. Pentru a putea face apel la bunele lor intenţii, părinţii vor trebui mai întâi să-şi colecteze copiii. De exemplu, o mamă a explicat:

> „Copiii începuseră să-i spună bunicii «mamaie cu picioare scurte» ca s-o deosebească de bunica cealaltă. Când a auzit acest apelativ, ea s-a supărat şi a zis că nu vrea să fie botezată după înălţimea ei. Le-am cerut copiilor să găsească alt nume şi i-au zis «mamaie cu degetul bolnav». Le-am spus că nu pot folosi nici un organ cu probleme, iar ei i-au zis «mamaie cu păr şaten». Atunci când bunica urma să vină în vizită, le-am solicitat copiilor multe intenţii bune ca s-o strige folosind noul nume şi au zis că-şi vor da silinţa. Când a sosit, ei au făcut ce le-am cerut, iar bunica lor a fost foarte mulţumită de noul nume."

Solicitarea bunelor intenţii este o puternică strategie disciplinară, care ajută copiii să înţeleagă că rolul lor este ca în cele din urmă să-şi poată controla comportamentul. Ea ajută copiii să preia frâiele propriilor vieţi şi să vadă că au de ales. Desigur, impulsurile şi emoţiile vor pune uneori stăpânire pe copiii mici şi le vor copleşi bunele intenţii. Din această cauză, este important să ne alăturăm intenţiilor lor – „Ţi-ai dat silinţa să asculţi" –, în loc să ne concentrăm pe succesul sau eşecul acestor tentative.

2. SCOATE LA LUMINĂ SENTIMENTELE AMESTECATE

Copiii mici sunt incapabili să amestece sentimente și gânduri, așa cum am arătat în capitolul 2, dând astfel naștere unor comportamente impulsive, egocentrice și nechibzuite. Dacă dezvoltarea decurge bine, copilul ar putea începe să poată amesteca sentimente în intervalul de vârstă cuprins între 4 și 5 ani, dând naștere unei strategii disciplinare puternice. Părinții pot încerca să facă acest mixaj să funcționeze în momente exterioare incidentelor, atunci când fac ședința informativă cu copilul. De exemplu, o mamă trecuse prin câteva seri dificile din cauza fiicei ei, care refuza să se spele pe dinți. Atunci când s-a retras din luptă și a descoperit modalități prin care să reducă împotrivirea, mama a început să-și învețe fiica despre sentimentele confuze (amestecate) referitoare la igiena orală. Stând de vorbă seara, la culcare, mama a zis: „O parte din tine nu agreează deloc spălatul dinților". Samantha, care avea 5 ani, a răspuns: „Nu-mi place. Pasta de dinți este scârboasă". Mama i-a zis că înțelege, „dar sunt sigură că altă parte din tine nu vrea să aibă carii făcute de gândacii de zahăr". Fiica ei a rămas tăcută, așa că mama a schimbat subiectul. Câteva zile mai târziu, Samantha a început să țipe că nu vrea să se spele pe dinți, așa că mama i-a promis că vine s-o ajute într-un minut. Când a venit, Samantha își freca furioasă dinții cu periuța. Mama a fost surprinsă și a întrebat-o: „De ce te speli pe dinți, dacă nu vrei?" Cu gura plină de spumă, Samantha a țipat: „Fiindcă nu vreau să fac carii!" După ce încep să perceapă conflictul interior, copiii trec imediat la un nivel nou al comportamentului matur.

Este util ca după incidente să scoatem la lumină sentimentele confuze și să le permitem copiilor să se distanțeze suficient de eveniment, pentru ca înțelegerea să nu le fie deturnată de emoții intense. Scopul scoaterii la lumină a elementului confuz este plasarea copiilor în centrul sentimentelor și gândurilor conflictuale, pentru ca într-un final toate acestea să se reunească.

Un tată a povestit următoarea conversație pe care a avut-o cu fiica lui după ce aceasta se certase cu fratele ei mai mic:

TATĂL: „Azi fratele tău te-a zgâriat rău pe față. Știu că erai foarte frustrată din cauza lui. De ce crezi că era el frustrat din cauza *ta*?"

KATIE: „I-am zis că nu vreau să mă joc cu el cu trenulețele, așa că m-a zgâriat."

TATĂL: „Îi plac mult trenulețele lui. Cred că s-a supărat rău. Și tu ai avut de suferit. Uneori e greu să ai un frate mai mic, nu-i așa?"

KATIE: „Da, uneori fratele meu e foarte rău."

TATĂL: „Există o parte din tine căreia încă îi place să se joace cu el și se simte tristă pentru ce ai spus?"

KATIE: „Da, încă îmi place să mă joc cu el și-mi pare și mie rău."

Atunci când scoatem la lumină sentimentele confuze, este important să colectăm copiii și să ne aflăm într-o poziție influentă. Amintirea unui eveniment poate fi folosită pentru a rememora experiența și a crea conflictul interior dintre gânduri și sentimente. Pe măsură ce părinții normalizează și fac loc pentru conflictele interioare, copiii vor căpăta tot mai multă experiență în folosirea lor pentru a-și atenua sentimentele intense atunci când ele apar. Acțiunea exterioară momentelor când se petrec accidentele se va traduce într-un mai bun autocontrol în vâltoarea evenimentelor care vor mai veni.

3. COLECTEAZĂ LACRIMILE FUTILITĂȚII

Există momente în care copiii mici se confruntă cu situații pe care nu le pot schimba; de exemplu, faptul că nu pot sta treji până târziu, că nu au voie să mănânce un fursec în plus sau că trebuie să împartă jucăriile. În loc să impună consecințe negative, să aplice sancțiuni sau să sperie copiii, părinții îi pot refuza pur și simplu, pot oferi consolare și pot colecta lacrimile futilității, așa cum am discutat în capitolul 7. Există momente în care cea mai bună strategie disciplinară este să explici ceea ce nu va funcționa, ceea ce n-are cum să funcționeze și ceea ce n-ar trebui să funcționeze.

Pe măsură ce copiii devin mai voluntari, există probabilitatea să crească numărul confruntărilor lor cu futilitatea, precum și nevoia de-a le fi colectate lacrimile. De exemplu, o mamă a relatat următoarea poveste despre fetița ei în vârstă de 2 ani:

> „Eram la plajă și îi pusesem fiicei mele o pălărie de soare, dar ea o tot scotea, în ciuda încercărilor mele de a-i distrage atenția. I-am pus-o iar pe cap și i-am zis: «Nu, trebuie să porți pălăria». S-a uitat la mine și a scos-o iar. Am spus «Nu» și i-am pus-o iar pe cap. Situația s-a tot repetat timp de vreo douăzeci de minute, timp în care ea plângea și țipa. Am avut răbdare cu ea, spunându-i că-i înțeleg frustrarea, dar am decis că este un moment bun să-i colectez lacrimile provocate de pălăria care trebuia purtată."

Aceste mici întâlniri cu futilitatea sunt utile ca antrenament pentru problemele mari care urmează să apară.

Patru planuri de rezervă pentru cei imaturi

1. ASUMĂ-ȚI RESPONSABILITATEA PENTRU COPILUL CARE DĂ DE NECAZ

În cazul unui copil care dă frecvent de necaz, cea mai bună strategie disciplinară este să-l plasăm în grija unui adult atent, care-și asumă responsabilitatea pentru îndrumarea interacțiunilor lui și-i gestionează comportamentul înainte să devină problematic. De exemplu, dacă punem mai mulți copii la o masă de jocuri cu nisip la care stă un copil plin de energie ofensivă, este foarte probabil ca cineva să fie rănit. Dacă adulții intuiesc probabilitatea unei lupte, atunci este necesară supravegherea, pentru a ajuta copiii să împartă jucăriile și să-și aștepte rândul.

În cazul copilului care nu devine precaut și nu afișează teamă, doar supravegherea unui adult îl poate ajuta să se ferească de pericole. Dacă se ceartă frecvent cu frații sau cu alți copii, atunci nu poate fi lăsat singur. Adulții trebuie să compenseze pentru copii, mai ales pentru cei care se chinuie să facă față și ale căror emoții sunt cu ușurință perturbate. Dacă un copil are un comportament imprevizibil, atunci trebuie să existe un adult care să se ocupe de siguranța celor din jur și de conservarea demnității copilului.

PATRU PLANURI DE REZERVĂ PENTRU CEI IMATURI

1) **ASUMĂ-ȚI RESPONSABILITATEA** pentru copilul care dă de necaz.
2) **FOLOSEȘTE STRUCTURI ȘI RITUALURI** pentru a organiza comportamentul haotic.
3) **SCHIMBĂ CIRCUMSTANȚELE** care au control asupra copilului.
4) **OFERĂ UN SCENARIU** pentru comportamentul celor imaturi.

FIGURA 10.5 Preluată din cursul *Neufeld Discipline That Doesn't Divide*

2. FOLOSEȘTE STRUCTURI ȘI RITUALURI PENTRU A ORGANIZA COMPORTAMENTUL HAOTIC

Copiii mici sunt înclinați să aibă reacții de contravoință, prin urmare structura și rutina pot ajuta la organizarea interacțiunilor în momentele în care sunt cel mai predispuși la a se împotrivi, precum ora de culcare, de masă și igiena. Atunci când copiii se acomodează cu structura și rutina, vor fi necesare mai puține cereri și comenzi pentru a obține cooperarea lor. Totodată, structura și rutina ajută copiii mici să se orienteze și să anticipeze ce urmează în fiecare zi, ușurând tranzițiile și făcându-le mai puțin supărătoare.

3. SCHIMBĂ CIRCUMSTANȚELE CARE AU CONTROL ASUPRA COPILULUI

Adulții nu pot controla copiii care nu se pot controla singuri, deși asta nu-i împiedică pe mulți adulți să încerce. Atunci când copilul este foarte agitat, adesea este cel mai bine să schimbi scenariul sau să distragi atenția copilului, ieșind afară sau jucându-vă cu ceva ce-i place. Un tată spunea: „Când fiul meu, care e un copil sensibil, este obosit și morocănos, devine imposibil să-l controlezi. De fiecare dată când începe să facă pe nebunul cu mine, încerc pur și simplu să găsesc ceva diferit de făcut, de exemplu citim o carte de rețete ca să alegem un desert, cântăm, ne uităm la un filmuleț amuzant cu animale la calculator sau pur și simplu ieșim afară".

4. OFERĂ UN SCENARIU PENTRU COMPORTAMENTUL CELOR IMATURI

Copiii mici nu pot înțelege bine contextul, prin urmare se întâmplă de multe ori să nu știe cum este potrivit să se poarte în anumite situații. Adulții pot oferi copiilor un scenariu pentru comportamentul lor, inclusiv instrucțiuni specifice pentru fiecare pas. Există multe tipuri de interacțiuni și comportamente pentru care pot fi făcute scenarii, inclusiv bunele maniere și gestionarea conflictelor cu prietenii. De exemplu, mama unui copil de 4 ani și a unuia de 2 ani povestea:

„Copiii mei au fost în vizită la rude şi, când s-au întors, soacra mea a zis că s-au purtat urât cu câinele. Copiii mei nu mai fuseseră în preajma unui câine şi nu ştiau cum trebuie să se poarte cu el. Le-am spus că animalul se teme de ei şi că trebuie să se poarte altfel. I-am întrebat ce cred că pot face ca să fie mai drăguţi. Copilul cel mare a răspuns: «N-o să mai lipim abţibilduri pe el. N-o să-l mai colorăm cu carioci. N-o să-l mai călărim». După ce am convenit că acestea sunt idei bune, am luat una dintre jucăriile lor de pluş şi i-am învăţat cum să mângâie câinele şi cum să fie blânzi cu el. Următoarea vizită a decurs mult mai bine pentru câine."

Recomandări speciale pentru gestionarea conflictelor între fraţi

Atunci când fraţii sau copiii mici se ceartă, adulţii trebuie să-şi asume responsabilitatea pentru restaurarea ordinii. Există câteva principii de avut în vedere atunci când gestionăm conflictul dintre fraţi:

- *Preia conducerea în ghidarea interacţiunilor.* Copiii mici n-ar trebui lăsaţi să-şi rezolve singuri conflictele. Dat fiind faptul că le lipsesc grija şi abilitatea de-a se gândi la ambele laturi ale poveştii simultan, este foarte puţin probabil să găsească o soluţie corectă sau civilizată pentru disputele lor. Adultul trebuie să le transmită că este la conducere şi că el va decide care este soluţia pentru a ieşi din impas.

- *Nu te juca de-a judecătorul.* Atunci când adultul adoptă rolul judecătorului şi dă un verdict într-un conflict dintre fraţi, copilul cu care adultul nu face echipă va percepe situaţia ca pe o ruptură în relaţie. Mai mult, dacă nu asistă la conflict, părintele trebuie să se bazeze pe informaţii incomplete şi perspective cărora le lipseşte aprecierea contextului, ceea ce poate duce la judecăţi nedrepte.

- *Alătură-te experienței fiecărui copil.* Deși adultul nu poate rezona cu modul în care copiii și-au răspuns unul altuia, el *poate* veni alături de sentimentele fiecăruia: „Înțeleg că ești supărat că sora ta nu vrea să se joace cu tine" și „Înțeleg că te supără că fratele tău te tot urmărește și vrea să se joace cu tine". Venind alături de sentimentele fiecărui copil vei ajuta la conservarea relației și vei transmite mesajul că cineva este la conducere. Acest lucru poate fi făcut în particular cu fiecare copil sau în mijlocul disputei, în funcție de cum găsește părintele de cuviință.

- *Nu pretinde scuze dacă acestea nu sunt sincere.* În loc să le pretinzi copiilor să-și ceară scuze reciproc, spune-le să-și ceară scuze doar atunci când simt că le pare rău. Copilul ar putea avea nevoie să i se amintească mai târziu: „Acum ar putea fi un moment bun să spui că-ți pare rău dacă simți asta într-adevăr". Detașarea scuzelor de orice remușcare va face mai mult rău decât bine.

- *Caută motivele care stau la baza conflictelor cronice care răsar la tot pasul.* Atunci când copiii mici sunt plini de energie ofensivă, este important să ne gândim de ce experimentează atât de multă frustrare. Uneori experimentează prea multă separare, iar frustrarea este eliberată către persoanele cele mai disponibile – frații. Uneori copiilor le lipsesc sentimentele de afecțiune și sunt plini de teamă și de energie ofensivă. Restabilirea sentimentelor vulnerabile va reduce conflictul dintre frați.

Atunci când disciplinează copii mici, adulții trebuie să aibă în vedere mai ales faptul că aceștia știu să se poarte mai bine decât o fac. Ei nutresc dorința de a fi buni cum le cer să fie cei de care sunt atașați, dar îi împiedică lipsa lor de maturitate. Disciplina forțată care se bazează pe îngrijorarea că ataşamentul e în pericol ca să producă schimbarea comportamentului duce la dezastru – ea erodează condiţiile necesare pentru a permite dezvoltarea şi maturizarea. Nu putem conduce un copil a cărui inimă nu ne aparţine. Disciplina bună conservă relaţiile potrivite cu adulţii şi inimile blânde ale copiilor mici.

11

Cum contribuie copiii la maturizarea adulților

Spune-mi pe cine iubeşti ca să-ți spun cine eşti.

ARSÈNE HOUSSAYE[1]

Anna se simțea complet învinsă și insista pe lângă cei din jur: „Chiar nu mai puteți face nimic pentru mine?" Ultimele zece ore pe care le trăise îi umpluseră trupul de durere, inima de anticipare și mintea de îndoială de sine.

La miezul nopții, corpul ei a decis că sosise momentul. Soțul ei, Gregg, a început să-i numere contracțiile, iar ea i-a zis că trebuie să-i facă bagajul cu obiectele din lista pentru maternitate. În timp ce număra secundele, cu atenția împărțită între ceas și Anna, Gregg a citit și biletul scris de mâna ei: „Pune în bagaj haine relaxante și confortabile". Cu greutatea responsabilității apăsându-i pe umeri, cu dorința de-a face lucrurile bine, a început să-i arate pantaloni și bluze spre aprobare. L-au întâmpinat țipetele feroce ale Annei. „Serios? Astea ți se par relaxante?!" Și astfel, în primele ore ale dimineții, Anna și Gregg și-au început călătoria ca părinți – nesiguri, hotărâți, copleșiți și așteptând cu nerăbdare sosirea copilului pe care începuseră deja să-l iubească.

Când soarele răsărea, mama Annei și doula au sosit ca să-i însoțească la spital. După șapte ore de travaliu, Anna a început să aibă contracţii la distanţă de un minut; a avut zece contracţii pe drumul parcurs până la maşină. Îşi aminteşte că era furioasă pe oamenii care nu se dădeau la o parte din drumul lor. „Mă uitam la ceas – 6:52... oamenii ăştia au plecat la muncă? Toată lumea se poartă normal, de parcă ar fi o zi obişnuită? Nu văd c-a început travaliul? Îmi venea să zbier ca Fezzik din *File de poveste* – DAŢI-VĂ TOŢI DIN DRUM – ca să ajung odată la spital."

La spital, în urma insistenţelor ei de-a primi calmante, i s-a administrat gaz anestezic. „Ajunsesem atât de ataşată de gaz, încât devenise ritualul meu pentru respirat. Trebuia să inspir adânc, iar Gregg mă ajuta." După două ore şi jumătate, i s-a spus că travaliul nu progresase. Era blocată în durere şi exasperare. Pentru prima dată de la declanşarea travaliului, Anna se simţea înfrântă, de parcă n-ar fi avut niciun control asupra situaţiei – „Pur şi simplu, mi se întâmplau lucruri".

Anna îşi aminteşte cu precizie momentul în care situaţia a început să se schimbe. Doula s-a uitat fix la ea şi i-a zis „Vei reuşi". Anna povesteşte: „Nu ştiu cum, a reuşit să declanşeze în mine gândul că puteam s-o fac, că făceam tot ce era nevoie să fac". Travaliul s-a schimbat aproape imediat. În toiul durerii intense, Anna îşi aminteşte cum simţea că este din nou participant activ la travaliu. Era de parcă „trupul meu răspunsese şi începuse să se poarte mai intuitiv şi mai puţin reactiv". Privind în urmă, ea spune că cel mai greu a fost că trebuia să fie „matură" şi „să nu simt panică şi să-mi dau seama că, din ce mă lupt mai rău, din aia îmi îngreunez mai mult situaţia. A trebuit să mă predau acelui loc şi acelei dureri pentru a găsi rezolvarea". În următoarele două ore, cu fiecare respiraţie, Anna a fost atentă la câteva cuvinte care să o ghideze. A început să vorbească cu fiul ei şi să-i repete încontinuu: „Te invit, te invit, te invit". În urma acestei invitații generoase, fiul ei, Matthew, a venit pe lume.

Ascultând povestea Annei, am început să mă gândesc la ce aduce maternitatea – la faptul că este o experiență ce-ți schimbă viața și te transformă. Implică durere, muncă, exasperare, frustrare, griji, agonie, înfrângere, sentimente care te copleșesc și anticipare, ce nu par să se termine vreodată. Dar implică, de asemenea, aprinderea unor instincte și emoții puternice, care propulsează, alimentează și ghidează părintele în drumul de-a lungul căruia va descoperi că el reprezintă răspunsul pentru copilul său. Indiferent de felul cum ajungem părinți – prin adopție, cezariană, mame surogat sau naștere pe cale vaginală –, activarea acestor instincte și emoții este modul prin care copiii mici își fac părinții să se maturizeze. Este posibil să nu ne fi dorit o experiență care să ne dezvolte, o hartă a imperfecțiunilor noastre ori un reflector care să atragă atenția asupra lipsei noastre de maturitate, dar toate acestea vin la pachet atunci când crești un copil. Când începem să ne asumăm responsabilitatea pentru îngrijirea lor, atunci devenim părinți. A fi părinte înseamnă mai mult decât o listă cu lucruri pe care le facem; contează cine suntem pentru copiii noștri și cine devenim datorită iubirii pe care le-o purtăm.

Emoții care apar când devii părinte

Și părinții au sentimente – multe sentimente. Uneori acestea sunt neașteptate, nedorite și tulburătoare, dar, oricum ar fi, le vom experimenta. Uneori este posibil chiar să aflăm, spre groaza noastră, că putem și noi să facem crize de afect și să ne blocăm în împotrivire întocmai cum face copilul mic. Creșterea unui copil reprezintă o oportunitate unică de maturizare emoţională, dar aceasta nu se va întâmpla fără a simţi suferinţa creşterii. Copiii ne pot scoate la lumină emoţii despre care nici nu ştiam că există, cu care nici măcar nu ştiam că ne luptăm. Asemenea unor oglinzi care ne reflectă imaturitatea, ei dezvăluie cele mai slabe puncte ale noastre şi ne fac din nou cunoştinţă cu noi înşine. Ne place ce vedem? Suntem tulburaţi de imaginea noastră când ne privim copiii răniţi, confuzi sau speriaţi? Mulţi părinţi întreabă dacă există o cale de-a scăpa de toate emoţiile care inundă, copleşesc şi se prăvălesc asupra copiilor lor mici. Răspunsul este nu, dar nu înseamnă că nu ne putem asuma răspunderea pentru reacţiile noastre emoţionale.

Maturitatea emoţională nu înseamnă că un părinte nu mai este afectat de sentimentele pe care le are în relaţia cu copilul. Maturitatea emoţională reprezintă modul în care acceptăm şi facem loc sentimentelor cărora le dau naştere copiii în sufletul nostru. Ca părinţi, ne putem forma intenţii referitoare la modul cum vrem să gestionăm conţinutul propriilor noastre inimi. În timp ce ne formăm intenţiile, probabil vom afla că reacţiile mature ale copiilor mici ne determină să devenim mai temperaţi în propriile noastre reacţii. De exemplu, frustrarea părintelui face pereche cu dorinţa de-a crea autocontrol, iar frica face pereche cu dorinţa de-a manifesta curajul. Probabil cea mai mare virtute la care putem aspira este să fim fiinţe umane temperate. Nu există nicio altă forţă precum cea a copiilor mici când vine vorba să ni se testeze limitele. Afecţiunea pe care le-o purtăm va scoate la înaintare nevoia de autocontrol, răbdare, atenţie, curaj, iertare şi sacrificiu – cele şase virtuţi ale temperamentului matur despre care am discutat în capitolul 2. Este unul dintre paradoxurile vieţii – faptul că, în timp ce contribuim la maturizarea copiilor noştri, ei dau naştere la aceleaşi procese în interiorul nostru. Sincronizarea dezvoltării în părinte şi în copilul său este cel puţin ironică, dacă nu de-a dreptul frumoasă. Pentru a ne asigura că are loc această dezvoltare, nu putem permite ca iubirea pe care le-o purtăm copiilor noştri să se răcească. Ne trebuie suficient contact şi apropiere ca să ne putem îndeplini rolul de părinţi. Nu putem externaliza rolul de-a fi cea mai bună soluţie pentru copiii noştri, nu-l putem încredinţa nimănui altcuiva.

Pe măsură ce îşi asumă responsabilitatea pentru emoţiile lor, părinţii trebuie să încerce să protejeze relaţia cu copiii şi să le apere inimile de-a fi rănite. Vor începe să observe că emoţiile cu care le este cel mai greu să se lupte la copiii lor sunt tocmai emoţiile pe care nu le-au invitat pentru ei înşişi. Uneori frustrarea şi crizele de afect vor fi cele care-l vor înnebuni pe părinte. Se chinuie părintele să-şi găsească lacrimile pentru futilităţile vieţii? Dacă părintele nu poate tolera neputinţa ori dependenţa constantă a copilului, se luptă el oare cu emoţiile vulnerabilităţii ca să fie părinte alfa şi ca să-şi asume responsabilitatea pentru o altă persoană?

Atunci când nu reuşim să acceptăm emoţiile copiilor noştri, trebuie nu să ne pierdem în autocontemplare, ci să revenim la rolul nostru de părinţi. Iubirea pentru copilul nostru ne îndeamnă să înţelegem ce să facem cu emoţiile noastre atunci când ne confruntăm cu ale lor. Momentul în care ne dezvoltăm ca părinţi este momentul în care ne poziţionăm în centrul conflictului iscat între modul în care ne purtăm cu copiii şi modul în care ne dorim cu adevărat să îi creştem. Părinţii se maturizează emoţional nu în izolare, ci în încercarea de-a deveni răspunsul la nevoile copiilor lor. Iubirea noastră pentru copii este cea care are puterea de-a ne schimba în bine. Este nevoie de curaj pentru a recunoaşte diferenţa dintre modul în care ne purtăm şi modul în care dorim să ne purtăm pentru ei şi pentru a accepta vina pe care o vom simţi, permiţându-i să ne conducă în direcţia bună. Ironia este că ne vom observa defectele cu atât mai bine, cu cât vom deveni mai maturi din punct de vedere emoţional.

Este posibil să existe momente în care avem nevoie să luăm o pauză de la rolul activ de părinte şi să ne adunăm gândurile şi sentimentele. Făcând asta, nu vrem să le transmitem copiilor că nu le putem face faţă, că sunt prea mult pentru noi sau că ne-au copleşit sentimentele. Trebuie să acţionăm doar atunci când frustrarea poate fi temperată de dorinţa de-a nu face rău. Totodată, s-ar putea ivi momente în care trebuie să reparăm relaţia cu copiii, deoarece emoţiile noastre au explodat şi s-au revărsat asupra lor. Le prezentăm scuze cu demnitate, dar nu trebuie să le cerem nici să ne ierte, nici să nu mai fie supăraţi până nu se simt pregătiţi să facă asta.

Ce facem cu vina?

Nu putem evita sentimentele de vină – această cale va fi parcursă des în timpul vieţii de părinte. Vina apare după ce ne asumăm responsabilitatea pentru copii şi pentru îngrijirea lor. Vom avea acest sentiment, uneori din senin, când se întâmplă lucruri rele sau când ceva nu merge bine, ori când nu reuşim să le oferim copiilor cele necesare. Uneori vina se ascunde în subconştient, când încercăm s-o alungăm direcţionându-ne energia pentru a controla alte lucruri. Sentimentul de vină ne poate face să exagerăm, să devenim prea prudenţi, să fim prea îngrijoraţi din cauza copiilor sau a comportamentului lor. În loc să analizăm direct vina, faptul că suntem ocupaţi ne oferă un scut şi o alinare temporară.

Vina poate părea de nesuportat când ne uităm la imperfecţiunile şi la neajunsurile noastre. Cu toate acestea, sentimentele de vină au rolul de-a îndrepta părinţii către lucrurile pe care le pot schimba, către zonele în care pot face o diferenţă şi de a-i ajuta să-şi formeze intenţia de-a acţiona diferit. Şi totuşi, sunt momente în care lacrimile vor fi singurul răspuns pe care-l putem avea în faţa sentimentului de vină. Plânsul ne va oferi împăcare pentru lucrurile pe care le regretăm, pentru neajunsurile noastre şi pentru neputinţa de-a schimba universul copiilor aşa cum ne-am dori. Exprimând vina prin cuvinte eliberăm lacrimile care au nevoie să fie plânse. Iar lacrimile ne oferă un răgaz de la sentimentul chinuitor că nu suntem părinţi suficient de buni.

Nu este datoria copiilor să poarte vina părinţilor sau să ne audă tristeţea şi umilinţa. Nu este sarcina copiilor să ne asculte vorbind despre sentimentele noastre nefiltrate sau despre cum ne simţim în calitate de părinţi. Copiii nu trebuie să vadă când suntem nesiguri pe ceea ce facem. Conflictul nostru interior şi confuzia noastră ar trebui ascunse, ca ei să nu ajungă să creadă că nu putem avea grijă de ei. Asta nu înseamnă că nu putem cere ajutorul altor adulţi atunci când suntem blocaţi. Însemnă să le transmitem copiilor că suntem responsabili pentru sentimentele şi acţiunile noastre. Vina are rolul de-a ajuta părinţii să se trezească în fiecare zi hotărâţi să fie răspunsul la nevoile copiilor lor şi să încerce să-şi pună în aplicare intenţiile de-a îngriji copiii. Existenţa sentimentului de vină este exprimarea celei mai profunde aspiraţii a noastre de-a deveni cea mai bună opţiune a copiilor noştri.

Atunci când ești părinte, imboldul către dezvoltare vine din acceptarea responsabilității de-a deveni *răspunsul* la nevoile copilului. Asta înseamnă că încercăm să răspundem nevoilor lor de contact și apropiere, de asemănare, de apartenență, semnificație, iubire și de-a se face cunoscuți. Înseamnă că ne asumăm rolul de drept de a-i ghida și de-a deveni busola lor, punctul lor de consolare, îndrumătorul, profesorul, protectorul lor, agentul futilității, precum și căminul. În esență, a fi răspunsul la nevoile copiilor înseamnă a ne asigura că ei simt invitația de-a fi în prezența noastră indiferent de circumstanțe și comportament. Copiii nu ar trebui să fie nevoiți să se poarte într-un anumit fel pentru a fi iubiți; ei ar trebui iubiți indiferent de modul în care se poartă.

Cel mai important lucru atunci când creștem copii este să ne străduim să devenim părinți milostivi. Pentru asta, nu trebuie să condiționăm invitația la relație de capacitatea copiilor de-a se ridica la înălțimea așteptărilor noastre. Asta înseamnă că, atunci când nu reușesc să ne facă pe plac sau nu se ridică la înălțimea așteptărilor noastre, le vom transmite în continuare că dorim să-i avem aproape. Părinții milostivi își iubesc necondiționat copiii – și astfel devin căminul lor, locul în care ei se pot odihni pentru a se putea juca și pentru a se putea dezvolta.

Îmi amintesc cât de minunat m-am simțit când am primit invitația necondiționată de-a fi alături de bunicul meu, când aveam 5 ani. Eram în grădina lui și-mi doream să-i fac o bucurie, așa că m-am chinuit și am cules toate florile și verdețurile de-acolo. Mi-am ridicat poalele bluzei ca să improvizez o găleată în care am cărat comoara până la el. L-am găsit stând de vorbă cu părinţii mei şi i-am întrerupt, etalând cu mândrie conţinutul grădinii lui, strâns tot în bluza mea. Am încremenit când am văzut expresia îngrozită de pe chipul lui. Avea un minunat accent *cockney* şi a exclamat: „Măi să fie! M-a curăţat! A cules tot – n-o să mai am legume multe săptămâni!“ Nu pricepeam ce făcusem, dar ştiam că greşisem. Încântarea, căldura şi invitaţia pe care sperasem să le primesc fuseseră înlocuite cu dezamăgire şi supărare. Tocmai porneam să caut un loc în care să mă pitesc. Apoi l-am auzit râzând. Nu era un râs simplu, ci unul profund, din burtă, cu sforăituri. A venit la mine, m-a luat în braţe şi mi-a zis că e bine – *relaţia noastră* era bine. Am văzut că îi revenise sclipirea în ochi, iar inima mea a început să-şi încetinească bătăile. Am jurat să nu-i mai culeg niciodată roadele fără să-l întreb. Mesajul pe care mi l-a transmis a fost că nimic din ce-aş fi făcut nu m-ar fi putut separa de iubirea lui.

Nu putem deveni răspunsul la nevoile copiilor noştri prin cărţi, folosind mantrele sau instrucţiunile altor persoane. E ceva ce trebuie să se nască în interiorul nostru, din instincte alfa şi din emoţii de vulnerabilitate. Este în egală măsură afecţiune pe cât este responsabilitate. Când apelăm la lumea din exterior pentru a ne spune cum să fim părinţi, nu ne ascultăm propriile inimi şi minţi. Dacă avem impresia că ne sunt necesare instrucţiuni pentru a deveni cea mai bună opţiune a copiilor noştri, ne simţim ruşinaţi când nu avem răspunsuri, în loc să simţim că *noi* suntem răspunsul pentru copiii noştri. Când nu ne folosim cunoştinţele şi intuiţia pentru a înţelege copiii, vom considera că răspunsurile altcuiva sunt superioare răspunsurilor noastre.

În timp ce ne străduim să devenim cea mai bună opţiune pentru copiii noştri, poate că ei sunt totodată cea mai bună opțiune a noastră. Imaturitatea lor scoate la lumină maturitatea noastră. Nevoia lor intensă de relaționare ne forțează să trăim în comuniune cu alții care să ne ajute să-i creștem. Ei ne amintesc zilnic de misterul, splendoarea și rădăcinile din care ne dezvoltăm ca ființe umane. Unii spun că Natura este nebună că ne aduce pe lume sub forma unor ființe atât de imature, dar, cu toate acestea, eu cred că este înțeleaptă. Ca adulți, urmează să ne confruntăm cu un viitor în care apar îmbătrânirea și separarea, dar, fiindu-le aproape copiilor noștri, suntem forțați să privim înapoi, la izvoarele noastre. Natura închide cercul vieții, vechiul se conectează cu noul, sfârșitul fuzionează cu începutul, polii opuși se atrag, paradoxurile se repetă la nesfârșit. Aceste legături invizibile ale relațiilor ne țin laolaltă – cercul vieții oamenilor se dezvoltă generație după generație.

Ce înseamnă odihnă, joacă, dezvoltare?

Odihna este cea mai importantă contribuție pe care o au părinții pentru a ajuta copiii să-și atingă potențialul maxim de dezvoltare. Părinții trebuie să trudească la iubire și la îngrijire ca să nu fie nevoiți copiii lor s-o facă. Părinții trebuie să-și asume responsabilitatea și să le transmită copiilor că ei sunt răspunsul pentru nevoia lor de relaționare. Va fi necesar ca ei să ofere și să protejeze condițiile care le permit copiilor să se joace, să prospere și să înflorească. Va trebui să aibă încredere că sunt părinți suficient de buni, în ciuda sentimentului de vină, a imperfecțiunilor și a neajunsurilor lor.

Când se odihnesc în îngrijirea noastră, copiii sunt liberi să se dezvolte ajungând persoanele pe care numai iubirea noastră îi poate ajuta să devină. În schimb, noi devenim părinții în care numai iubirea noastră pentru copii ne poate transforma.

Va trebui să facem toate sacrificiile necesare, să îndurăm testele răbdării și ale loialității, să ne tolerăm defectele, care vor ieși la iveală când vom încerca să devenim răspunsul la nevoile copiilor, și să avem curajul să credem că suntem cea mai bună opțiune a lor. Ca părinți, nu trebuie să fim perfecți, ci trebuie să facem în așa fel, încât copiii să nu fie nevoiți să muncească pentru a primi iubire, și să le permitem să privească invitația noastră în relație ca pe ceva implicit.

Ca părinți, scopul este să ajungem să ne retragem treptat într-un rol de consultant, în timp ce copiii devin persoane independente, care-și preiau conducerea propriilor vieți. Pe măsură ce îmbătrânim, ne consolăm știind că am fost grădinarii de care aveau nevoie. După ce s-a pensionat, tatăl meu mi-a zis că s-a trezit într-o dimineață simțindu-se recunoscător că trăise suficient de mult cât să apuce să-și cunoască atât bunicii, cât și nepoții. M-a făcut să-mi dau seama că nu ne odihnim doar fiind copii în grija altora, ci totodată ne găsim odihna ca adulți care îi îngrijesc pe alții.

Primii ani sunt magici, dar riscăm să pierdem frumusețea și inocența acestei vârste – magia în care cred copiii mici, integritatea lor și puritatea de-a trăi o singură emoție și-a nutri un singur gând la un moment dat. Copilăria timpurie este o perioadă de timp aparte, plină de comportament impulsiv și egocentric care va aduce atât bucurie, cât și frustrare. Cei mici au dreptul să fie imaturi, iar noi ne vom consuma energia încercând să le permitem să fie mici, în timp ce-i protejăm, le permitem să se joace, le oferim limite și îngrijim grădini relaționale în care ei să se dezvolte.

Când scriam *Odihnă, joacă, dezvoltare*, mi-am întrebat copiii dacă se simt speciali și iubiți de mine și de tatăl lor. Răspunsul lor s-a schimbat de când erau copii mici, mai ales de când au ajuns la vârsta adolescenţei. În loc să-mi spună că „nu ştiu de ce sunt iubiţi şi speciali", mi-au spus „fiindcă sunt al tău şi fiindcă sunt eu". Au reuşit să surprindă în câteva cuvinte esenţa a ceea ce înseamnă odihna, joaca şi dezvoltarea – fiindcă mă simt acasă cu tine, sunt liber să mă dezvolt şi să ajung eu însumi. Copiii mei îmi reamintesc zilnic că, deşi venim pe lume imaturi, ne dezvoltăm capacitatea de-a fi complet umani moment cu moment.

Despre Institutul Neufeld

Institutul Neufeld își dedică activitatea părinților, ajutându-i să redevină stăpâni pe situație în relația pe care o au cu copiii lor. Misiunea noastră este de-a folosi știința dezvoltării pentru a-i reconecta pe părinți și pe profesori cu propria lor intuiție. Toate eforturile noastre pornesc de la înțelegerea contextului necesar creșterii copiilor, și anume atașamentul lor față de cei care sunt responsabili pentru ei.

Institutul Neufeld își are sediul la Vancouver, în Canada, și folosește tehnologii de ultimă oră în domeniul internetului pentru a oferi acces la traininguri și educație în întreaga lume. Corpul profesoral Neufeld și cei care facilitează cursurile Neufeld activează în prezent în zece țări: Canada, Statele Unite ale Americii, Mexic, Germania, Israel, Finlanda, Suedia, Danemarca, Australia și Noua Zeelandă.

Institutul Neufeld oferă programe educaționale pentru părinți bazate pe cunoaștere, prin intermediul cursurilor realizate atât online, cât și la fața locului, precum și sub forma unui program de educare continuă destinat părinților, educatorilor și profesioniștilor. Programele de training le sunt destinate celor care doresc să intermedieze cursurile Institutului

Neufeld, precum și profesioniștilor care intenționează să pună în practică această abordare în cadrul orelor de consiliere parentală.

Campusul nostru online susține un număr tot mai mare de persoane care predau și care aplică acest model în întreaga lume. Acest campus este accesibil în cinci limbi și are ca scop reunirea tuturor inițiativelor din întreaga lume.

Institutul Neufeld este o organizație non-profit din British Columbia și este înregistrat ca organizație caritabilă în Canada. Vă rugăm să consultați site-ul nostru pentru mai multe informații.

Despre dr. Gordon Neufeld

Fondatorul Institutului Neufeld locuiește în Vancouver și practică psihologia dezvoltării, având o experiență de 40 de ani în lucrul cu copiii, tinerii și cu cei care sunt responsabili de creșterea lor. O autoritate în domeniul dezvoltării copilului, dr. Neufeld este un conferențiar de talie internațională, autor al unui bestseller (*Hold On to Your Kids*) și unul dintre principalii exponenți ai teoriei dezvoltării. Dr. Neufeld este cunoscut pentru modul în care rezolvă probleme complexe și pentru inovațiile pe care le aduce. După un timp petrecut ca profesor universitar și având un cabinet particular, în prezent își dedică timpul predând și instruind oameni, inclusiv educatori și profesioniști, prin intermediul Institutului Neufeld. A dezvoltat o serie de cursuri pentru părinți, profesori și profesioniști. Dr. Neufeld are apariții regulate la radio și televiziune. Este tatăl a cinci copii și bunicul a șase nepoți.

Materiale Neufeld

Materialele teoretice și imaginile din *Odihnă, joacă, dezvoltare* sunt preluate sau adaptate din următoarele cursuri și prezentări, cu permisiunea lui Gordon Neufeld.

CURSURI

- *Neufeld Intensive I: Making Sense of Kids (Neufeld Intensiv I: Să-i înțelegem pe copii)*
- *Neufeld Intensive II: The Separation Complex (Neufeld Intensiv II: Complexul separării)*
- *Making Sense of Preschoolers (Să-i înțelegem pe preșcolari)*
- *Making Sense of Play (Să înțelegem joaca)*
- *The Attachment Puzzle (Puzzle-ul atașamentului)*
- *Alpha Children (Copiii alfa)*
- *Heart Matters: The Science of Emotion (Problemele inimii: Știința emoțiilor)*
- *Making Sense of Aggression (Să înțelegem agresivitatea)*
- *Making Sense of Anxiety (Să înțelegem anxietatea)*
- *Making Sense of Attention Problems (Să înțelegem problemele de atenție)*
- *Making Sense of Counterwill (Să înțelegem contravoința)*
- *Discipline That Doesn't Divide (Disciplina care nu separă)*

PREZENTĂRI

- „What About Me? Reflections on Growing Up as Adults", Keynote Address by Gordon Neufeld, Neufeld Annual Conference 2013, Vancouver, BC („Și cu mine cum rămâne? Gânduri privind maturizarea adulților", discursul principal al lui Gordon Neufeld la Conferința Anuală Neufeld 2013, Vancouver, BC)

Mulțumiri

A fost pe cât de formidabil, pe atât de satisfăcător să scriu o carte despre copiii mici pornind de la lucrările teoretice ale doctorului Gordon Neufeld. În încercarea de-a oferi o perspectivă asupra copiilor mici, am ajuns să pătrund tainele scrierii cărților, editării, povestirii și tainele mele ca scriitor. Fără sprijinul următoarelor persoane, n-ar fi existat această perspectivă și nici n-ar fi fost tipărită această carte. Le sunt sincer recunoscătoare și îi apreciez pe cei cărora le-a păsat de acest proiect într-atât încât să-mi ofere timpul, poveștile și experiențele lor.

Știința dezvoltării din *Odihnă, joacă, dezvoltare* a căpătat viață prin intermediul poveștilor care mi-au fost relatate cu generozitate de părinți, persoane care îngrijesc copii, educatori, profesioniști, persoane care facilitează și cele care țin cursurile Neufeld. Deși identitățile lor nu pot fi dezvăluite, toți și-au dorit să ne împărtășească poveștile lor, în speranța că le vor fi de ajutor părinților să-și înțeleagă mai bine copiii mici.

Multe persoane au sprijinit acest proiect, oferindu-mi timpul și feedbackul lor, citind capitole, împărtășind idei și încurajându-mă să scriu în continuare, în special Bridgett Miller, Liz Hatherell, Kat Howe, Catherine Kirkness, Sara

Easterly, Marie Chernen, Stephanie Gold, Eva Svensson, Bria Shantz, Tamara Strijack, Genevieve Schreier, April Quan, Heather Ferguson, Dagmar Neubronner, Heather Beach, Tracy Berretta, Tania Culham, Linda Quennec, Diana Teichrieb, Traci MacNamara şi Jennifer MacDonald. Le mulţumesc tuturor pentru sprijin; m-a ajutat să-mi păstrez concentrarea şi să nu mă abat de la informaţiile pe care doresc părinţii cu adevărat să le afle.

Doresc să le mulţumesc lui Traci Costa şi celor de la Peekaboo Beans pentru sprijinul lor uimitor şi pentru că şi ei cred în joacă la fel de mult ca şi mine. Faceţi haine minunate, sunteţi campioni la jocurile de copii şi faceţi lumea aceasta un loc mai bun în care copiii să se dezvolte.

Îi sunt recunoscătoare lui Joy Neufeld pentru că a formulat sintagma „Odihnă, joacă, dezvoltare", care conturează atât de concis traseul teoriei dezvoltării, într-o exprimare foarte simplă şi elegantă. Gail Carney, o foarte dragă colegă de la Institutul Neufeld, şi-a împărtăşit cu delicateţe povestea pentru capitolul dedicat jocului în cele câteva săptămâni anterioare decesului ei, rămânând fidelă trăsăturii sale dominante, de-a îngriji şi de-a veni în ajutor. Singurul meu regret este că nu am avut şansa să mă bucur de această carte împreună cu ea. Totodată, sunt recunoscătoare pentru sprijinul continuu oferit de Institutul Neufeld şi pentru oamenii dedicaţi şi plini de compasiune care se străduiesc să ajute adulţii să-şi înţeleagă copiii. Lucrul alături de voi îmi aminteşte de o frază pe care am citit-o cândva: „Poţi fi mai rapid de unul singur, dar poţi ajunge mai departe alături de cineva". Îmi place să fiu „alături" de voi toţi.

La Page Two Strategies am fost norocoasă să găsesc echipa editorială de vis, care a lucrat cu hărnicie şi profesionalism pentru ca *Odihnă, joacă, dezvoltare* să iasă de sub tipar. Trena White a fost managerul care a condus proiectul cu îndemânare, iar Megan Jones mi-a prezentat oamenii perfecți în toate ocaziile. Stephanie Fysh, corectoarea mea, a dovedit meticulozitate în îngrijirea manuscrisului. Nayeli Jimenez și-a folosit abilitățile de designer pentru a da cărții un layout și o copertă frumoase, precum și pentru a recrea imagini din paginile de prezentări. Shirarose Wilensky, redactoarea mea, a fost atentă cu toate corecturile și a făcut sugestii intuitive, lucrând asiduu alături de mine pentru a da viață fiecărui cuvânt din *Odihnă, joacă, dezvoltare.*

Doresc să-i mulțumesc lui Bridgett Miller, experta mea în social media, care m-a ghidat cu generozitate prin lumea virtuală și mi-a făcut cunoștință cu acele persoane pe care le-a considerat compatibile cu mesajul nostru. Compasiunea, umorul și natura ei puternic orientată către îngrijire au făcut ca drumul cărții spre cititori să fie o călătorie amuzantă.

Doresc să-mi exprim sincera recunoștință pe care i-o port Elanei Brief, care și-a folosit cu generozitate timpul pentru a descoperi materiale-sursă și a compila toate referințele, a citi și a edita capitole, a face sugestii privind conținutul și a oferi atât sprijin moral, cât și motive de râs pe parcursul scrierii cărții *Odihnă, joacă, dezvoltare.* Imaginea ta înghesuită între teancuri de cărți la bibliotecă, cu un preșcolar care stătea călare pe tine în timp ce tu căutai materiale, îmi aduce un zâmbet pe chip.

Îi sunt îndatorată lui Gordon Neufeld pentru generozitatea cu care a împărțit cu mine materialele sale, entuziasmul său ca profesor, strălucirea sa de teoretician și invitația sa călduroasă de a învăța și a lucra alături de el, precum și pentru încurajările pe care mi le-a oferit pe tot acest drum. Ești un adevărat campion al *tuturor* copiilor și răspunsul de care au nevoie părinții care se chinuie să-și țină copiii aproape.

Le mulțumesc părinților, surorilor și prietenilor mei pentru încurajări și pentru că m-au înțeles atunci când m-am îndepărtat de lângă ei pentru a scrie. Vă iubesc pe toți foarte mult. Lui Chris, alături de care trăiesc aventurile mele ca părinte, și copiilor mei, Hannah și Madeline – sunteți oaza mea de odihnă, unde în continuare mă joc și mă dezvolt.

Despre autoare

Dr. Deborah MacNamara este consilier clinic și profesoară, cu peste 25 de ani de experiență în lucrul cu copii, tineri și adulți. Este membră a Institutului Neufeld, are un cabinet de consiliere și le vorbește regulat părinților, persoanelor care oferă servicii de îngrijire a copiilor, educatorilor și profesioniștilor din domeniul sănătății despre dezvoltarea copiilor și a adolescenților. Continuă să scrie, să acorde interviuri la radio și la televizor, să vorbească despre nevoile copiilor și ale tinerilor pornind de la știința dezvoltării. Deborah locuiește în Vancouver, Canada, împreună cu soțul ei și cu cei doi copii ai lor.

Note

Introducere: De ce e important să înțelegem

1. Jiddu Krishnamurti, *Education and the Significance of Life* (1953; New York: Harper, 1981), p. 47.

Capitolul 1: Cum contribuie adulții la maturizarea copiilor

1. Thich Nha´t Ha.nh, *How to Love* (Berkeley, CA: Parallax Press, 2015), p. 10.

2. Michael S. Pritchard, „On taking emotions seriously: A critique of B.F. Skinner", *Journal for the Theory of Social Behaviour* 6 (1976): 211–32. 3. Carl R. Rogers, Howard Kirschenbaum și Valerie Land Henderson, *Carl Rogers: Dialogues: Conversations with Martin Buber, Paul Tillich, B.F. Skinner, Gregory Bateson, Michael Polanyi, Rollo May, and Others* (Boston: Houghton Mifflin, 1989).

4. John B. Watson, *Behaviorism* (Chicago: University of Chicago Press, 1930), p. 82.

5. Gordon Neufeld și Gabor Maté, *Hold On to Your Kids: Why Parents Need to Matter More Than Peers* (New York: Ballantine Books, 2014); Daniel J. Siegel, *The Developing Mind: How Relationships and the Brain Interact to Shape Who We Are* (New York: Guilford Press, 2012).

6. Jaak Panksepp și Lucy Biven, *The Archaeology of Mind: Neuroevolutionary Origins of Human Emotions* (New York: W.W. Norton, 2012); Antonio Damasio, *Descartes' Error: Emotion, Reason, and the Human Brain* (London: Vintage Books, 2006).

7. Citat în Larry K. Brendtro, „The vision of Urie Bronfenbrenner: Adults who are crazy about kids", *Reclaiming Children and Youth: The Journal of Strength-Based Interventions* 15 (2006): 162–66, http://www.cyc-net.org/cyc-online/cyconlinenov2010-brendtro.html.

8. Gordon Neufeld, *Neufeld Intensive I: Making Sense of Kids*, course (Neufeld Institute, Vancouver, BC, 2013), http://neufeldinstitute.org/course/neufeldintensive-i-making-sense-of-kids/; Gordon Neufeld, *Neufeld Intensive II: The Separation Complex*, curs (Neufeld Institute, Vancouver, BC, 2007), http://neufeldinstitute.org/course/neufeld-intensive-ii/; Siegel, *The Developing Mind*; Robert Karen, *Becoming Attached: First Relationships and How They Shape Our Capacity to Love* (Oxford: Oxford University Press, 1998); John Bowlby, *Attachment and Loss* (New York: Basic Books, 1969); Sue Gerhardt, *Why Love Matters: How Affection Shapes a Baby's Brain* (London: Brunner-Routledge, 2004); Thomas Lewis, Fari Amini, and Richard Lannon, *A General Theory of Love* (New York: Random House, 2000).

9. John Bowlby, „Maternal care and mental health", *Bulletin of the World Health Organization* (1951).

10. Kim Parker, „Families may differ, but they share common values on parenting", Pew Research Center (18 September 2014), http://pewrsr.ch/XKVyIf.

11. Gordon Neufeld, *Neufeld Intensive I: Making Sense of Kids*, curs (Neufeld Institute, Vancouver, BC, 2013), http://neufeldinstitute.org/course/neufeld-intensive-i-making-sense-of-kids/.

12. Sheldon White, „Evidence for a hierarchical arrangement of learning processes", *Advances in Child Development and Behavior* 2 (1965): 187–220.

13. Arnold J. Sameroff și Marshall M. Haith, editori, *The Five to Seven Year Shift: The Age of Reason and Responsibility* (Chicago: University of Chicago Press, 1996).

14. Neufeld și Maté, *Hold On to Your Kids*.

15. T. Berry Brazelton, *To Listen to a Child: Understanding the Normal Problems of Growing Up* (Reading, MA: Addison-Wesley, 1984), p. 56.

16. Edward Zigler și Elizabeth Gilman, „The legacy of Jean Piaget", în Gregory A. Kimble și Michael Wertheimer, eds., *Portraits of Pioneers in Psychology*, vol. 3 (American Psychological Association, 1998), p. 155.

17. David Elkind, *Miseducation: Preschoolers at Risk* (New York: Knopf, 2006).

18. Margaret Mead, *And Keep Your Powder Dry: An Anthropologist Looks at America* (1942; New York: Berghahn Books, 2000).

19. Sherry Turkle, *Alone Together: Why We Expect More from Technology and Less from Each Other* (New York: Basic Books, 2011).

20. Manuel Castells, *The Rise of the Network Society* (Oxford: Wiley-Blackwell, 2010).

21. Walter Isaacson, *Steve Jobs* (New York: Simon & Schuster, 2011), p. 571.

Capitolul 2: Personalitatea preșcolarului: Jumătate frumusețe, jumătate bestie

1. Sophocles, *Ajax* (5th century BC), in *The Dramas of Sophocles Rendered in English Verse, Dramatic & Lyric* (London: Forgotten Books, 2013), pp. 58–59.

2. Gordon Neufeld, *Making Sense of Preschoolers*, curs (Neufeld Institute, Vancouver, BC, 2013), http://neufeldinstitute.org/course/making-sense-of-preschoolers/.

3. Lise Eliot, *What's Going On in There? How the Brain and Mind Develop in the First Five Years of Life* (New York: Bantam Books, 2000); Alison Gopnik, *The Philosophical Baby: What Children's Minds Tell Us about Truth, Love, and the Meaning of Life* (New York: Farrar, Straus and Giroux, 2009); Daniel J. Siegel, *The Developing Mind: How Relationships and the Brain Interact to Shape Who We Are* (New York: Guilford Press, 1999).

4. Siegel, *The Developing Mind.*

5. Gopnik, *The Philosophical Baby.*

6. Siegel, *The Developing Mind.*

7. Eliot, *What's Going On in There?*; Siegel, *The Developing Mind.*

8. Eliot, *What's Going On in There?*

9. Eliot, *What's Going On in There?*

10. P. Shaw, K. Eckstrand, W. Sharp, J. Blumenthal, J.P. Lerch, D. Greenstein, L. Clasen, A. Evans, J. Giedd, and J.L. Rapoport, „Attention-deficit/hyperactivity disorder is characterized by a delay in cortical maturation", *Proceedings of the National Academy of Sciences of the United States of America* 104 (2007): 19649–54.

11. Daniel J. Siegel și Tina Payne Bryson, *The Whole Brain Child: 12 Revolutionary Strategies to Nurture Your Child's Developing Mind* (New York: Bantam Books, 2012).

12. Sheldon White, „Evidence for a hierarchical arrangement of learning processes", *Advances in Child Development and Behavior* 2 (1965): 187–220.

13. Siegel, *The Developing Mind.*

14. Eliot, *What's Going On in There?*

15. Arnold J. Sameroff și Marshall M. Haith, editors, *The Five to Seven Year Shift: The Age of Reason and Responsibility* (Chicago: University of Chicago Press, 1996).

16. Thomas S. Weisner, „The 5 to 7 Transition as an Ecocultural Project", în Sameroff and Haith, eds., *The Five to Seven Year Shift*, pp. 295–326.

17. Siegel, *The Developing Mind*; Sue Gerhardt, *Why Love Matters: How Affection Shapes a Baby's Brain* (New York: Brunner-Routledge, 2004); Gordon Neufeld și Gabor Maté, *Hold On to Your Kids: Why Parents Need to Matter More Than Peers* (New York: Ballantine Books, 2014); Thomas Lewis, Fari Amini și Richard Lannon, *A General Theory of Love* (New York: Random House, 2000).

18. W. Thomas Boyce și Bruce J. Ellis, „Biological sensitivity to context: I. An evolutionary–developmental theory of the origins and functions of stress reactivity", *Development and Psychopathology* 17 (2005): 271–301.

19. Boyce and Ellis, „Biological sensitivity to context".

20. David Dobbs, „The science of success", *The Atlantic* (December 2009), http://www.theatlantic.com/magazine/archive/2009/12/the-science-of-success/307761/.

21. Boyce și Ellis, „Biological sensitivity to context".

22. Gordon Neufeld, *Neufeld Intensive I: Making Sense of Kids*, curs (Neufeld Institute, Vancouver, BC, 2013), http://neufeldinstitute.org/course/neufeld-intensive-i-making-sense-of-kids/.

23. Angus Deaton and Arthur A. Stone, „Evaluative and hedonic wellbeing among those with and without children at home", *Proceedings of the National Academy of Sciences of the United States of America* 111 (2014): 1328–33.

24. William N. Evans, Melinda S. Morrill şi Stephen T. Parente, „Measuring inappropriate medical diagnosis and treatment in survey data: The case of ADHD among school-age children", *Journal of Health Economics* 29 (2010): 657–73.

25. Chandra S. Sripada, Daniel Kessler şi Mike Angstadt, „Lag in maturation of the brain's intrinsic functional architecture in attention-deficit/hyperactivity disorder", *Proceedings of the National Academy of Sciences of the United States of America* 111 (2014): 14259–64.

26. Carolyn Abraham, „Failing boys: Part 3: Are we medicating a disorder or treating boyhood as a disease?" *The Globe and Mail* (18 October 2010), http://www.theglobeandmail.com/news/national/time-to-lead/part-3-are-we-medicating-adisorder-or-treating-boyhood-as-a-disease/article4330080/?page=all.

27. Subcommittee on Attention-Deficit/Hyperactivity Disorder, Steering Committee on Quality Improvement and Management, „ADHD: Clinical practice guideline for the diagnosis, evaluation, and treatment of attention-deficit/hyperactivity disorder in children and adolescents", *Pediatrics* 128 (2011): 1007–22.

28. Eric R. Coon, Ricardo A. Quinonez, Virginia A. Moyer şi Alan R. Schroeder, „Overdiagnosis: How our compulsion for diagnosis may be harming children", *Pediatrics* 134 (2014): 1013–23; Polly Christine Ford-Jones, „Misdiagnosis of attention deficit hyperactivity disorder: 'Normal behaviour' and relative maturity", *Paediatrics & Child Health* 20 (2015): 200–2.

29. Todd E. Elder, „The importance of relative standards in ADHD diagnosis: Evidence based on exact birth dates", *Journal of Health Economics* 29 (2010): 641–56.

Richard Morrow şi colegii săi de la University of British Columbia din Canada au comparat rata de diagnosticare a ADHD în rândul copiilor celor mai mici (născuţi în luna *de dinainte* de oprirea intrării la clasă) cu cea a copiilor celor mai mari (născuţi în luna *de după*) într-un eşantion de 900 000 de copii cu vârste de peste 11 ani; au descoperit că cei mai mici dintre băieţi erau cu 30% mai predispuşi de a fi diagnosticaţi cu ADHD, decât cei mai mari iar cele mai mici fete, cu 70% mai predispuse de a fi diagnosticate decât cele mai mari (R.L. Morrow, E.J. Garland, J.M. Wright, M. Maclure, S. Taylor, and C.R. Dormuth, „Influence of relative age on diagnosis and treatment of attention deficit/ hyperactivity disorder in children", *Canadian Medical Association Journal* 184 [2012]: 755–62). Conform spuselor lui Todd Elder, dacă o tulburare în dezvoltarea neurologică stă la baza diagnosticului de ADHD, nu ar trebui să varieze în funcţie de data de naştere a copilului (Elder, „The importance of relative standards in ADHD diagnoses"). Mai mult, copiii diagnosticaţi cu ADHD ar putea să nu mai prezinte simptome după trei ani de dezvoltare a lobului prefrontal, în conformitate cu Shaw şi colegii săi (Shaw et al., „Attention-deficit/ hyperactivity disorder is characterized by a delay"). Similar, Gilliam a descoperit că structura creierului responsabilă cu conectarea lobilor prefrontali la copiii diagnosticaţi cu ADHD avea un tipar de creştere întârziat; imaturitatea este o explicaţie validă, iar maturizarea reprezintă un posibil remediu, atunci când vorbim despre problemele de concentrare la copii mici (M. Gilliam, M. Stockman, M. Malek, W. Sharp, D .Greenstein, F. Lalonde, L. Clasen, J. Giedd, J. Rapoport şi P. Shaw, „Developmental trajectories of the corpus callosum in attention-deficit/hyperactivity disorder", *Biological Psychiatry* 69 [2011]: 839–46).

Nu numai că acei copii de vârsta grădiniţei sunt mai predispuşi la a fi diagnosticaţi cu deficit de atenţie, dar American Academy of Pediatrics scrie „Există dovezi în favoarea recomandării de a extinde intervalul de vârstă care determină preşcolarii şi adolescenţii" (Subcommittee on Attention-Deficit/ Hyperactivity Disorder, „ADHD", p. 2). Dat fiind faptul că nu există markeri patognomonici pentru ADHD şi că diagnosticarea se bazează în întregime pe descrieri comportamentale, imaturitatea poate fi confundată cu o tulburare, în conformitate cu Ford-Jones. Implicațiile tratamentului cu stimulente asupra creșterii și „informațiile și experiența limitate privind efectele tratamentului cu stimulente la copii cu vârste cuprinse între 4 și 5 ani" pot reprezenta motive de îngrijorare (Ford-Jones, „Misdiagnosis of attention deficit hyperactivity disorder").

30. William Crain, *Theories of Development: Concepts and Applications*, ediția a V-a (Upper Saddle River, NJ: Pearson/Prentice Hall, 2005).

Capitolul 3: Conservarea jocului: Cum protejăm copilăria în era digitală

1. Fred Rogers, Commencement Address, Middlebury College, Middlebury, VT, mai 2001, http://www.middlebury.edu/newsroom/commencement/2001.

2. BC Art Teachers' Association, „Honouring Gail Carney" (2015), http://bcata.ca/about-us/tribute.

3. David Elkind, „Can we play?" Greater Good Science Center, University of California, Berkeley (2008), http://greatergood.berkeley.edu/article/item/can_we_play.

4. Elkind, „Can we play?"

5. David Elkind, *The Power of Play: Learning What Comes Naturally* (Cambridge, MA: Da Capo Press, 2007); Nancy Carlsson-Paige, *Taking Back Childhood: Helping Your Kids Thrive in a Fast-Paced, Media-Saturated, Violence-Filled World* (New York: Penguin, 2009); Peter Gray, *Free to Learn: Why Unleashing the Instinct to Play Will Make Our Children Happier, More Self-Reliant, and Better Students for Life* (New York: Basic Books, 2013); Beverly Falk, ed., *Defending Childhood: Keeping the Promise of Early Education* (New York: Teachers College Press, 2012).

6. Madeline Levine, *Teach Your Children Well: Parenting for Authentic Success* (New York: Harper Perennial, 2013).

7. Elkind, „Can we play?"; Kenneth R. Ginsburg, American Academy of Pediatrics Committee on Communications și American

Academy of Pediatrics Committee on Psychosocial Aspects of Child and Family Health, „The importance of play in promoting healthy child development and maintaining strong parent–child bonds“, *Pediatrics* 119 (2007): 182–91.

8. Marcy Guddemi, Andrea Sambrook, Sallie Wells, Kathleen Fite, Gitta Selva şi Bruce Randel, „Unrealistic kindergarten expectations: Findings from Gesell Institute's Revalidated Developmental Assessment Instrument“, *Proceedings from the Annual Conference for Early Childhood Research and Evaluation* (2012), http://www.highscope.org/files/guddemim_proceedings2012.pdf.

9. D.W. Winnicott, *Playing and Reality* (New York: Basic Books, 1971), p. 73.

10. Mark Twain, *The Adventures of Tom Sawyer* (1876; New York: Oxford University Press, 1996).

11. G. Stanley Hall, *Adolescence: Its Psychology and Its Relations to Physiology, Anthropology, Sociology, Sex, Crime, Religion and Education* (New York: D. Appleton, 1904), p. 235.

12. *Piaget's Developmental Theory: An Overview*, feat. David Elkin, înregistrare video (San Luis Obispo, CA: Davidson Films, 1989).

13. Stuart L. Brown şi Christopher C. Vaughan, *Play: How It Shapes the Brain, Opens the Imagination, and Invigorates the Soul* (New York: Avery, 2009); Pam Schiller, „Early brain development research review and update“, *Brain Development: Exchange* (November/December 2010): 26–30; Jaak Panksepp and Lucy Biven, *The Archaeology of Mind: Neuroevolutionary Origins of Human Emotions* (New York: W.W. Norton, 2012); Joe L. Frost, „Neuroscience, play, and child development“, lucrare prezentată la IPA/USA Triennial National Conference, Longmont, CO, iunie 18–21, 1998.

14. Brown şi Vaughan, *Play*; Frost, „Neuroscience, play, and child development“.

15. Campaign for a Commercial Free Childhood, Alliance for Childhood, and Teachers Resisting Unhealthy Children's Entertainment, *Facing the Screen Dilemma: Young Children, Technology and Early Education* (Boston: Campaign for a Commercial-Free Childhood; New York: Alliance for Childhood, 2012).

16. Bruce D. Perry, Lea Hogan și Sarah J. Marlin, „Curiosity, pleasure and play: A neurodevelopmental perspective", *Haaeyc Advocate* 20 (2000): 9–12.

17. Perry, Hogan și Marlin, „Curiosity, pleasure and play".

18. Ginsburg et al., „The importance of play".

19. Frost, „Neuroscience, play, and child development".

20. Jaak Panksepp, „Brain emotional systems and qualities of mental life", în Diana Fosha, Daniel J. Siegel și Marion Fried Solomon, eds., *The Healing Power of Emotion: Affective Neuroscience, Development, and Clinical Practice* (New York: W.W. Norton, 2009), pp. 1–26.

21. Ginsburg et al., „The importance of play".

22. Ginsburg et al., „The importance of play"; Panksepp, „Brain emotional systems"; Peter Gray, „The decline of play and the rise of psychopathology in children and adolescents", *American Journal of Play* 3 (2011): 443–63.

23. Falk, ed., *Defending Childhood.*

24. Sandra L. Hofferth și John F. Sandberg, „Changes in American children's time, 1981–1997", *Advances in Life Course Research* 6 (2001): 193–229.

25. Ginsburg et al., „The importance of play".

26. Campaign for a Commercial Free Childhood et al., *Facing the Screen Dilemma.*

27. American Academy of Pediatrics, „Media and children" (2015), https://www.aap.org/en-us/advocacy-and-policy/aap-health-initiatives/pages/media-andchildren.aspx.

28. Campaign for a Commercial Free Childhood et al., *Facing the Screen Dilemma.*

29. Richard Louv, *Last Child in the Woods: Saving Our Children from Nature-Deficit Disorder* (Chapel Hill, NC: Algonquin Books of Chapel Hill, 2005).

30. Elkind, „Can we play?"

31. Joe L. Frost, *A History of Children's Play and Play Environments: Toward a Contemporary Child-Saving Movement* (New York: Routledge, 2009); Participaction, *Position Statement on Active Outdoor Play* (2015), http://www.participaction.com/wp-content/

uploads/2015/03/Position-Statement-on-Active-Outdoor-Play-EN-FINAL.pdf.

32. American Academy of Pediatrics, „Babies as young as 6 months using mobile media“ (25 April 2015), http://www.aappublications.org/content/early/2015/04/25/aapnews.20150425-3.

33. Nancy Carlsson-Paige, „Media, technology, and commercialism: Countering the threats to young children“, în Falk, ed., *Defending Childhood.*

34. Frost, *A History of Children's Play*, p. xviii.

35. Thomas S. Dee și Hans Henrik Sievertsen, „The gift of time? School starting age and mental health“, CEPA Working Paper No. 15-08, Stanford Center for Education Policy Analysis, Stanford University, Stanford, CA (October 2015), https://cepa.stanford.edu/sites/default/files/WP15-08.pdf.

36. Gray, *Free to Learn.*

37. National Association for the Education of Young Children, *The Common Core State Standards: Caution and Opportunity for Early Childhood Education* (Washington, DC: National Association for the Education of Young Children, 2012).

38. Professional Association for Childcare and Early Years, „Concern over 'school ification'“ (9 iulie 2013), https://www.pacey.org.uk/news-and-views/news/archive/2013-news/july-2013/concern-over-schoolification/.

39. Sophie Alcock și Maggie Haggerty, „Recent policy developments and the 'schoolification' of early childhood care and education in Aotearoa New Zealand“, *Early Childhood Folio* 17, no. 2 (2013): 21–26.

40. Bryndis Gunnarsdottir, „From play to school: Are core values of ECEC in Iceland being undermined by 'schoolification'?“ *International Journal of Early Years Education* 22 (2014): 242–50; Dorota Lembrer și Tamsin Meaney, „Socialisation tensions in the Swedish preschool curriculum: The case of mathematics“, *Educare* 2 (2014): 82–98.

41. Christine Gross-Loh, „Finnish education chief: We created a school system based on equality“, *The Atlantic* (March 17, 2014), http://www.theatlantic.com/education/archive/2014/03/

finnish-education-chief-we-created-a-school-systembased-on-equality/284427/.

42. Tim Walker, „The joyful, illiterate kindergartners of Finland", *The Atlantic* (1 October 2015), http://www.theatlantic.com/education/archive/2015/10/the-joyful-illiterate-kindergartners-of-finland/408325/.

43. Council of Ministers of Education, Canada (CMEC), „Programme for International Student Assessment (PISA): Overview" (n.d.), http://www.cmec.ca/251/Programs-and-Initiatives/Assessment/Programme-for-International-Student-Assessment-(PISA)/Overview/index.html; see also the various documents available for PISA 2012 results at http://www.cmec.ca/252/Programs-and-Initiatives/Assessment/Programme-for-International-Student-Assessment-(PISA)/PISA-2012/index.html.

44. Mary-Louise Vanderlee, Sandy Youmans, Ray Peters şi Jennifer Eastabrook, *Final Report: Evaluation of the Implementation of the Ontario Full-Day Early Learning- Kindergarten Program* ([Toronto]: Ontario Ministry of Education, toamna 2012), http://www.edu.gov.on.ca/kindergarten/FDELK_ReportFall2012.pdf; Magdalena Janus, Eric Duku şi Amanda Schell, *The Full-Day Kindergarten Early Learning Program: Final Report* (Hamilton, ON: McMaster University, Oct. 2012), http://www.edu.gov.on.ca/kindergarten/ELP_FDKFall2012.pdf.

45. Harris Cooper, Ashley Batts Allen, Erica. A. Patall şi Amy L. Dent, „Effects of full-day kindergarten on academic achievement and social development", *Review of Educational Research* 80 (2010): 34–70.

46. James Heckman, „Invest in early childhood development: Reduce deficits, strengthen the economy", The Heckman Equation (2012), http://heckmanequation.org/content/resource/invest-early-childhood-development-reduce-deficitsstrengthen-economy.

47. Christopher Clouder, „The push for early childhood literacy: A view from Europe", Research Institute for Waldorf Education, *Research Bulletin* 8, no. 2 (2003): 46–52; Comptroller and Auditor General, National Audit Office, *Delivering the Free Entitlement to*

Education for Three- and Four-Year-Olds (London: The Stationery Office, 2012).

48. Joan Almon, Nancy Carlsson-Paige și Geralyn B. McLaughlin, *Reading Instruction in Kindergarten: Little to Gain and Much to Lose* (Alliance for Childhood; Defending the Early Years, 2015), https://deyproject.files.wordpress.com/2015/01/readin-ginkindergarten_online-1.pdf.

49. Clouder, „The push for early childhood literacy".

50. Joan Almon, „Reading at five: Why?" SouthEast Education Network, *SEEN Magazine* (21 August 2013), http://seenmagazine.us/articles/article-detail/articleid/3238/reading-at-five-why.aspx.

51. Elkind, „Can we play?"

52. Citat în Valerie Strauss, „How 'twisted' early childhood education has become–from a child development expert", *Washington Post* (24 November 2015), https://www.washingtonpost.com/news/answer-sheet/wp/2015/11/24/how-twisted-early-childhood-education-has-become-from-a-child-developmentexpert/.

Capitolul 4: Nevoia de conectare: De ce sunt importante relațiile

1. C.S. Lewis, *Cele patru iubiri*, în volumul *Despre minuni. Cele patru iubiri. Problema durerii*, Editura Humanitas, 1997, traducere de Sorin Mărculescu

2. T.S. Eliot, „East Coker", *The Four Quartets* (New York: Harcourt, 1943).

3. Gordon Neufeld, *Neufeld Intensive I: Making Sense of Kids*, curs (Neufeld Institute, Vancouver, BC, 2013), http://neufeldinstitute.org/course/neufeld-intensive-i-making-sense-of-kids/.

4. Jaak Panksepp and Lucy Biven, *The Archaeology of Mind: Neuroevolutionary Origins of Human Emotions* (New York: W.W. Norton, 2012).

5. Kerstin Uvnäs Moberg, *The Oxytocin Factor: Tapping the Hormone of Calm, Love, and Healing* (Cambridge, MA: Da Capo Press, 2003).

6. Panksepp and Biven, *The Archaeology of Mind*.

7. John Bowlby, *Attachment and Loss* (New York: Basic Books, 1969).

8. Bowlby, *Attachment and Loss.*

9. Dorothy Corkille Briggs, *Your Child's Self-Esteem: The Key to His Life* (Garden City, NJ: Doubleday, 1970), p. 55.

10. Lise Eliot, *What's Going On in There? How the Brain and Mind Develop in the First Five Years of Life* (New York: Bantam Books, 2000).

11. D.W. Winnicott și Claire Winnicott, *Talking to Parents* (Reading, MA: Addison- Wesley, 1993), pp. 58–59.

12. Benjamin Spock, *The Common Sense Book of Baby and Child Care* (New York: Duell, Sloan and Pearce, 1946).

13. Gordon Neufeld și Gabor Maté, *Hold On to Your kids: Why Parents Need to Matter More Than Peers* (New York: Ballantine Books, 2004), pp. 29–30 .

14. Larry K. Brendtro, „The vision of Urie Bronfenbrenner: Adults who are crazy about kids", *Reclaiming Children and Youth: The Journal of Strength-Based Interventions* 15 (2006): 162–66.

15. Gabor și Maté, *Hold On to Your Kids*, p. 264.

Capitolul 5: Cine e la conducere? Dansul atașamentului

1. William Blake, „The Little Black Boy", *Songs of Innocence* (London, 1789).

2. Gordon Neufeld, *Alpha Children: Reclaiming Our Rightful Place in Their Lives*, course (Neufeld Institute, Vancouver, BC, 2013), http://neufeldinstitute.org/course/alpha-children/.

Capitolul 6: Sentimente și durere: Cum păstrăm blânde inimile copiilor

1. Blaise Pascal, *Pascal's Pensées* (New York: E.P. Dutton, 1958), p. 79.

2. Michael S. Pritchard, „On taking emotions seriously: A critique of B.F. Skinner", *Journal for the Theory of Social Behaviour* 6 (1976): 211–32.

3. Jaak Panksepp, „Brain emotional systems and qualities of mental life“, în *The Healing Power of Emotion: Affective Neuroscience, Development, and Clinical Practice*, editat de Diana Fosha, Daniel J. Siegel și Marion Fried Solomon, pp. 1–26 (New York: W.W. Norton, 2009).

4. Antonio R. Damasio, *Descartes' Error: Emotion, Reason, and the Human Brain* (New York: Putnam, 1994).

5. Diana Fosha, Daniel J. Siegel și Marion Fried Solomon, eds., *The Healing Power of Emotion: Affective Neuroscience, Development, and Clinical Practice* (New York: W.W. Norton, 2009), p. vii.

6. Thomas Lewis, Fari Amini și Richard Lannon, *A General Theory of Love* (New York: Random House, 2000), p. 64.

7. Conceptul de apărare emoțională postulat de Freud a fost revizuit datorită descoperirilor în domeniul neuroștiinței și datorită noii înțelegeri a emoțiilor umane și a conștiinței. Neuropsihologul Mark Solms scrie: „Este posibil să găsim corelații neurologice ale unor concepte psihanalitice tradiționale și, prin urmare, să stabilim o fundație solidă, organică“ (Mark Solms și Oliver Turnbull, *The Brain and the Inner World: An Introduction to the Neuroscience of Subjective Experience* [New York: Other Press, 2002], p. 104). V.S. Ramachandran afirmă că acum avem mijloacele de a înțelege cum ajunge mintea umană să dezvolte procese emoționale defensive (V.S. Ramachandran, D. Rogers-Ramachandran, and S. Cobb, „Touching the phantom limb“, *Nature* 377, no. 6549 [12 October 1995]: 489–90, și V.S. Ramanchandran, „Phantom limbs, neglect syndromes, repressed memories and Freudian Psychology“, în *International Review of Neurobiology*, vol. 37: *Selectionism and the Brain*, editat de Olaf Sporns și Giulio Tononi [New York: Academic Press, 1994]). În lucrarea sa despre psihologia neurofiziologiei, Kathleen Wheeler oferă o imagine de ansamblu asupra modului în care sunt construite apărările emoționale precum și dovezi neuroștiințifice privind modul în care sunt ele regizate de părțile creierului responsabile cu emoțiile (*Psychotherapy for the Advanced Practice Psychiatric Nurse* [Maryland Heights, MO: Mosby, 2007]).

Cercetările neuroștiințifice care examinează inhibarea centrilor emoționali și a proceselor din creier reprezintă punctul principal de studiu al specialiştilor în traume. Cercetările privind trauma efectuate de Bessel Van der Kolk explorează rolul lobului prefrontal în exercitarea unei influenţe inhibitoare asupra sistemului limbic şi în reglarea emoţiilor (Bessel Van der Kolk, Alexander C. McFarlane, and Lars Weisaeth, *Traumatic Stress: The Effects of Overwhelming Experience on Mind, Body, and Society* [New York: Guilford Press, 2006]). Pat Odgen discută despre trei categorii defensive, subliniind importanţa pe care o au în supravieţuirea emoţională, în crearea sentimentor de siguranţă precum şi impactul lor asupra funcţiilor generale („Emotion, mindfulness, and movement: Expanding the regulatory boundaries of the window of affect tolerance", în Fosha, Siegel şi Solomon, eds., *The Healing Power of Emotion*). Ad Vingerhoets corelează suferinţa emoţională şi trauma cu absenţa emoţiilor vulnerabile, afirmând că oamenii „se simt amorţiţi, goliţi de emoţii şi «detaşaţi» şi nu pot produce lacrimi. De parcă ar fi indiferenţi şi nu ar simţi afecţiune sau nu le-ar păsa de alţi oameni, nici măcar de cei care le sunt apropiaţi" (*Why Only Humans Weep: Unravelling the Mysteries of Tears* [Oxford: Oxford University Press, 2013], p. 177).

Neurologii Jaak Panksepp şi Antonio Damasio afirmă că este posibilă excitarea emoţională inconştientă, făcând distincţia între stările sentimentale şi cele emoţionale. Damasio afirmă că nu există „nicio dovadă că suntem conştienţi de *toate* sentimentele noastre şi că există multe dovezi care sugerează contrariul" (*The Feeling of What Happens: Body and Emotion in the Making of Consciousness* [New York: Houghton Mifflin Harcourt, 2009], p. 36; pentru Panksepp, vezi Jaak Panksepp şi Lucy Biven, *The Archaeology of the Mind: Neuroevolutionary Origins of Human Emotions* [New York: W.W. Norton, 2012]). Atât Damasio, cât şi neurologul Joseph LeDoux fac distincţia între emoţie şi sentiment (şi anume conştiinţa emoţiei), împreună cu descoperirea că nu-ţi poţi permite luxul de-a avea sentimente dacă circumstanţele sunt prea stresante (inhibiţie), punând bazele conceptului de neurologie a apărării (Damasio, *The Feeling of What Happens*; Joseph LeDoux, *Anxious: Using the Brain to Understand and Treat Fear and Anxiety* [New York: Penguin Random House, 2015]).

8. Michael Resnick, Marjorie Ireland și Iris Borowsky, „Youth violence perpetration: What protects? What predicts? Findings from the National Longitudinal Study of Adolescent Health", *Journal of Adolescent Health: Official Publication of the Society for Adolescent Medicine* 35 (2004): 424.

9. Emma Werner și Ruth S. Smith, *Overcoming the Odds: High Risk Children from Birth to Adulthood* (New York: Cornell University Press, 1992).

10. În cadrul unui studiu național longitudinal privind sănătatea adolescenților, pe un eșantion de 90.000 de adolescenți din Statele Unite, Michael Resnick și colegii săi au descoperit că factorul de protecție cel mai semnificativ împotriva suferinței emoționale era o relație puternică cu adultul responsabil cu îngrijirea lor (Resnick, Ireland, and Borowsky, „Youth violence perpetration").

În studiul longitudinal care a durat 30 de ani realizat de Emma Werner și Ruth Smith, privind copiii optimiști din insula hawaiiană Kauai, o treime dintre copiii ale căror familii se confruntau cu sărăcie, boli mintale sau probleme de adicție erau sănătoși din punct de vedere emoțional și aveau succes social, în ciuda copilăriei paupere. Diferența semnificativă în acest grup era că acești copii aveau relații puternice de atașament cu alți adulți, precum bunicii sau unii adulți de la școală sau din comunitățile de la biserică (Werner și Smith, *Overcoming the Odds*). Cercetările indică fără putință de tăgadă faptul că relațiile puternice cu adulții constituie un factor de protecție în buna stare emoțională și socială.

Capitolul 7: Lacrimi și crize de afect: Să înțelegem frustrarea și agresivitatea

1. Charles Dickens, *Marile Speranțe* (Editura Litera, 2018, traducere de Cristina Jinga).

2. Rosemarie Sokol Chang and Nicholas S. Thompson, „Whines, cries, and motherese: Their relative power to distract", *Journal of Social, Evolutionary, and Cultural Psychology* 5 (2011): 131–41.

3. Gordon Neufeld, *Making Sense of Preschoolers*, course (Neufeld Institute, Vancouver, BC, 2013), http://neufeldinstitute.org/course/making-sense-of-preschoolers/.

4. Aletha Solter, „Understanding tears and tantrums“, *Young Children* 47, no. 4 (1992): 64–68.

5. William H. Frey and Muriel Langseth, *Crying: The Mystery of Tears* (Minneapolis, MN: Winston Press, 1985).

6. Ad Vingerhoets, *Why Only Humans Weep: Unravelling the Mysteries of Tears* (Oxford: Oxford University Press, 2013).

7. Rosalind Wiseman, *Masterminds and Wingmen: Helping Your Son Cope with Schoolyard Power, Locker-Room Tests, Girlfriends, and the New Rules of Boy World* (New York: Harmony Books, 2013).

8. Vingerhoets, *Why Only Humans Weep.*

9. William Blake, „Auguries of Innocence“ (c. 1803).

10. Oren Hasson, „Emotional tears as biological signals“, *Evolutionary Psychology* 7 (2009): 363–70.

Capitolul 8: Speriat de deconectare: Ora de culcare, separarea și anxietatea

1. Maurice Sendak, *Regele tuturor sălbăticiunilor* (Editura Arthur, 2019, traducere de Roxana Jeler).

2. Joseph E. LeDoux, *The Emotional Brain: The Mysterious Underpinnings of Emotional Life* (New York: Simon & Schuster, 1996).

3. John Bowlby, *Separation: Anxiety and Anger* (New York: Basic Books, 1973); Rollo May, *The Meaning of Anxiety* (New York: Ronald Press, 1950).

4. Thomas Lewis, Fari Amini, and Richard Lannon, *A General Theory of Love* (New York: Random House, 2000).

5. Bowlby, *Separation.*

6. S. Pathak and B.D. Perry, „Anxiety disorders“, în C. Edward Coffey și Roger A. Brumback, eds., *Pediatric Neuropsychiatry* (Philadelphia: Lippincott Williams & Wilkins, 2006); Joseph E. LeDoux, *Anxious: Using the Brain to Understand and Treat Fear and Anxiety* (New York: Viking, 2015).

7. Pathak and Perry, „Anxiety disorders“.

8. Timothy J. Owens și Sandra L. Hofferth, *Children at the Millennium: Where Have We Come from, Where Are We Going?* (Amsterdam: JAI, 2001).

Capitolul 9: „Nu eşti tu şeful meu": Să înțelegem de ce se împotrivesc

1. Virginia Woolf, „The leaning tower", în *Collected Essays* (New York: Harcourt, Brace & World, 1967).

2. E.J. Lieberman, *Acts of Will: The Life and Work of Otto Rank* (Amherst: University of Massachusetts Press, 1993); E.J. Lieberman, „Rankian will", *American Journal of Psychoanalysis* 72 (2012): 320–25.

Împreună cu Jung şi Adler, Otto Rank a fost considerat unul dintre cei mai fideli şi străluciți adepți ai lui Freud. Rank a ajuns să-l contrazică pe Freud în privința importanței complexului lui Oedip, iar multe dintre punctele lui de vedere au fost considerate deviante. Rank consideră că separarea dintre mamă, tată şi copil la naştere joacă un rol crucial în privința sinelui, a sentimentului de vină şi a anxietății.

De asemenea, Rank era îngrijorat de absența voinței în terapia freudiană. El a susținut că persoanele sunt capabile de voință conştientă, care aduce cu sine vină şi anxietate. Capacitatea de a spune „nu", sau contravoința, era cheia dezvoltării copiilor şi era adesea diminuată de adulți, sau chiar de culturi. Ira Progroff a scris: „În concepția lui Rank, voința de-a trăi este forța vitală cu care este exprimat şi atins acest potențial". (*The Death and Rebirth of Psychology: An Integrative Evaluation of Freud, Adler, Jung, and Rank and the Impact of Their Insights on Modern Man* [New York: McGraw-Hill, 1956], p. 207). Ideea unei voințe conştiente şi a rezistenței ca forță pozitivă care pune bazele individuației şi autonomiei nu a fost îmbrățişată de colegii psihanalişti ai lui Rank, ceea ce a dus la marginalizarea lui. În anul 1926, el s-a separat de societatea psihoanaliştilor, iar titlul de membru onorific i-a fost retras în 1930.

Vezi, de asemenea, Claude Barbre, „Confusion of wills: Otto Rank's contribution to an understanding of childism", *American Journal of Psychoanalysis* 72 (2012): 409–17; Fay B. Kargf, *The Psychology and Psychotherapy of Otto Rank: An Historical and Comparative Introduction* (New York: Philosophical Library, 1953); Esther Menaker, *Otto Rank: A Rediscovered Legacy* (New York: Columbia University Press, 1982).

3. Lieberman, „Rankian will".

4. Albert Pepitone, Clark McCauley și Peirce Hammond, „Change in attractiveness of forbidden toys as a function of severity of threat", *Journal of Experimental Social Psychology* 3 (1967): 221–29.

5. Mark R. Lepper, „Undermining children's intrinsic interest with extrinsic reward: A test of the 'overjustification' hypothesis", *Journal of Personality and Social Psychology* 28 (1973): 129–37.

6. Alfie Kohn, *Pedepsiți prin recompense*, Editura Multi Media Est Publishing, 2014.

7. D.W. Winnicott, Clare Winnicott, Ray Shepherd, and Madeleine Davis, *Home Is Where We Start From: Essays by a Psychoanalyst* (New York: W.W. Norton, 1986).

Capitolul 10: Disciplinarea imaturilor: Cum îi oferi timp copilului să se maturizeze

1. D.W. Winnicott, *Talking to Parents* (Reading, MA: Addison-Wesley, 1993), p. 86.

2. Gordon Neufeld, *Making Sense of Discipline*, curs (Neufeld Institute, Vancouver, BC, 2011), http://neufeldinstitute.org/course/making-sense-of-discipline/; Daniel J. Siegel și Tina Payne Bryson, *No-Drama Discipline: The Whole-Brain Way to Calm the Chaos and Nurture Your Child's Developing Mind* (New York: Bantam Books, 2014).

3. Sara H. Konrath, Edward H. O'Brien și Courtney Hsing, „Changes in dispositional empathy in American college students over time: A meta-analysis", *Personality and Social Psychology Review* 15 (2011): 180–98.

Capitolul 11: Cum contribuie copiii la maturizarea adulților

1. „Dis-moi qui tu aimes, je te dirai qui tu es": Arsene Houssaye, *Le roi Voltaire* (Paris: Michel Levy, 1858), p. 182.

În colecția EDUCAȚIE CU BLÂNDEȚE au mai apărut:

1. Janet Lansbury, *Nu există copii răi*
2. Jesper Juul, *Copilul tău competent*
3. Bruno Bettelheim, *Psihanaliza basmelor*
4. Deborah Carlisle Solomon, *Copiii știu cel mai bine*
5. Dr. Ross Greene, *Cum să creștem ființe umane*
6. Anna Whitehouse, Matt Farkuharson, *Parenting de râsu'-plânsu'*
7. Isabelle Filliozat, *Nu există părinte perfect*
8. Jesper Juul, *Partener și tată*
9. Martin L. Kutscher, *Copiii erei digitale*
10. Sil Reynolds, Eliza Reynolds, *Cum să fii o mamă bună/ Cum să fii o fiică bună*
11. Mira Loghin, *Grădinița pentru totdeauna*
12. Janet Lansbury, *Cum să educăm copiii mici cu respect și blândețe*
13. Kristina Kuzmič, *Rămâi așa cum ești, dar mergi înainte*
14. Jesper Juul, *Nu!: arta de a spune „nu" cu conștiința împăcată*
15. Ioana Chicet-Macoveiciuc, *Copilul tău. Părinții tăi. Tu.*
16. Michelle Icard, *14 conversații până la 14 ani*
17. Alicia F. Lieberman, *Viața emoțională a copilului mic*
18. Jesper Juul, *Adolescența – când educarea nu mai e posibilă*